Fotoatlas Anatomie

mit DVD zum Präparierkurs

Dr. Dr. Klaus-Peter Valerius

3. aktualisierte Auflage

Vorwort

Das vorliegende Projekt richtet sich an Studierende der Humanmedizin und an Lernende in anderen medizinischen Ausbildungsgängen. Ihnen soll die makroskopische Anatomie des Menschen am Körper selbst, das heißt, so wie sie tatsächlich ist, nahe gebracht werden. Dabei bietet das vorliegende Buch mit DVD denjenigen die Möglichkeit sich uneingeschränkt mit dem Original auseinander zu setzen, die nicht die Gelegenheit haben, an Präparaten zu lernen, oder bei denen Zeit und Muße im Präparierkurs dazu nicht ausreichen. Hierbei werden die natürlichen Verhältnisse so wiedergegeben, wie sie der Lernende innerhalb eines Präparierkurses vorfindet. Auch wurde bewusst auf die Verwendung von Gefäßinjektionen, Einfärbungen und ähnlichen didaktischen Hilfsmitteln verzichtet, um die authentische Vermittlung zu gewährleisten.

Die Präparation des menschlichen Körpers stellt für das Erlernen der Anatomie, als Grundlage jedes fundierten medizinischen Handelns am Patienten, einen zentralen Baustein dar. So ersetzt auch diese DVD die eigene Präparation nicht. Im Idealfalle ergänzen sie die Arbeit des Lernenden im Präpariersaal. Wirklich fruchtbar wird das Betrachten der Bilder, wenn die Funktionen und ihre Bedeutung für den Menschen zu den dargestellten Strukturen bereits aus Lehrbüchern, Vorlesungen oder anderen Quellen bekannt sind.

Die verwendeten Fachbegriffe entsprechen weitgehend den *Terminologia anatomica* des Federative Committee on Anatomical Terminology von 1998. Dort, wo auf der DVD – insbesondere im Bereich der Lunge – Abweichungen vorliegen, entsprechen sie meinen Auffassungen von der Anatomie des Atemapparats und sind somit beabsichtigt.

Es sei ausdrücklich betont, dass die Menschen, deren Körper nach ihrem Ableben präpariert wurden, diese ausnahmslos zu Lebzeiten durch eine letztwillige Verfügung unserem Institut für Anatomie zum Zwecke der medizinischen Ausbildung und Forschung übereignet haben. Diesen Menschen gilt mein ganz besonderer Dank, und ich hoffe, die Leser und Zuschauer mögen sich die mutige Entscheidung dieser Menschen bewusst machen.

Die gezeigten Präparate wurden alle im Rahmen des Präparierkurses für Medizinstudenten oder freiwilliger Präparierübungen am Fachbereich

Humanmedizin der Justus-Liebig-Universität Gießen von den Studenten angefertigt. Den Studenten und allen anleitenden Kollegen ein herzliches Dankeschön.

Es ist das große Verdienst von Herrn Prof. Dr. Dr. Hans-Rainer Duncker, dass im Rahmen eines Präparierkurses so sorgfältige Präparationen angefertigt werden konnten, die dann von den Studierenden als geistige Bilder – und jetzt auch gedruckt und verfilmt – in den späteren Ausbildungs- und Berufsalltag mitgenommen werden können. Ihm schulde ich hierfür großen Dank. Ohne seine Anleitung und Förderung sowie den nötigen Freiraum, sich intensiv der Lehre widmen zu können, hätte das vorliegende Werk nicht in dieser Qualität entstehen können.

Mein ganz herzlicher Dank gilt außerdem Dr. Bernard Kolster, von dem die Anregung zu diesem Projekt ausging, und den MitarbeiterInnen seines Verlags, namentlich Katrin von der Decken, Sebastian Gerber, Matthias Dahmen, Christian Weber und Sonja Becker. Peter Mertin (Kamera), Axel Herbst (Kameraassistenz), Cita Mertin (Schnitt) und als Sprecherin Renate Fuhrmann haben wesentlich zum Gelingen beigetragen. Prof. Dr. Dr. H.-R. Duncker, Prof. Dr. P. Langer, Dr. W. Stöckmannn und Sabine Rasel (Lektorat) haben ihre langjährige Erfahrung im anatomischen Unterricht und viel Zeit und Sorgfalt eingebracht, um die Abbildungen und die Videoszenen kritisch auf Fehler bzw. Unklarheiten zu prüfen und unablässig mit mir zu diskutieren – vielen Dank dafür! Sollten dennoch Fehler übersehen worden sein oder Sie Verbesserungsvorschläge haben, bitte lassen Sie mich diese wissen. Die Kritik seiner Rezipienten ist für ein Lehrmittel stets unverzichtbar.

Gießen | Dr. Dr. Klaus-Peter Valerius

Geleitwort

Die Kenntnis vom Bau des menschlichen Körpers bildet eine wesentliche Voraussetzung für jedes ärztliche Handeln wie auch für Tätigkeiten in sämtlichen medizinischen Heilberufen.

Im klassischen deutschen Medizinstudium werden seit mehr als 150 Jahren Präparierkurse an menschlichen Leichen durchgeführt. Durch die eigenen Präparationen des gesamten Körpers gewinnen die angehenden Ärztinnen und Ärzte eine praktische Anschauung der Anatomie aller menschlichen Organsysteme und ihrer topografischen Lage. Die makroskopische Anatomie wird in den Studiengängen und Ausbildungsabläufen der verschiedenen Länder auf recht unterschiedliche Weise gelehrt. Für *Fotoatlas Anatomie mit DVD zum Präparierkurs* wurde der Ablauf eines solchen Kurses an der Justus-Liebig-Universität Gießen aufgezeichnet. Die dokumentierten Präparationen zeigen die einzelnen Organsysteme im Detail und machen zugleich durch ihren Ablauf die räumlichen Beziehungen der Strukturen zueinander – ihre topografische Anatomie – sichtbar.

Buch und DVD ergänzen sich gegenseitig: Die vorliegenden Aufnahmen ermöglichen dem Betrachter, sich die einzelnen Präparationsschritte mehrfach vor Augen zu führen und so zu einem besseren Verständnis der Relation der einzelnen Strukturen zu gelangen. Die ausführlich beschrifteten Fotografien und ein umfassendes Register im Fotoatlas helfen, die abgebildeten Strukturen eindeutig anzusprechen und zu benennen. Auf diese Weise können jetzt alle, die in ihrer Ausbildung keine Möglichkeiten zu Präparationen besitzen, durch das wechselseitige Studium der dokumentierten Präparationsabläufe und der ergänzenden Atlasbilder ihr Wissen um die menschliche Anatomie gezielt vertiefen.

Ich wünsche diesem Werk eine große Verbreitung in der Aus- und Weiterbildung der angehenden Mediziner und ihrer Mitarbeiter. Ich hoffe, dass sie durch das Studium dieser Präparationsdarstellungen den makroskopischen Aufbau des menschlichen Körpers besser kennen lernen, damit sie als Arzt/Ärztin oder in einem anderen medizinischen Heilberuf noch erfolgreicher zum Wohle ihrer Patienten tätig sein werden.

Gießen — Prof. Dr. Dr. H.-R. Duncker

Inhaltsverzeichnis

DVD-Inhaltsübersicht

Bedienungshinweis für die DVD

Im Hauptmenü der DVD können Sie wählen, ob Sie sich das Filmmaterial kapitelweise ansehen oder gezielt einzelne Filmsequenzen ansteuern möchten.

Kapitel 1 bis 7: Mit dieser Auswahl haben Sie die Möglichkeit, ein Kapitel vollständig anzusehen. Wenn Sie ein Kapitel gesehen haben, gelangen Sie automatisch zur Kapitelauswahl zurück.

Bildauswahl wie im Buch: Das Filmmaterial ist in zusammengehörige Filmsequenzen gegliedert. Vor jeder Abbildungsüberschrift im Buch ist die zugehörige Filmsequenz-Nummer angegeben. Alle Filmsequenzen sind außerdem auch in der DVD-Inhaltsübersicht aufgelistet. Mit den entsprechenden Untermenüs können Sie zu der gewünschten Filmsequenz gelangen.

Darüber hinaus können Sie auch direkt zum Timecode spulen, der über jeder Abbildung neben dem Kamera-Icon angegeben ist. Dabei gehen Sie am besten wie folgt vor: Rufen Sie den Menüpunkt „Kapitel 1 bis 7“ auf und wählen Sie den im jeweiligen Buchkapitel angegebenen Film. In den Filmen befinden sich so genannte „Chapterpoints“, die Sie über Ihre Skip/Weiter-Taste auf der Fernbedienung/Player-Software während des Filmes anwählen können. Beachten Sie dabei die Zeitangabe an Ihrem DVD-Player oder in der Software und wählen Sie die entsprechenden Stellen durch Betätigung der Skip-Weiter-Taste oder spulen Sie zur gewünschten Stellen. Die Anwahl der Filmsequenzen über den Timecode steht allerdings nicht bei jedem DVD-Player/-Laufwerk als Funktion zur Verfügung.

Über die Tasten Titelmenü/Hauptmenü gelangen Sie jederzeit wieder in die Hauptauswahl. Die Funktion Menü/DVD-Menü öffnet während des Filmes das Menü, das Sie zuletzt geöffnet hatten.

Herstellerbedingt kommt es bei den verschiedenen DVD-Playern und DVD-Player-Software-Varianten bisweilen zu Abweichungen beim Umfang der Funktionen und deren Bezeichnung. Hierfür kann keine Gewähr übernommen werden. Die DVD wurde auf verschiedenen DVD-Playern und DVD-Player-Software getestet.

DVD-Inhaltsübersicht

Das Präparierbesteck

Vor Beginn der Präparation sollte das Präparierbesteck vollständig vorliegen • die Skalpelle sind mittels Schleifstein bei Bedarf zu schärfen • versehentlich durchtrennte Strukturen sollten aus didaktischen Gründen mit handelsüblichem Gewebekleber oder dünnem Bindfaden wieder verknüpft werden

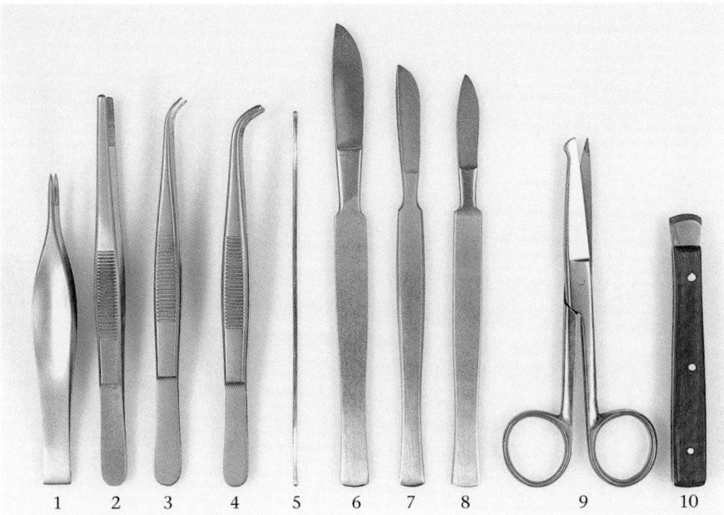

1 Splitterpinzette
2 Anatomische Pinzette
3 Gekröpfte Pinzette
4 Gekröpfte Pinzette
5 Knopfsonde
6 Großes bauchiges Skalpell = Hautmesser
7 Kleines bauchiges Skalpell
8 Kleines gerades Skalpell
9 Schere
10 Raspatorium

Die Pinzetten

Keinesfalls darf beim Präparieren eine chirurgische Pinzette verwendet werden, die feine Strukturen zerstören kann • eine anatomische Pinzette erlaubt ein sicheres und schonendes Greifen des Gewebes

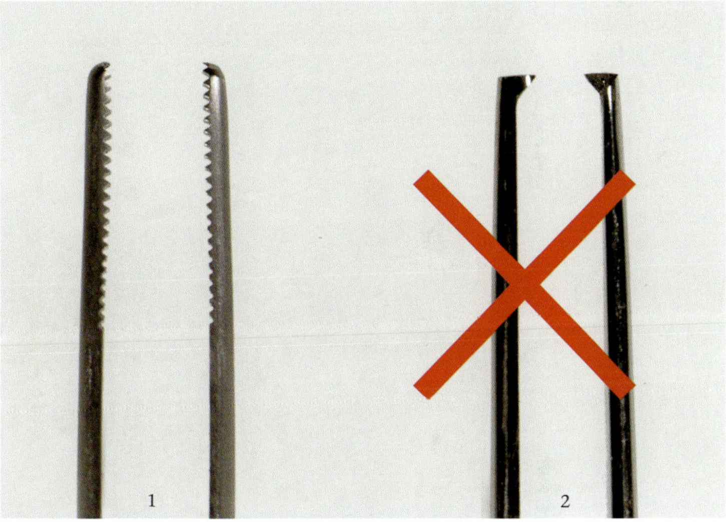

1 Spitze einer anatomischen Pinzette
2 Spitze einer chirurgischen Pinzette

1 Kopf und Hals

00:45

1.1 Kopf, Hals und oberer Thorax von ventral

Die Haut wurde bis auf dünne Hautstreifen um Mund, Nase und Augen abgetragen • subkutanes Fettgewebe • Platysma und oberflächliche Halsfaszie bzw. oberflächliche Körperfaszie des Thorax

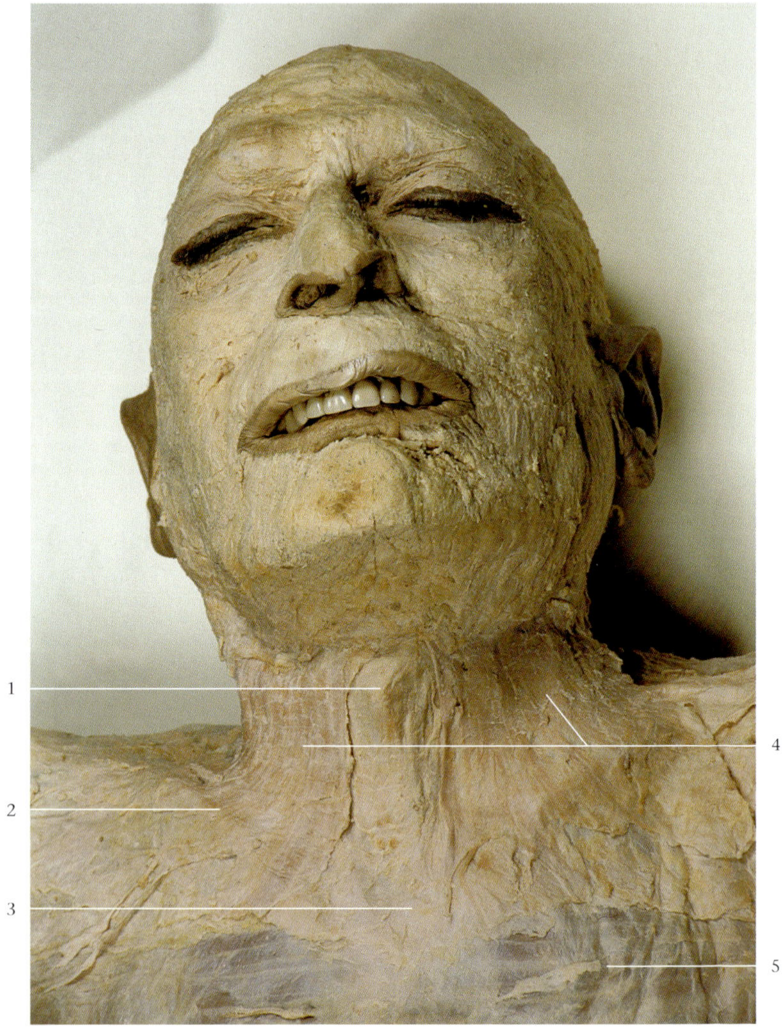

1 Prominentia laryngea, bedeckt von der Fascia cervicalis, Lamina superficialis
2 Clavicula, Kontur durch die Weichteile sichtbar
3 Incisura jugularis
4 Platysma beider Seiten
5 Oberflächliche Körperfaszie des Thorax, darunter der Musculus pectoralis major durchscheinend sichtbar

1 Kopf und Hals

00:55

1.1 Kopf und Hals von lateral links

Subkutanes Fettgewebe am Kopf teilweise erhalten • Fascia parotidea auf der Wange freipräpariert und angehoben • am Hals Platysma, oberflächliches und mittleres Blatt der Halsfaszie entfernt

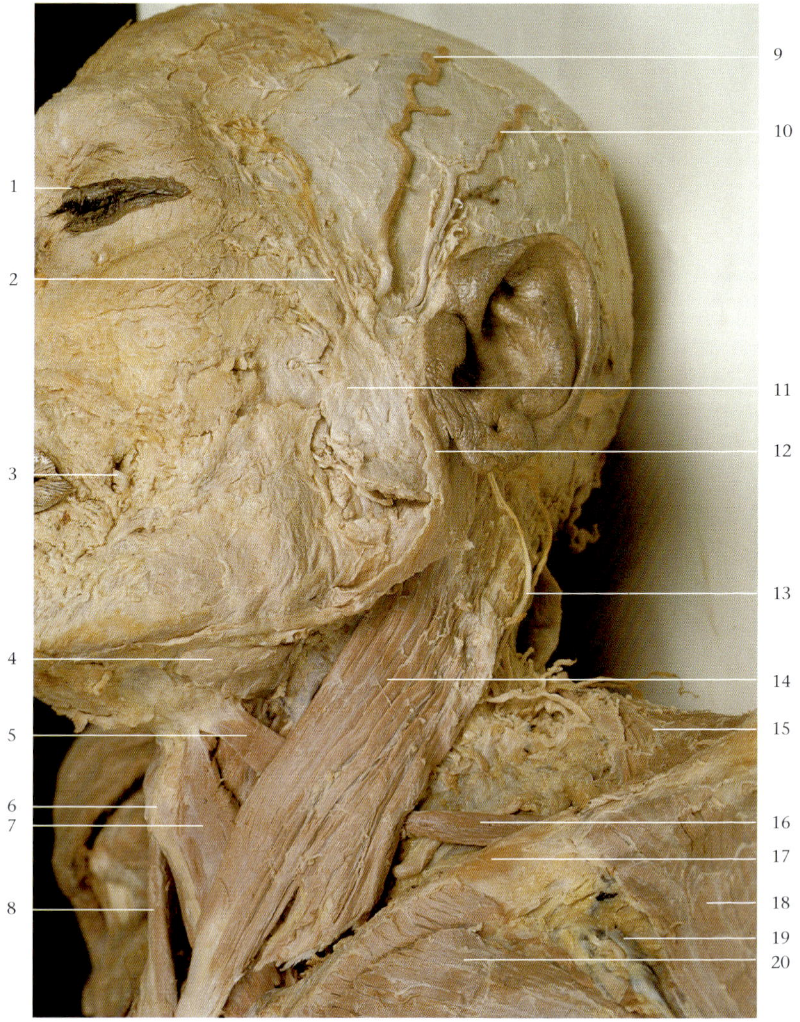

1 Hautstreifen um die Lidspalte
2 Nervus facialis [VII], Ramus temporalis
3 Arteria facialis
4 Glandula submandibularis
5 Musculus omohyoideus, Venter superior
6 Prominentia laryngea
7 Musculus sternohyoideus, links
8 Musculus sternohyoideus, rechts
9 Arteria temporalis superficialis, Ramus frontalis, etwas nach dorsal verlagert
10 Arteria temporalis superficialis, Ramus parietalis
11 Glandula parotis
12 Fascia parotidea
13 Nervus auricularis magnus
14 Musculus sternocleidomastoideus
15 Musculus trapezius, Pars descendens
16 Musculus omohyoideus, Venter inferior
17 Clavicula
18 Musculus deltoideus, Pars clavicularis
19 Vena cephalica im Trigonum clavipectorale
20 Musculus pectoralis major, Pars clavicularis

1 Kopf und Hals

01:05

1.1 Kopf von lateral links, Regio parotidea

Fascia parotidea ventral gelöst und der freie Rand angehoben • Glandula parotis und Nervus facialis in situ

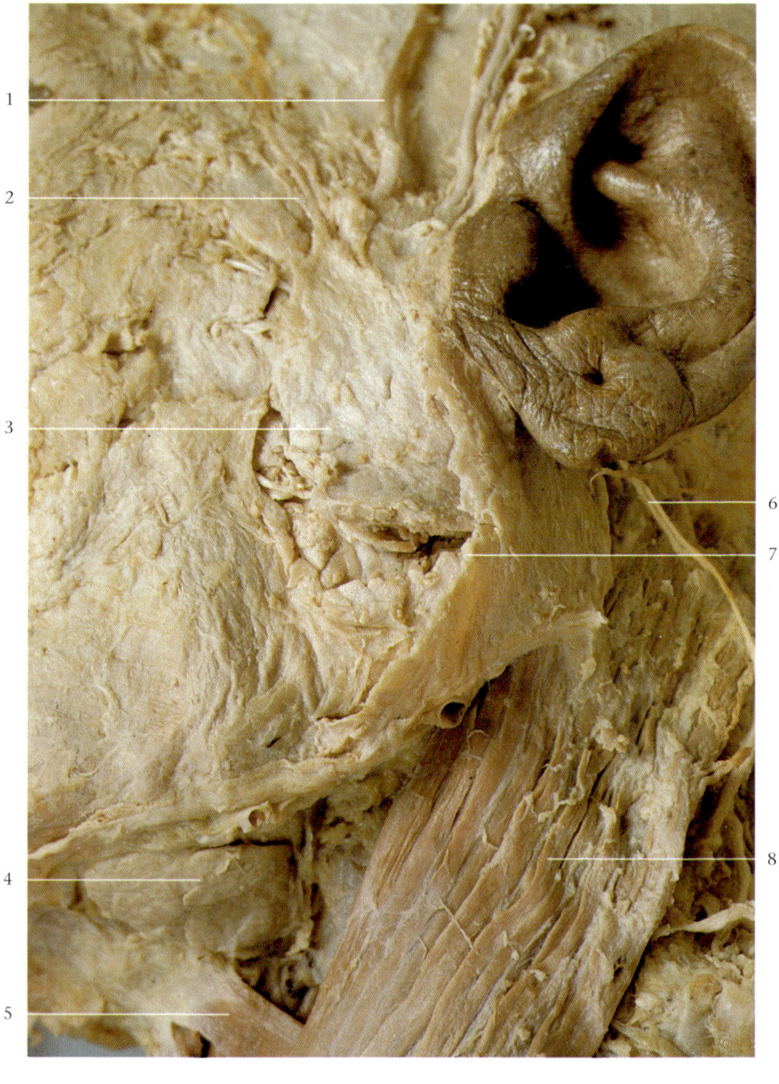

1 Arteria temporalis superficialis, Ramus frontalis
2 Nervus facialis [VII], Ramus temporalis
3 Glandula parotis
4 Glandula submandibularis
5 Musculus omohyoideus, Venter superior
6 Nervus auricularis magnus
7 Fascia parotidea
8 Musculus sternocleidomastoideus

1 Kopf und Hals

01:25

1.1 Kopf von lateral links

Haut, Subcutis und oberflächliche Faszie entfernt • Glandula parotis und Nervus facialis in situ

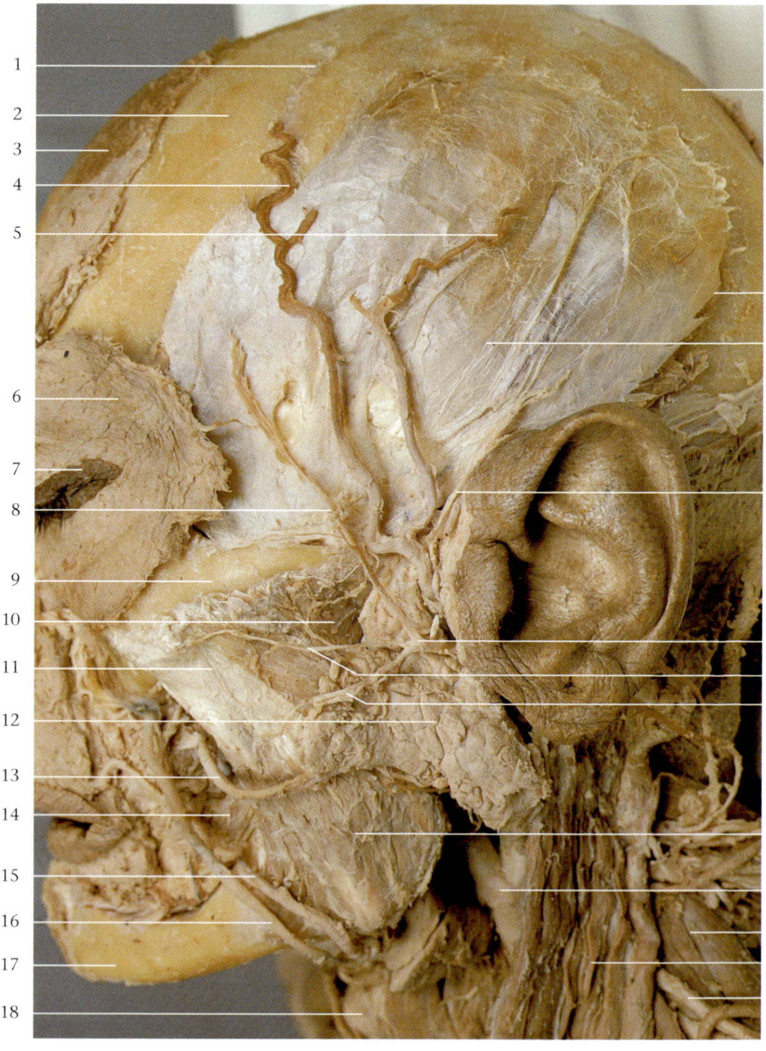

1 Sutura coronaria
2 Os frontale
3 Musculus occipitofrontalis, Venter frontalis
4 Arteria temporalis superficialis, Ramus frontalis
5 Arteria temporalis superficialis, Ramus parietalis
6 Musculus orbicularis oculi
7 Hautstreifen um die Lidspalte
8 Nervus facialis [VII], Ramus temporalis
9 Arcus zygomaticus
10 Musculus masseter, Pars profunda
11 Musculus masseter, Pars superficialis
12 Glandula parotis, tiefer Teil
13 Ductus parotideus
14 Musculus buccinator
15 Arteria facialis
16 Vena facialis, nach ventral vor die Arterie verlagert
17 Mandibula, Corpus
18 Prominentia laryngea
19 Os parietale
20 Fascia temporalis, Lamina superficialis, abgelöster Rand
21 Fascia temporalis, Lamina superficialis
22 Nervus auriculotemporalis [V_3]
23 Plexus intraparotideus [VII]
24 Nervus facialis [VII], Ramus zygomaticus
25 Nervus facialis [VII], Ramus buccalis
26 Musculus masseter
27 Bifurcatio carotidis
28 Musculus scalenus medius
29 Musculus sternocleidomastoideus
30 Plexus brachialis, Pars supraclavicularis

1 Kopf und Hals

01:55

1.1 Kopf von lateral links

Faszie des Musculus temporalis nur noch am Jochbogen verhaftet und nach kaudal gelegt • Musculus temporalis in situ

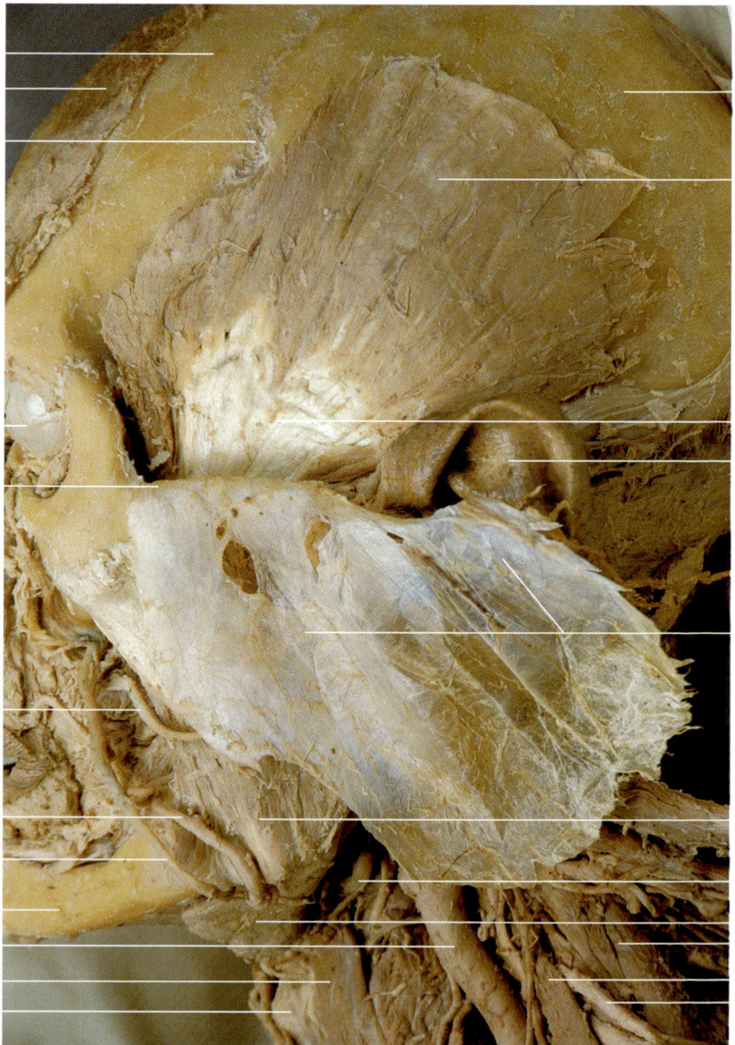

1 Os frontale
2 Musculus occipitofrontalis, Venter frontalis
3 Sutura coronaria
4 Bulbus oculi
5 Arcus zygomaticus
6 Ductus parotideus
7 Arteria facialis
8 Vena facialis, nach ventral vor die Arterie verlagert
9 Mandibula, Corpus
10 Arteria carotis communis
11 Musculus sternohyoideus
12 Prominentia laryngea
13 Os parietale
14 Musculus temporalis
15 Musculus temporalis, Tendo
16 Auricula
17 Fascia temporalis, am Schädel abgelöst und über den Arcus zygomaticus nach kaudal gelegt
18 Musculus masseter
19 Glandula submandibularis
20 Musculus scalenus medius
21 Musculus scalenus anterior
22 Plexus brachialis, Pars supraclavicularis

01:55

1.1 Kopf von lateral links

Faszie des Musculus temporalis und der Musculus temporalis wurden am Schädel abgelöst und nach kaudal gelegt • Fossa temporalis

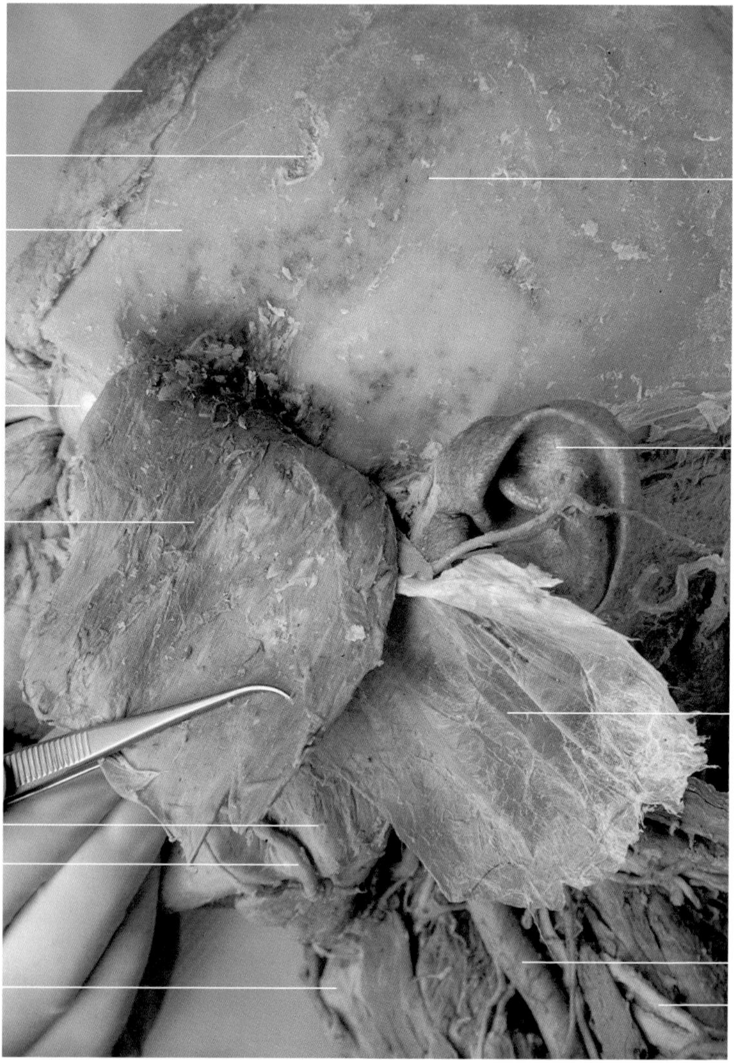

1 Musculus occipitofrontalis, Venter frontalis
2 Sutura coronaria
3 Os frontale
4 Bulbus oculi
5 Musculus temporalis, am Schädel abgelöst und über den Arcus zygomaticus nach kaudal gelegt
6 Musculus masseter
7 Arteria facialis
8 Prominentia laryngea
9 Os parietale
10 Auricula
11 Fascia temporalis, am Schädel abgelöst und über den Arcus zygomaticus nach kaudal gelegt
12 Arteria carotis communis
13 Plexus brachialis, Pars supraclavicularis

1 Kopf und Hals

01:55

1.1 Kopf von lateral links

Faszie des Musculus temporalis und des Musculus masseter entfernt • Glandula parotis aus der Bildebene nach okzipital geklappt • Nervus facialis nach okzipital über die Ohrmuschel gelegt

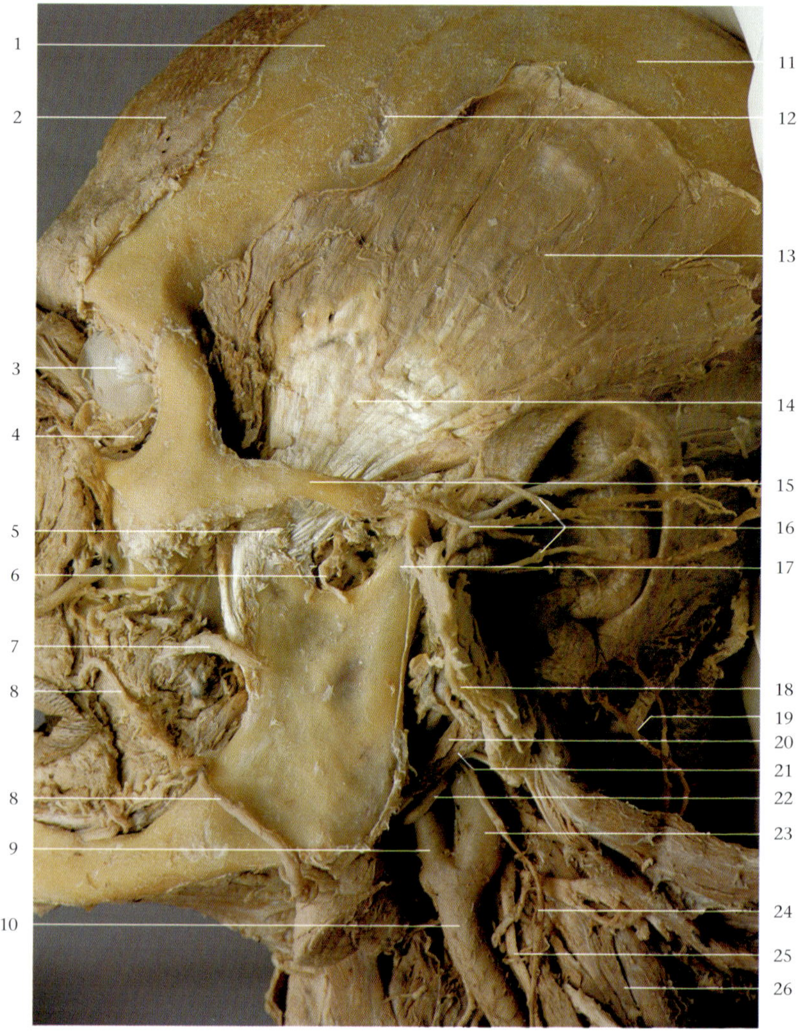

1 Os frontale
2 Musculus occipitofrontalis, Venter frontalis
3 Bulbus oculi
4 Musculus obliquus inferior
5 Mandibula, Processus coronoideus
6 Nervus massetericus
7 Ductus parotideus
8 Arteria facialis
9 Arteria carotis externa
10 Arteria carotis communis
11 Os parietale
12 Sutura coronaria
13 Musculus temporalis
14 Musculus temporalis, Tendo
15 Arcus zygomaticus
16 Plexus intraparotideus [VII], nach okzipital gelegt
17 Mandibula, Processus condylaris
18 Glandula parotis, tiefer Teil, nach lateral gelegt
19 Nervus auricularis magnus
20 Musculus stylohyoideus
21 Musculus digastricus, Venter posterior
22 Nervus hypoglossus [XII]
23 Arteria carotis interna
24 Ansa cervicalis profunda
25 Nervus vagus [X]
26 Musculus scalenus medius

1 Kopf und Hals

01:55

1.1 Kopf von lateral links

Jochbogen • Faszie des Musculus temporalis und des Musculus masseter entfernt • Glandula parotis aus der Bildebene nach okzipital geklappt • Nervus facialis nach okzipital über die Ohrmuschel gelegt

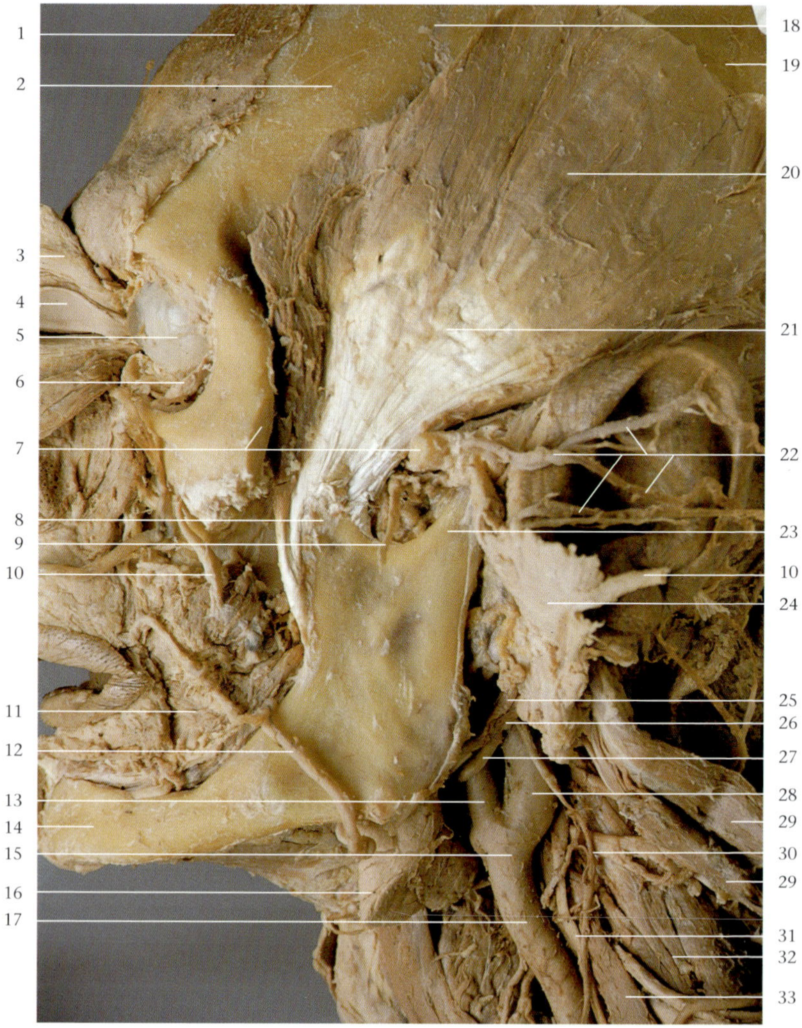

1 Musculus occipitofrontalis, Venter frontalis
2 Os frontale
3 Musculus orbicularis oculi
4 Augenlider, lateral abgelöst und nach medial gelegt
5 Bulbus oculi
6 Musculus obliquus inferior
7 Schnittkanten, an denen der Arcus zygomaticus abgetrennt wurde
8 Mandibula, Processus coronoideus
9 Nervus massetericus
10 Ductus parotideus
11 Musculus buccinator
12 Arteria facialis
13 Arteria carotis externa
14 Mandibula, Corpus
15 Bifurcatio carotidis
16 Glandula submandibularis
17 Arteria carotis communis
18 Sutura coronaria
19 Os parietale
20 Musculus temporalis
21 Musculus temporalis, Tendo
22 Plexus intraparotideus [VII], nach okzipital verlagert
23 Mandibula, Processus condylaris
24 Glandula parotis, tiefer Teil, nach lateral gelegt
25 Musculus digastricus, Venter posterior
26 Musculus stylohyoideus
27 Nervus hypoglossus [XII]
28 Arteria carotis interna
29 Musculus levator scapulae
30 Ansa cervicalis profunda
31 Nervus vagus [X]
32 Musculus scalenus medius
33 Musculus scalenus anterior

1 Kopf und Hals

03:05

1.1 Kopf von lateral links

Nur Knochen und Kaumuskulatur sind erhalten • Kaumuskeln in situ

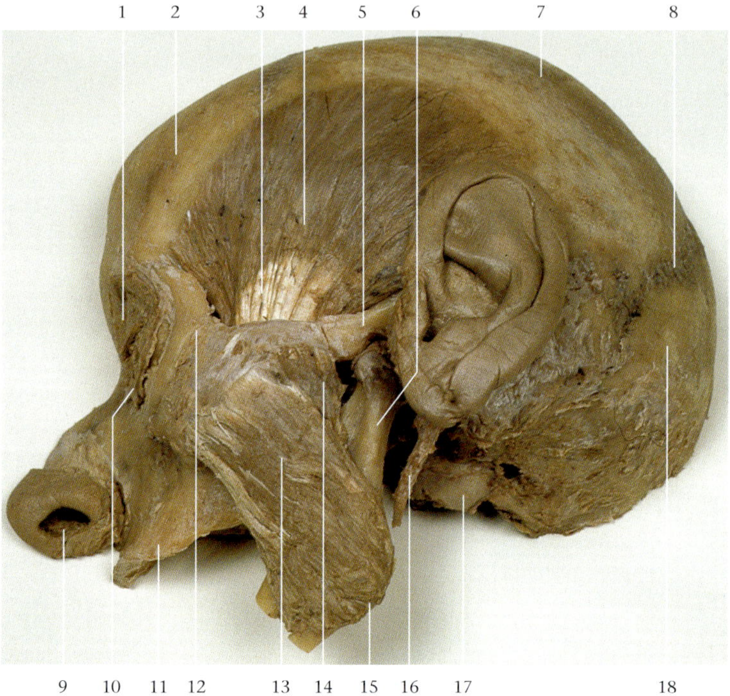

1 Musculus orbicularis oculi
2 Os frontale
3 Musculus temporalis, Tendo
4 Musculus temporalis
5 Arcus zygomaticus
6 Mandibula, Processus condylaris
7 Os parietale
8 Sutura lambdoidea
9 Naris
10 Foramen infraorbitale
11 Maxilla, Processus alveolaris
12 Os zygomaticum
13 Musculus masseter, Pars superficialis
14 Musculus masseter, Pars profunda
15 Mandibula, Angulus mandibulae
16 Os temporale, Processus styloideus
17 Os occipitale, Condylus occipitalis
18 Os occipitale

1 Kopf und Hals

03:45

1.1 Kopf von lateral links

Nur Knochen und Kaumuskulatur erhalten • Jochbogen entfernt • Musculus masseter gelöst und nach kaudal gelegt • Kiefergelenk in situ

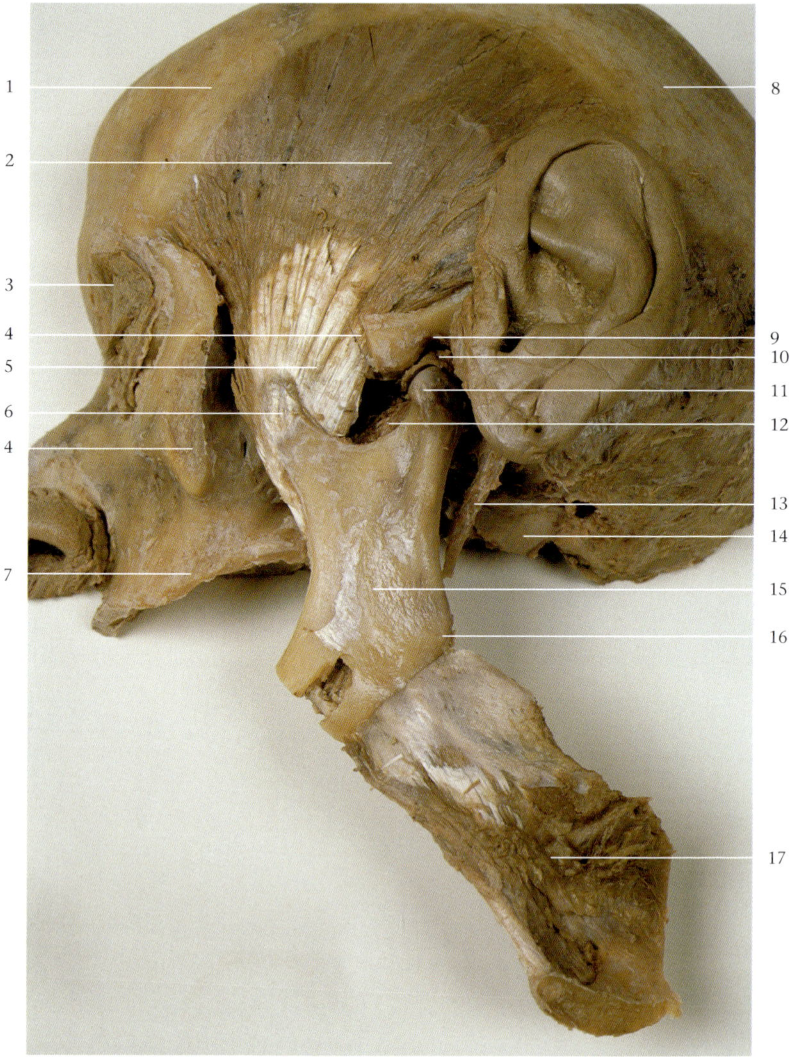

1 Os frontale
2 Musculus temporalis
3 Musculus orbicularis oculi
4 Schnittfläche, an der der Arcus zygomaticus abgetrennt wurde
5 Musculus temporalis, Tendo
6 Mandibula, Processus coronoideus
7 Maxilla, Processus alveolaris
8 Os parietale
9 Os temporale, Fossa mandibularis
10 Articulatio temporomandibularis, Discus articularis
11 Mandibula, Processus condylaris
12 Nervus massetericus
13 Os temporale, Processus styloideus
14 Os occipitale, Condylus occipitalis
15 Mandibula, Ramus mandibulae
16 Mandibula, Angulus mandibulae
17 Musculus masseter

1 Kopf und Hals

04:15

1.1 Kopf von lateral rechts

Nur Knochen und Kaumuskulatur erhalten • Jochbogen durchtrennt • Kiefergelenk luxiert • Unterkiefer nach lateral verlagert • Kaumuskulatur von ventral

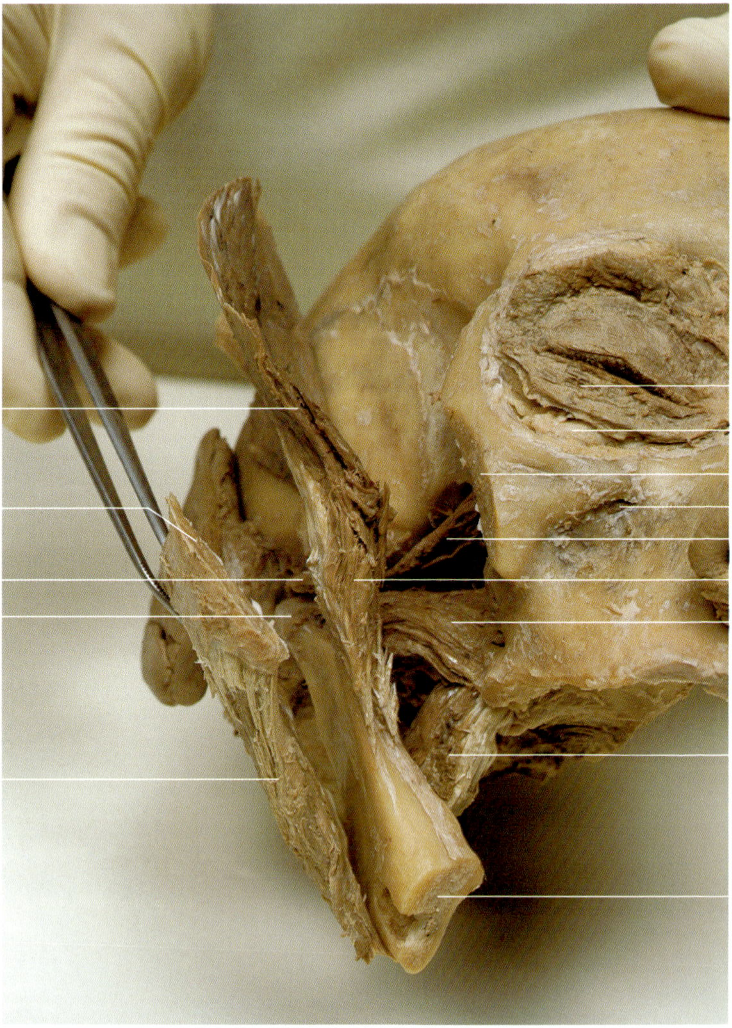

1 Musculus temporalis
2 Schnittfläche, an der der Arcus zygomaticus abgetrennt wurde
3 Articulatio temporomandibularis, Discus articularis
4 Mandibula, Processus condylaris
5 Musculus masseter
6 Musculus orbicularis oculi
7 Musculus obliquus inferior
8 Foramen infraorbitale
9 Musculus pterygoideus lateralis, Pars superior
10 Mandibula, Processus coronoideus
11 Musculus pterygoideus lateralis, Pars inferior
12 Musculus pterygoideus medialis
13 Mandibula, Schnittkante

04:55

1.1 Kopf und Hals von lateral und kaudal

Jochbogen, Glandula parotis, Musculi masseter und temporalis sowie Vena jugularis interna und externa entfernt • Musculus sternocleidomastoideus nach kaudal gehalten • Strukturen in der Fossa infratemporalis

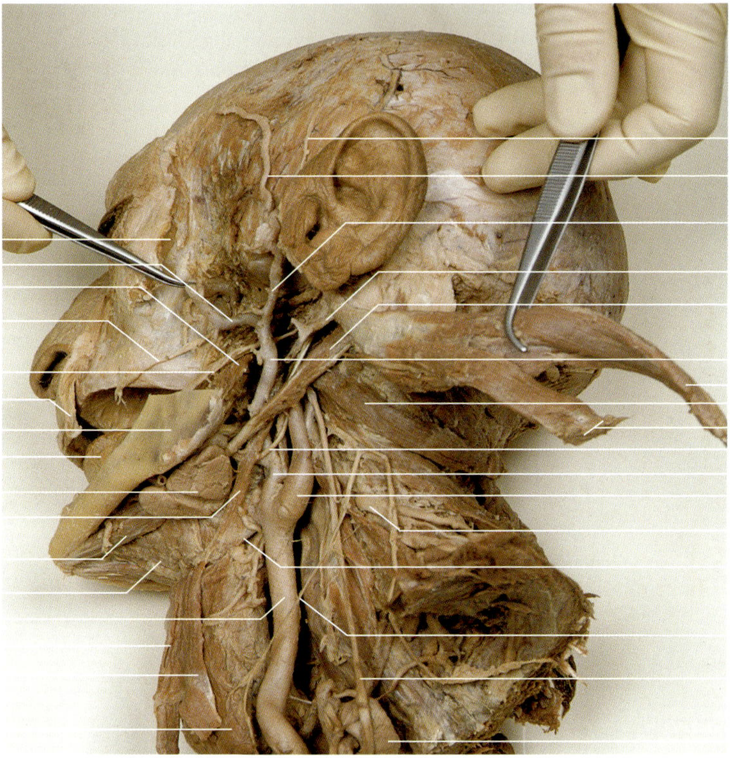

1 Arcus zygomaticus, Schnittkante
2 Arteria maxillaris
3 Musculus pterygoideus medialis
4 Nervus buccalis [V_3]
5 Nervus lingualis [V_3]
6 Oberlippe, eingeschnitten
7 Mandibula
8 Lingua
9 Glandula submandibularis
10 Musculus stylohyoideus
11 Musculus digastricus, Venter anterior
12 Musculus mylohyoideus
13 Arteria carotis communis
14 Musculus sternohyoideus
15 Musculus omohyoideus
16 Musculus thyrohyoideus
17 Nervus auriculotemporalis [V_3]
18 Arteria temporalis superficialis, Ramus frontalis
19 Arteria temporalis superficialis
20 Arteria occipitalis
21 Musculus digastricus, Venter posterior
22 Arteria carotis externa
23 Musculus sternocleidomastoideus, sternaler Ansatz
24 Musculus levator scapulae
25 Musculus sternocleidomastoideus, claviculärer Ansatz
26 Nervus hypoglossus [XII]
27 Arteria carotis interna
28 Plexus brachialis
29 Os hyoideum
30 Ansa cervicalis profunda
31 Nervus vagus [X]
32 Arteria subclavia

04:55

1.1 Kopf von lateral links und kaudal

Jochbogen, Glandula parotis, Musculi masseter und temporalis sowie Vena jugularis interna und externa entfernt • Musculus sternocleidomastoideus nach kaudal gelegt • Strukturen in der Fossa infratemporalis

1 Arcus zygomaticus, Schnittkante
2 Oberlippe, eingeschnitten
3 Nervus buccalis [V_3]
4 Lingua
5 Nervus lingualis [V_3]
6 Nervus alveolaris inferior [V_3]
7 Mandibula
8 Musculus digastricus, Venter anterior
9 Glandula submandibularis
10 Musculus stylohyoideus
11 Arteria carotis externa
12 Prominentia laryngea
13 Os hyoideum
14 Musculus thyrohyoideus
15 Musculus omohyoideus
16 Ansa cervicalis profunda
17 Arteria temporalis superficialis, Ramus frontalis
18 Nervus auriculotemporalis [V_3]
19 Arteria temporalis superficialis
20 Arteria maxillaris
21 Musculus pterygoideus medialis
22 Musculus digastricus, Venter posterior
23 Nervus hypoglossus [XII]
24 Nervus vagus [X]
25 Arteria carotis interna
26 Musculus sternocleidomastoideus
27 Arteria thyroidea superior
28 Arteria carotis communis
29 Plexus brachialis, Anteil

1 Kopf und Hals

08:40

1.1 Kopf von kaudal, Unterkiefer und Hals

Oberflächliches und mittleres Blatt der Halsfaszie entfernt, ebenso die oberflächlichen Halsvenen • Mundboden

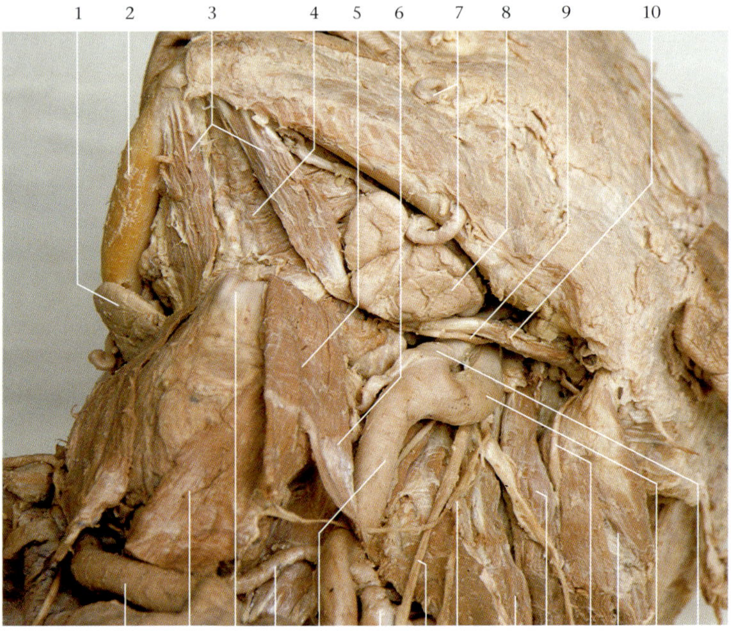

1 Glandula submandibularis, rechts
2 Mandibula, Corpus
3 Musculus digastricus, Venter anterior, beidseits
4 Musculus mylohyoideus, links
5 Musculus sternohyoideus, links
6 Musculus omohyoideus, links
7 Arteria facialis, links
8 Glandula submandibularis, links
9 Nervus hypoglossus [XII], links
10 Musculus digastricus, Venter posterior, links
11 Arteria carotis communis, rechts
12 Musculus thyrohyoideus, links
13 Prominentia laryngea
14 Arteria thyroidea inferior, links
15 Arteria carotis communis, links
16 Truncus thyrocervicalis, links
17 Nervus vagus [X], links
18 Ansa cervicalis profunda, links
19 Musculus scalenus medius, links
20 Musculus levator scapulae, links
21 Nervus accessorius [XI], links
22 Musculus sternocleidomastoideus, links
23 Arteria carotis interna, links
24 Arteria carotis externa, links

1 Kopf und Hals

09:55

1.1 Kopf und Hals von ventral und lateral rechts

Weichteilbedeckung von Unter- und Oberkiefer sowie Teile der Mandibula entfernt • Strukturen im seitlichen Mundboden

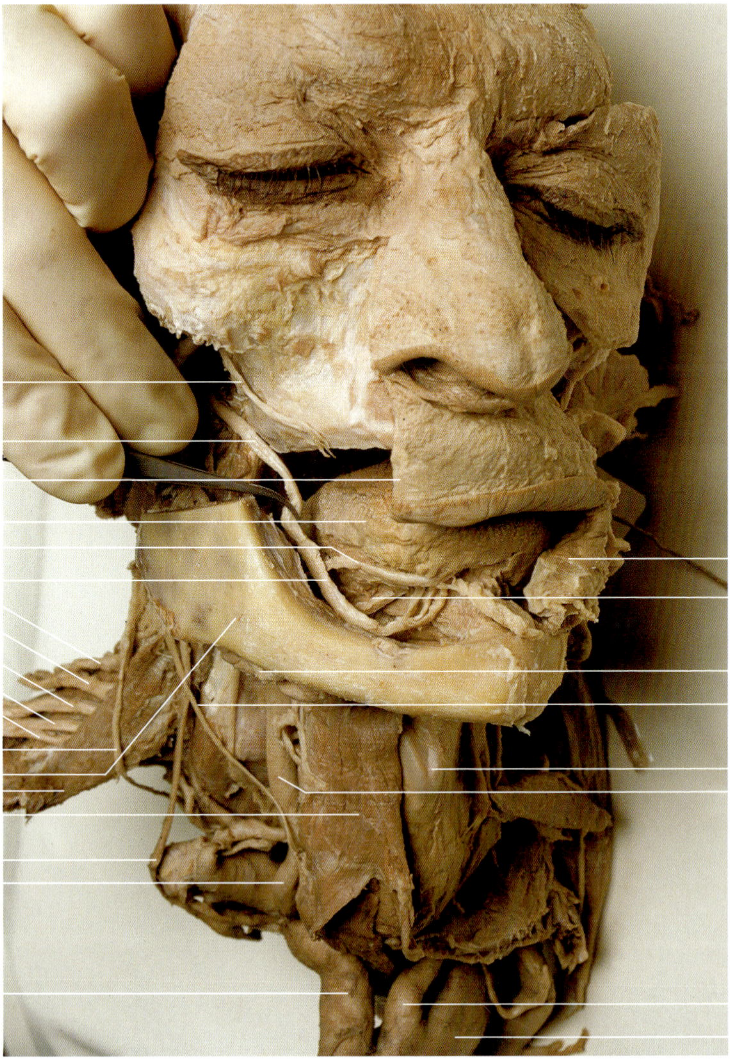

1 Nervus buccalis [V_3]
2 Nervus lingualis [V_3]
3 Oberlippe, Anschnitt
4 Lingua
5 Ductus submandibularis
6 Spinalnerv C5, Ramus ventralis
7 Spinalnerv C6, Ramus ventralis
8 Spinalnerv C7, Ramus ventralis
9 Spinalnerv C8, Ramus ventralis
10 Spinalnerv Th1, Ramus ventralis
11 Nervus phrenicus
12 Mandibula
13 Musculus scalenus anterior
14 Musculus sternohyoideus
15 Nervus vagus [X]
16 Arteria carotis communis, rechts
17 Truncus brachiocephalicus
18 Unterlippe, Anschnitt
19 Nervus hypoglossus [XII]
20 Glandula submandibularis
21 Ansa cervicalis profunda
22 Prominentia laryngea
23 Arteria carotis communis, links
24 Arteria subclavia, links

11:15

1.2 Kopf mediansagittal halbiert

Blick auf die Schnittfläche im Bereich der Nasenhöhle • Nasenseptum entfernt • Zugänge zu den Nasennebenhöhlen • die Sonde befindet sich im Ductus nasofrontalis

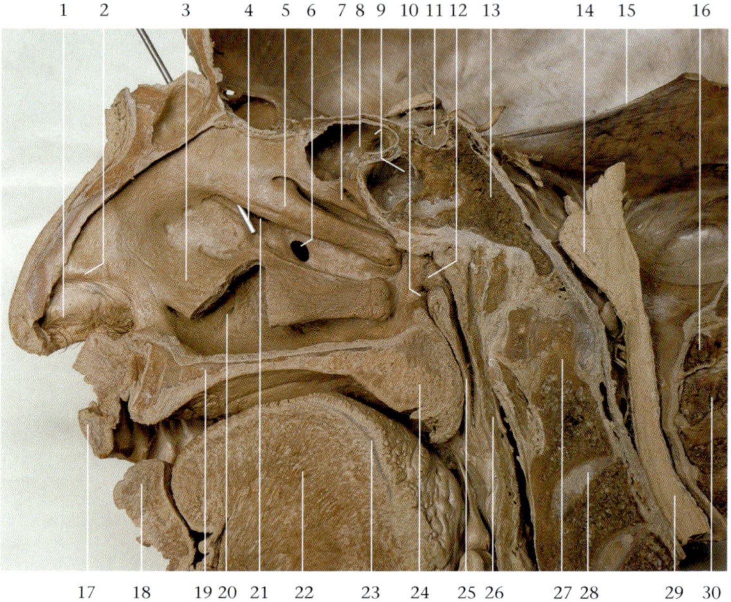

1 Vestibulum nasi
2 Limen nasi
3 Concha nasalis inferior, eingeschnitten
4 Sonde im Ductus nasofrontalis
5 Concha nasalis media
6 Akzessorische Öffnung in den Sinus maxillaris
7 Concha nasalis superior
8 Cellulae ethmoidales posteriores
9 Sinus sphenoidalis
10 Ostium pharyngeum (Tuba auditiva)
11 Hypophyse
12 Torus tubarius
13 Bereich der verknöcherten Synchondrosis sphenooccipitalis
14 Medulla oblongata
15 Tentorium cerebelli, freie Vorderkante
16 Atlas, Arcus posterior
17 Oberlippe, Anschnitt
18 Unterlippe, Anschnitt
19 Palatum durum, mit Schleimhaut
20 Apertura ductus nasolacrimalis
21 Hiatus semilunaris
22 Lingua
23 Aponeurosis linguae
24 Palatum molle
25 Plica salpingopharyngea
26 Musculus constrictor pharyngis superior
27 Axis, Dens axis
28 Oberster Discus intervertebralis
29 Medulla spinalis
30 Axis, Processus spinosus

12:45

1.2 Kopf von lateral links und ventral

Stirnhöhle und Kieferhöhle breit eröffnet

1 Arteria temporalis superficialis
2 Sinus frontalis, eröffnet
3 Fascia temporalis
4 Sinus maxillaris, eröffnet
5 Glandula parotis
6 Musculus zygomaticus major
7 Ductus parotideus
8 Arteria facialis
9 Glandula submandibularis

13:05

1.2 Kopf von kranial und lateral links

Stirnhöhle breit eröffnet, mit Abgang des Ductus nasofrontalis

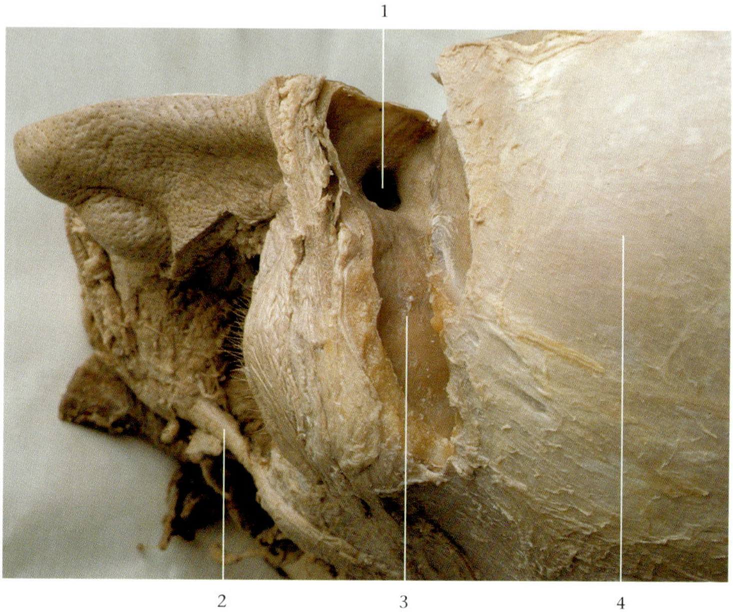

1 Sinus frontalis, Einmündung des Ductus nasofrontalis
2 Musculus zygomaticus major
3 Sinus frontalis
4 Os frontale

Vergleiche 11:15 und 15:15

1.2 Kopf und Hals paramediansagittal halbiert

Blick auf die Schnittfläche mit erhaltenem Nasenseptum

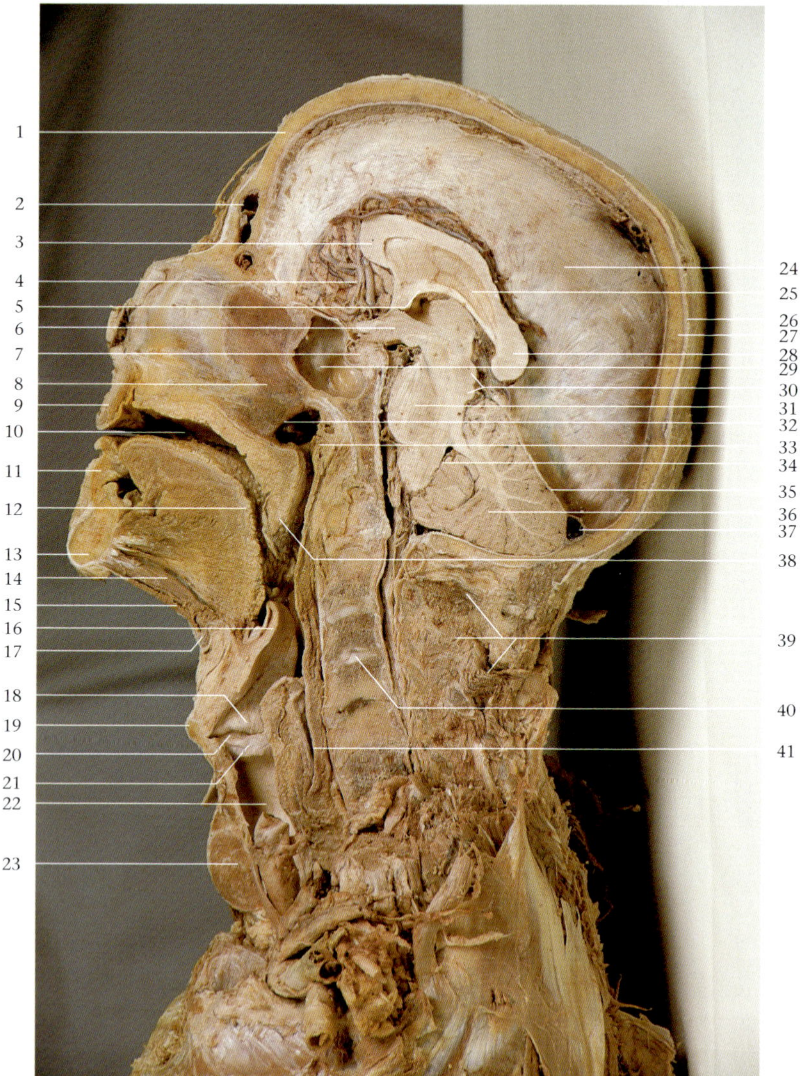

1 Os frontale
2 Sinus frontalis, Anschnitt
3 Corpus callosum, Genu
4 Arteria cerebri anterior
5 Fornix, darunter Foramen interventriculare
6 Hypothalamus
7 Hypophyse
8 Septum nasi osseum
9 Oberlippe, Anschnitt
10 Cavum oris
11 Unterlippe, Anschnitt
12 Aponeurosis linguae
13 Mandibula, Anschnitt
14 Musculus geniohyoideus
15 Musculus mylohyoideus
16 Epiglottis
17 Os hyoideum, Anschnitt
18 Plica vestibularis
19 Prominentia laryngea
20 Ventriculus laryngis
21 Plica vocalis
22 Cavitas infraglottica
23 Glandula thyroidea, Schnittfläche
24 Falx cerebri
25 Septum interventriculare
26 Galea aponeurotica
27 Os parietale
28 Corpus callosum, Splenium
29 Sinus sphenoidalis
30 Tectum mesencephali, Lamina quadrigemina
31 Pons
32 Septum nasi, freie Hinterkante
33 Tonsilla pharyngea
34 Boden der Fossa rhomboidea
35 Tentorium cerebelli, Schnittkante
36 Cerebellum
37 Sinus transversus, Confluens sinuum
38 Uvula
39 Tiefe Nackenmuskulatur, Anschnitt
40 Discus intervertebralis
41 Oesophagus, Lumen

Vergleiche 11:15 und 15:15

1.2 Kopf und Hals mediansaggittal halbiert

Blick auf die Schnittfläche • Nasenseptum entfernt

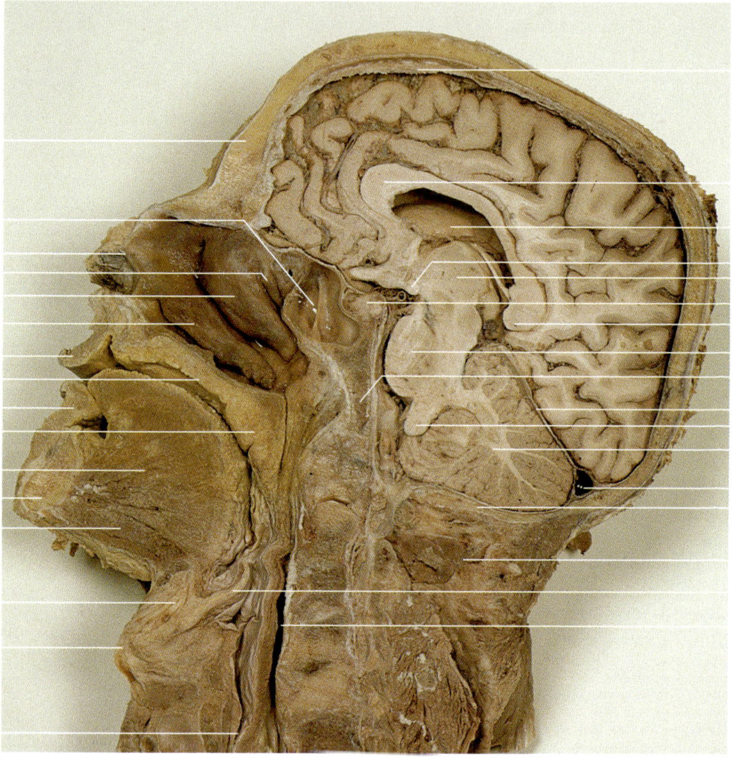

1 Os frontale
2 Sinus sphenoidalis
3 Limen nasi, ventral Vestibulum nasi
4 Concha nasalis superior
5 Concha nasalis media
6 Concha nasalis inferior
7 Oberlippe, Anschnitt
8 Palatum durum, mit Schleimhaut
9 Unterlippe, Anschnitt
10 Palatum molle
11 Lingua, Musculus genioglossus
12 Mandibula, Anschnitt
13 Musculus geniohyoideus
14 Corpus adiposum preepiglotticum
15 Prominentia laryngea
16 Oesophagus, Lumen
17 Dura mater encephali
18 Corpus callosum, Genu
19 Ventriculus lateralis, rechts
20 Hypothalamus, Corpus mamillare
21 Thalamus
22 Hypophyse
23 Corpus callosum, Splenium
24 Pons
25 Os occipitale, Pars basilaris
26 Tentorium cerebelli, Schnittkante
27 Medulla oblongata
28 Cerebellum
29 Sinus transversus
30 Os occipitale, Squama
31 Nackenmuskulatur
32 Epiglottis
33 Spatium retropharyngeum

14:00

1.3 Kopf von kranial und lateral links

Schädelhöhle eröffnet • Großhirn entfernt • Schichten im Bereich des Schädeldaches

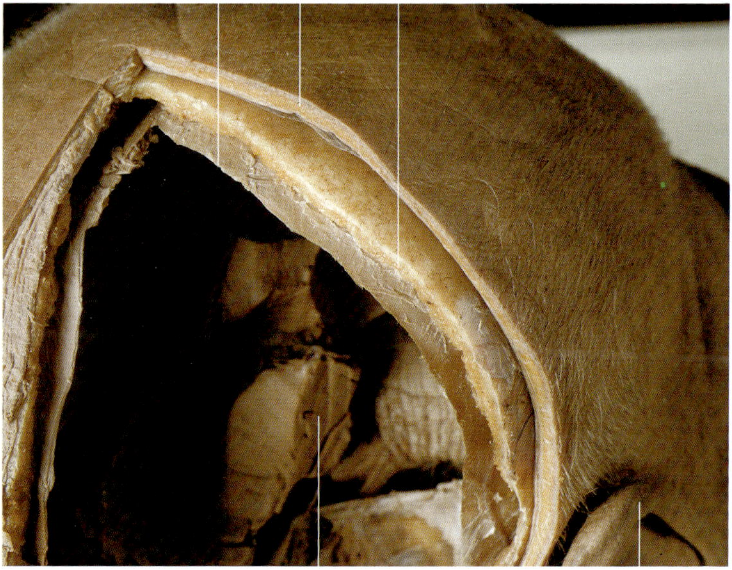

1 Dura mater encephali, Schnittkante
2 Cutis, Subcutis und Galea aponeurotica
3 Os parietale, Schnittkante
4 Thalamus, Anschnitt
5 Auricula, links

14:35

1.3 Kopf von lateral links

Cutis und oberflächliche Schicht der Ohrspeicheldrüse abgetragen • Schädelknochen über der Schädelhöhle entfernt • Dura mater encephali und Arteria meningea media

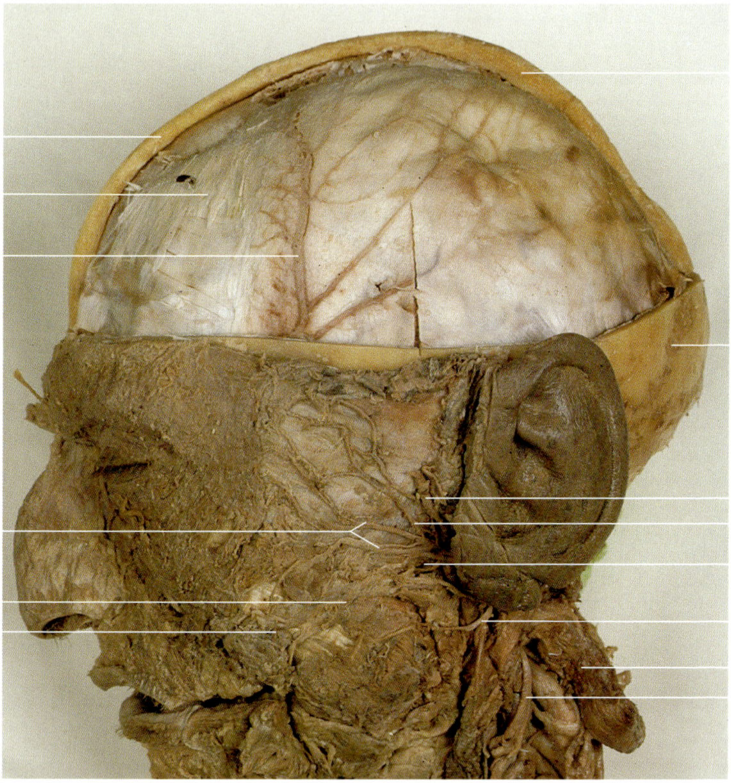

1 Os frontale
2 Dura mater encephali, periostales Blatt
3 Arteria meningea media
4 Nervus facialis [VII], Rami zygomatici
5 Nervus facialis [VII], Ramus buccalis
6 Musculus masseter
7 Os parietale
8 Sutura lambdoidea
9 Arteria temporalis superficialis
10 Nervus facialis [VII], Ramus temporalis
11 Plexus intraparotideus [VII]
12 Musculus sternocleidomastoideus
13 Nervus hypoglossus [XII]

14:35

1.3 Kopf von kranial und lateral links

Cutis abgetragen • Schädelknochen über der Schädelhöhle entfernt • Dura mater encephali an der kaudalen Schnittkante des Knochens gelöst und nach rechts über die Sutura sagittalis gelegt • Brückenvenen

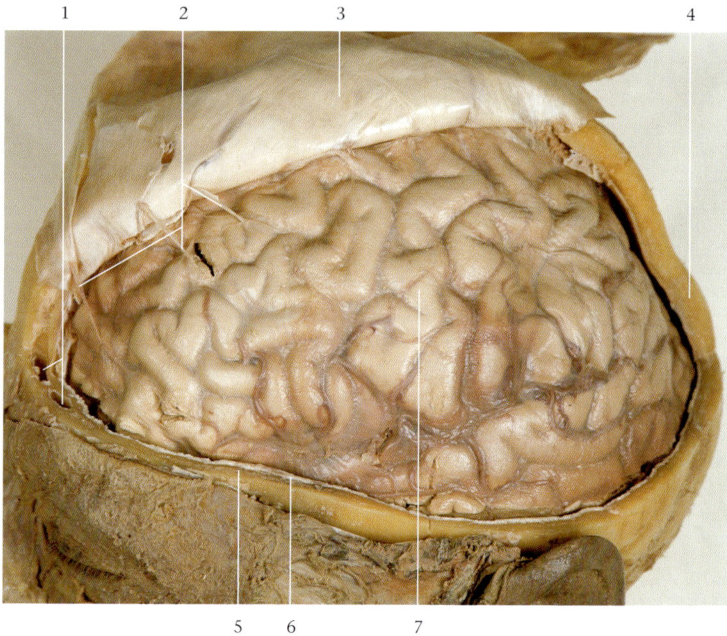

1 Sinus frontalis
2 Brückenvenen im postmortal durch die Auflösung des Neurothels entstehenden Spatium subdurale
3 Dura mater encephali, über den Schädelknochen zur gegenüber liegenden Seite gelegt
4 Os parietale
5 Os temporale
6 Dura mater encephali, Schnittkante
7 Arachnoidea mater encephali über den Sulci und Gyri des Telencephalon

14:35

1.3 Kopf von kranial und lateral links

Cutis abgetragen • Schädelknochen über der Schädelhöhle entfernt • Dura mater encephali an der kaudalen Schnittkante des Knochens gelöst und nach rechts über die Sutura sagittalis gelegt • Arachnoidea mater encephali und Brückenvenen

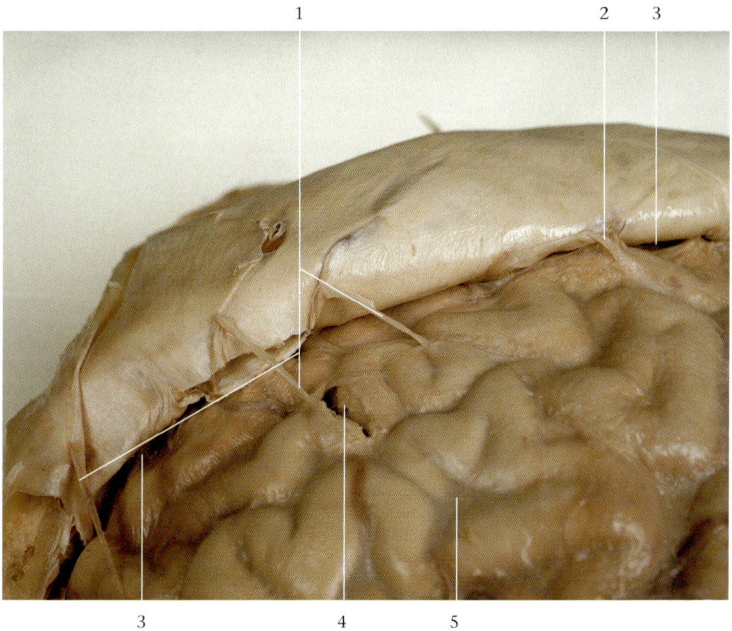

1 Brückenvenen im Spatium subdurale
2 Brückenvenen, Durchtritt durch die Dura mater
3 Spatium subdurale, postmortal durch Lyse des Neurothels entstanden
4 Gyrus des Großhirns, durch einen Riss in der Arachnoidea mater encephali sichtbar
5 Arachnoidea mater encephali über den Gyri des Telencephalon

15:15

1.3 Kopf von okzipital und lateral links

Schädelhöhle breit eröffnet • Tentorium cerebelli, das linke Großhirn und die linke Kleinhirnhälfte entfernt • die Pinzette fasst die erhaltene Vorderkante des Tentorium cerebelli • Falx cerebri • Hirnstamm

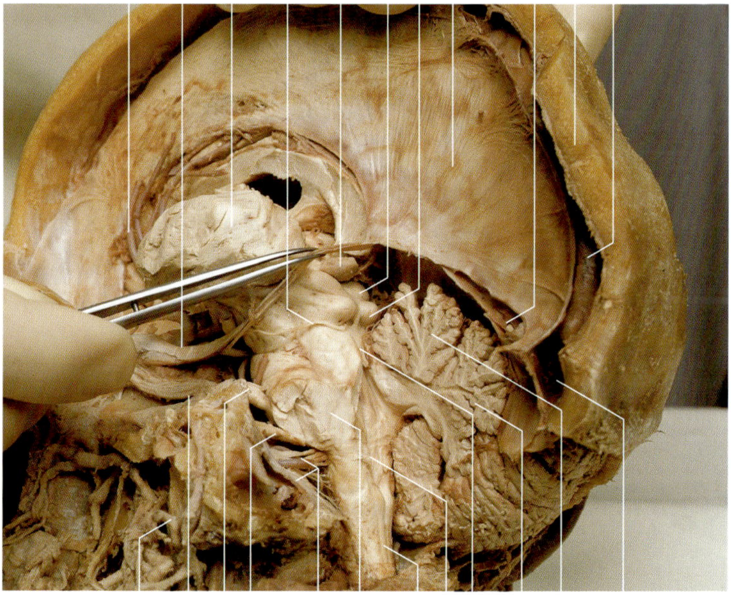

1 Arteria cerebri anterior
2 Tentorium cerebelli, freie Vorderkante
3 Thalamus, links
4 Nervus trochlearis [IV]
5 Glandula pinealis
6 Tectum mesencephali, Colliculus superior
7 Tectum mesencephali, Colliculus inferior
8 Falx cerebri
9 Sinus rectus
10 Os parietale, Schnittkante
11 Sinus sagittalis superior
12 Arteria maxillaris
13 Nervus ophthalmicus [V_1]
14 Nervus trigeminus [V]
15 Nervus facialis [VII]
16 Nervus glossopharyngeus [IX], Nervus vagus [X] und Nervus accessorius [XI] zum Foramen jugulare ziehend
17 Pedunculi cerebellares
18 Medulla oblongata
19 Boden der Fossa rhomboidea
20 Velum medullare anterius und Lingula cerebelli
21 Cerebellum, Lobus posterior
22 Cerebellum, Lobus anterior
23 Confluens sinuum

15:15

1.3 Kopf und Hals von lateral links

Linke Orbita und Schädelhöhle breit eröffnet • Tentorium cerebelli, das linke Großhirn und die linke Kleinhirnhälfte sind entfernt • Falx cerebri • Hirnstamm • tiefe seitliche Gesichtsregion

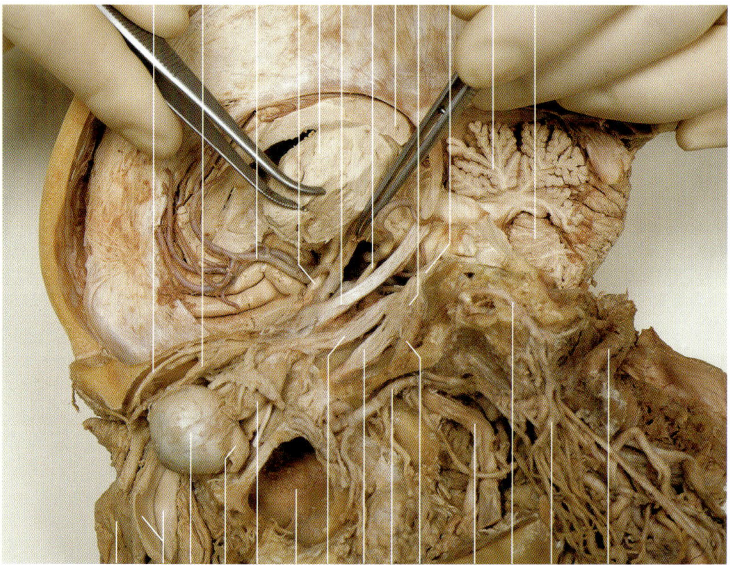

1 Nervus frontalis [V_1], Ramus lateralis
2 Musculus rectus superior
3 Arteria cerebri anterior
4 Nervus opticus [II]
5 Thalamus
6 Tentorium cerebelli, freie Vorderkante, Rest entfernt
7 Nervus oculomotorius [III]
8 Corpus callosum
9 Ganglion trigeminale
10 Nervus trigeminus [V]
11 Cerebellum, Lobus anterior
12 Cerebellum, Lobus posterior
13 Musculus orbicularis oculi, abgelöst
14 Tarsus superior und Tarsus inferior
15 Bulbus oculi
16 Musculus obliquus inferior
17 Musculus rectus lateralis
18 Sinus maxillaris, eröffnet
19 Nervus ophthalmicus [V_1]
20 Nervus maxillaris [V_2]
21 Arteria maxillaris
22 Nervus mandibularis [V_3]
23 Nervus alveolaris inferior [V_3]
24 Nervus facialis [VII], hier im aufgemeißelten Canalis nervi facialis
25 Plexus intraparotideus [VII]
26 Arteria vertebralis

21:20

1.3 Kopf von lateral links

Schädelhöhle eröffnet • Großhirn entfernt • Orbita seitlich eröffnet, ebenso die Kieferhöhle bei erhaltener Schleimhaut • Ganglion trigeminale und Äste des Nervus trigeminus • tiefe seitliche Gesichtsregion

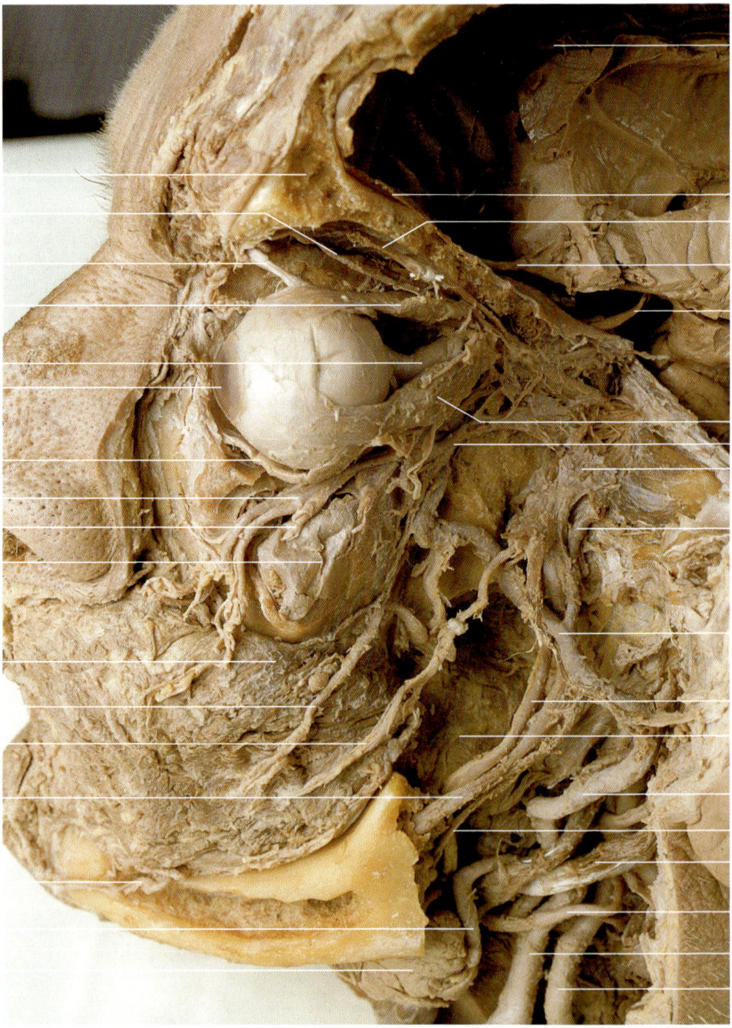

1 Os frontale
2 Arteria supraorbitalis
3 Musculus obliquus superior, Tendo
4 Musculus rectus superior
5 Nervus opticus [II]
6 Cornea
7 Musculus obliquus inferior
8 Nervus infraorbitalis [V_2]
9 Nervus alveolaris superior anterior, Abgang aus dem Nervus infraorbitalis [V_2]
10 Sinus maxillaris, Schleimhaut von periostal
11 Musculus buccinator
12 Arteria buccalis
13 Nervus buccalis [V_3]
14 Nervus alveolaris inferior [V_3]
15 Nervus mentalis [V_3]
16 Arteria facialis
17 Glandula submandibularis
18 Arteria cerebri anterior
19 Dura mater encephali, Schnittkante
20 Nervus supraorbitalis [V_1], Ramus lateralis
21 Tractus olfactorius [I]
22 Nervus oculomotorius [III]
23 Musculus rectus lateralis
24 Nervus maxillaris [V_2]
25 Ganglion trigeminale [V]
26 Arteria meningea media
27 Arteria maxillaris, mit Abgang der Arteria meningea media
28 Nervus lingualis [V_3]
29 Musculus constrictor pharyngeus superior
30 Arteria carotis externa
31 Nervus mylohyoideus [V_3]
32 Musculus digastricus, Venter posterior
33 Nervus hypoglossus [XII]
34 Arteria carotis interna

21:20

1.3 Kopf von lateral links

Glandula parotis, Jochbogen, Unterkieferast, Musculi masseter und temporalis entfernt • Canalis mandibularis eröffnet • Strukturen in der Fossa infratemporalis

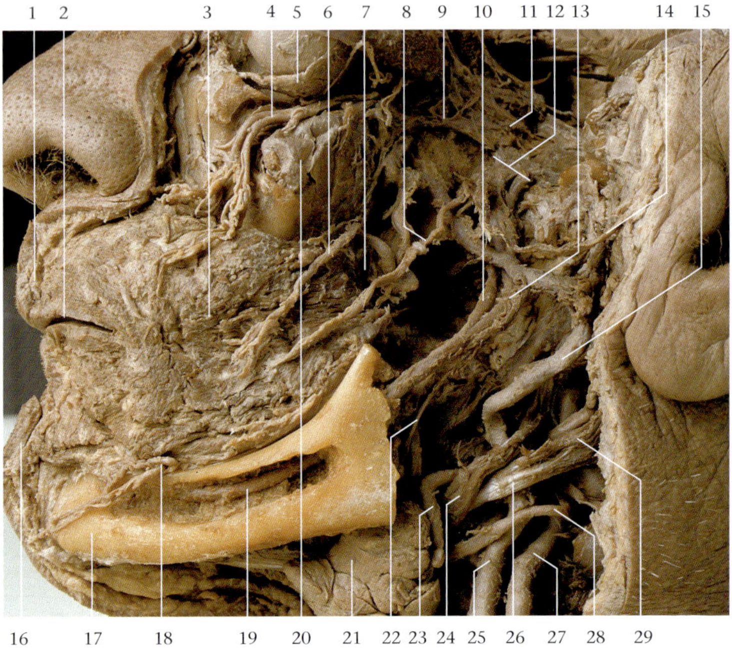

1 Oberlippe, Anschnitt
2 Rima oris
3 Musculus buccinator
4 Nervus infraorbitalis [V_2]
5 Musculus obliquus inferior
6 Arteria buccalis
7 Raphe pterygomandibularis
8 Nervus buccalis [V_3]
9 Nervus maxillaris [V_1]
10 Nervus lingualis [V_3]
11 Ganglion trigeminale [V]
12 Nervus mandibularis [V_3]
13 Nervus alveolaris inferior [V_3]
14 Nervus auriculotemporalis [V_3]
15 Arteria maxillaris
16 Unterlippe, Anschnitt
17 Mandibula
18 Foramen mentale und Nervus mentalis [V_3]
19 Nervus alveolaris inferior [V_3] im eröffneten Canalis mandibularis
20 Sinus maxillaris, Schleimhaut
21 Glandula submandibularis
22 Nervus mylohyoideus [V_3]
23 Arteria facialis
24 Musculus stylohyoideus
25 Arteria carotis externa
26 Musculus digastricus, Zwischensehne
27 Arteria carotis interna
28 Nervus hypoglossus [XII]
29 Musculus digastricus, Venter posterior

21:20

1.3 Kopf von lateral links

Glandula parotis, Jochbogen, Unterkieferast, Musculus masseter und Musculus temporalis entfernt • Canalis mandibularis eröffnet • Strukturen in der Fossa infratemporalis

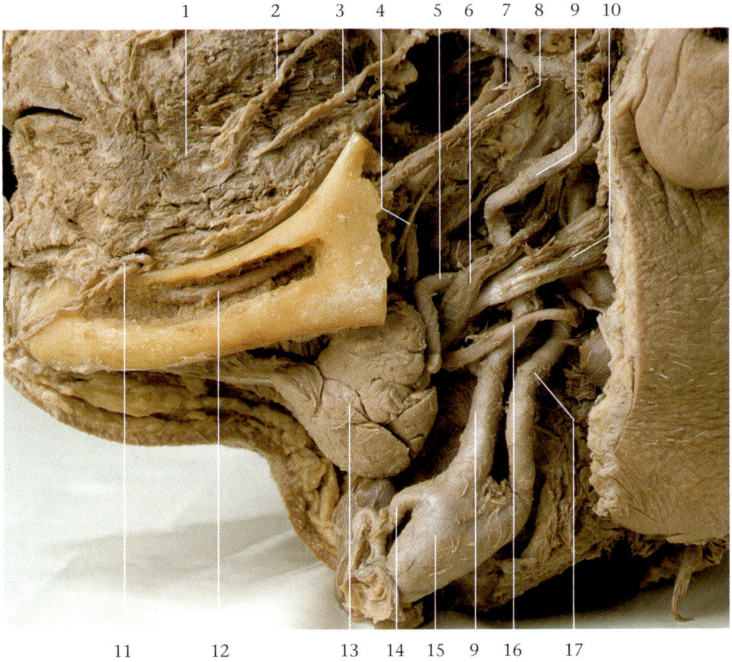

1 Musculus buccinator
2 Arteria buccalis
3 Nervus buccalis [V_3]
4 Nervus mylohyoideus [V_3]
5 Arteria facialis
6 Musculus stylohyoideus
7 Nervus lingualis [V_3]
8 Nervus alveolaris inferior [V_3]
9 Arteria carotis externa
10 Musculus digastricus, Venter posterior
11 Foramen mentale und Nervus mentalis [V_3]
12 Nervus alveolaris inferior [V_3] im eröffneten Canalis mandibularis
13 Glandula submandibularis
14 Arteria thyroidea superior
15 Bifurcatio carotidis
16 Nervus hypoglossus [XII]
17 Arteria carotis interna

23:25

1.3 Kopf von okzipital und lateral links

Orbita und Schädelhöhle breit eröffnet • Tentorium cerebelli, das linke Großhirn und die linke Kleinhirnhälfte entfernt • Falx cerebri • Hirnstamm • tiefe seitliche Gesichtsregion

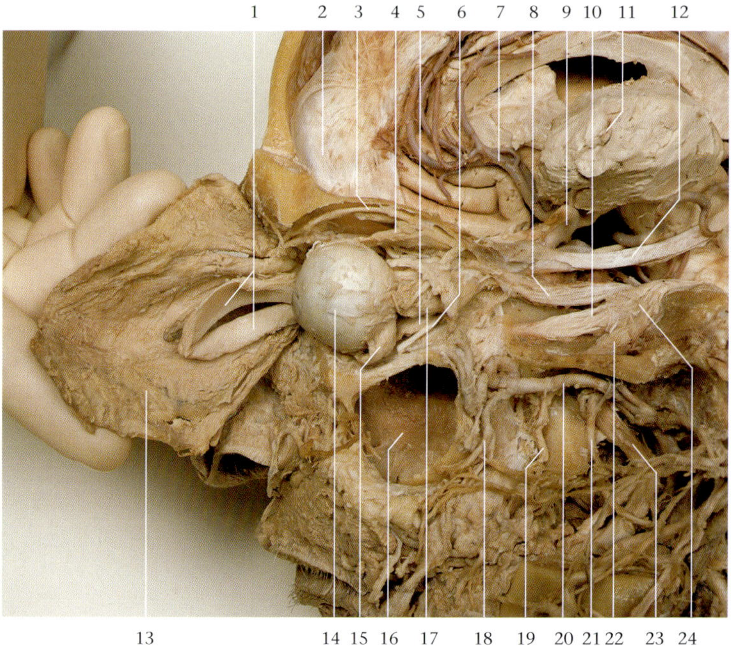

1 Tarsus superior und Tarsus inferior, gelöst und nach medial verlagert, dazwischen die Lidspalte
2 Falx cerebri
3 Nervus frontalis [V_1], Ramus lateralis
4 Musculus rectus superior
5 Musculus rectus inferior
6 Nervus oculomotorius [III]
7 Arteria cerebri anterior
8 Nervus ophthalmicus [V_1]
9 Nervus opticus [II]
10 Nervus maxillaris [V_2]
11 Thalamus
12 Tentorium cerebelli, freie Vorderkante, Rest entfernt
13 Musculus orbicularis oculi, gelöst und nach medial verlagert
14 Bulbus oculi
15 Musculus obliquus inferior
16 Sinus maxillaris, eröffnet
17 Musculus rectus lateralis
18 Arteria alveolaris superior posterior
19 Arteria buccalis
20 Arteria maxillaris
21 Arteria alveolaris inferior
22 Nervus mandibularis [V_3]
23 Nervus alveolaris inferior [V_3]
24 Ganglion trigeminale [V]

24:00

1.3 Kopf von lateral links

Schädelhöhle eröffnet • Großhirn entfernt • Orbita seitlich eröffnet, ebenso die Kieferhöhle bei erhaltener Schleimhaut • Ganglion trigeminale und Äste des Nervus trigeminus • tiefe seitliche Gesichtsregion

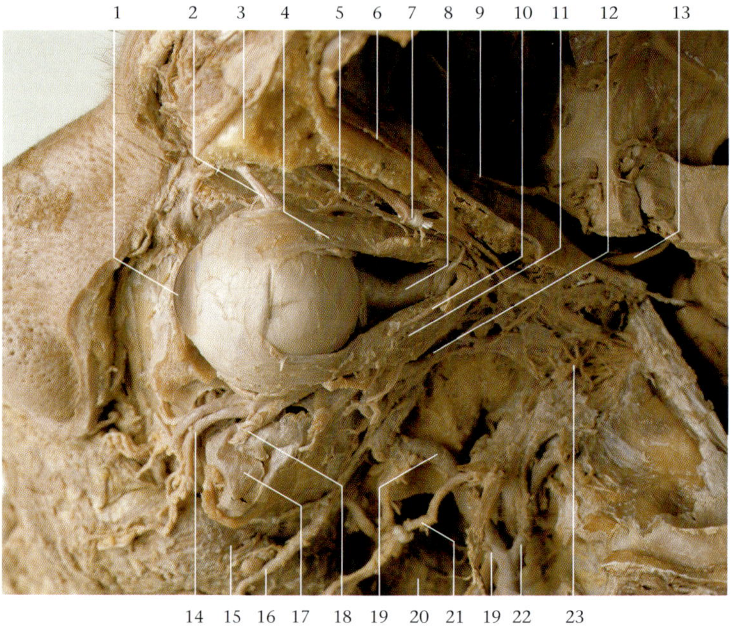

1 Cornea
2 Musculus obliquus superior, Tendo
3 Os frontale
4 Musculus rectus superior
5 Arteria supraorbitalis
6 Dura mater encephali, Schnittkante
7 Nervus supraorbitalis [V_1], Ramus lateralis
8 Nervus opticus [II]
9 Tractus olfactorius [I]
10 Nervus abducens [VI]
11 Musculus rectus lateralis
12 Nervus maxillaris [V_2]
13 Nervus oculomotorius [III]
14 Nervus infraorbitalis [V_2]
15 Musculus buccinator
16 Arteria buccalis
17 Sinus maxillaris, Schleimhaut von periostal
18 Nervus alveolaris superior anterior, Abgang aus dem Nervus infraorbitalis [V_2]
19 Arteria maxillaris
20 Musculus constrictor pharyngis superior
21 Nervus buccalis [V_3]
22 Arteria meningea media
23 Ganglion trigeminale [V]

25:55

1.4 Kopf, Hals und oberer Thorax von ventral

Die Haut wurde bis auf dünne Hautstreifen um Mund, Nase und Augen abgetragen • subkutanes Fettgewebe • Platysma • oberflächliche Halsfaszie bzw. oberflächliche Körperfaszie des Thorax

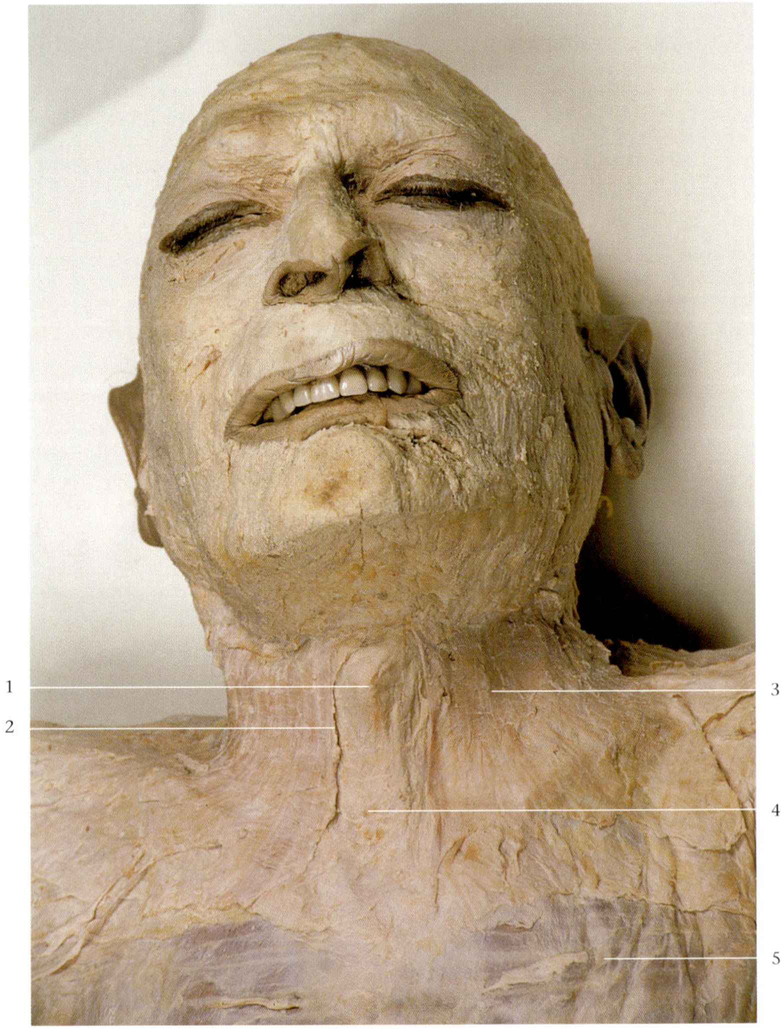

1 Prominentia laryngea
2 Platysma, rechts, vordere Kante
3 Platysma, links
4 Fascia colli, oberflächliches Blatt
5 Allgemeine Körperfaszie, darunter Musculus pectoralis major durchscheinend sichtbar

25:55

1.4 Kopf, Hals und oberer Thorax von ventral

Die Haut wurde bis auf dünne Hautstreifen um Mund, Nase und Augen abgetragen • subkutanes Fettgewebe • Platysma mit der Pinzette angehoben, darunter Nervi supraclaviculares und Nervus transversus colli

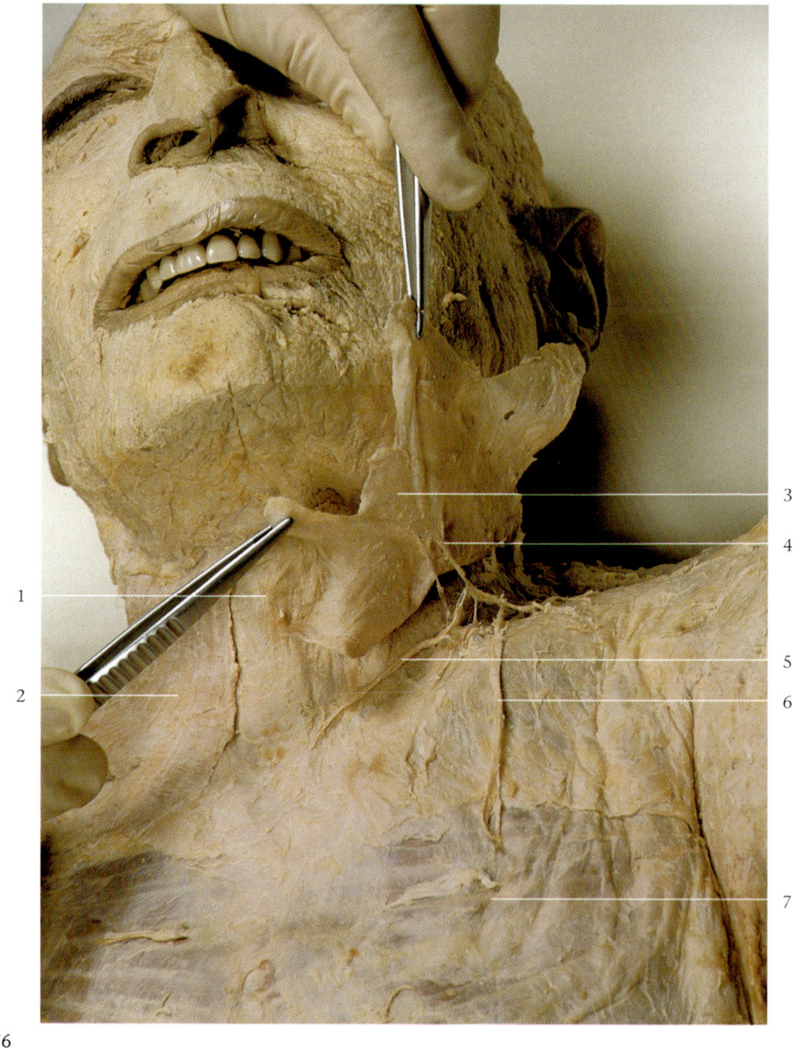

1 Prominentia laryngea
2 Platysma, rechts
3 Platysma, links, Unterseite
4 Ansa cervicalis superficialis
5 Nervi supraclaviculares mediales, Plexus cervicalis
6 Nervi supraclaviculares intermedii, Plexus cervicalis
7 Allgemeine Körperfaszie, darunter Musculus pectoralis major durchscheinend sichtbar

26:10

1.4 Kopf, Hals und Thorax von lateral links

Oberflächliche Körperfaszie und oberflächliches Blatt der Halsfaszie abgetragen • Platysma nach kranial gelegt • mittleres Blatt der Halsfaszie erhalten • Musculus sternocleidomastoideus freigelegt • sensible Nerven des Plexus cervicalis

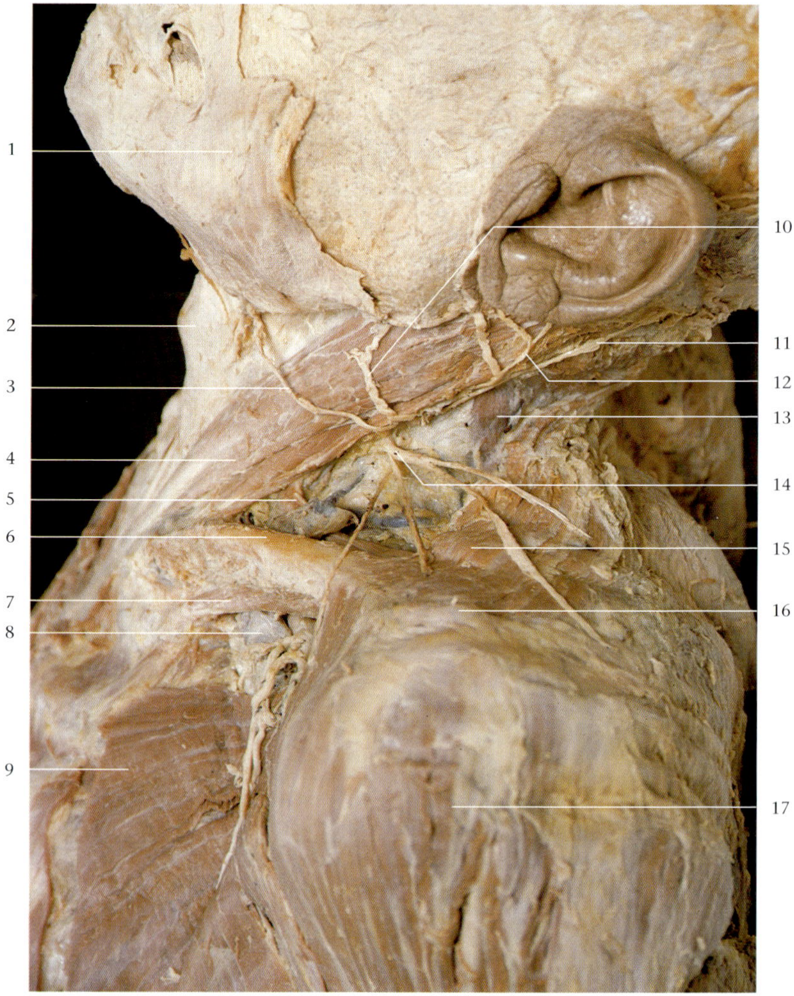

1 Platysma, Unterseite
2 Prominentia laryngea
3 Nervus transversus colli, Plexus cervicalis
4 Musculus sternocleidomastoideus
5 Musculus omohyoideus, Venter inferior
6 Clavicula
7 Musculus subclavius
8 Vena subclavia
9 Musculus pectoralis minor
10 Kleine Vene
11 Nervus occipitalis minor, Plexus cervicalis
12 Nervus auricularis magnus, Plexus cervicalis
13 Musculus levator scapulae
14 Nervi supraclaviculares, Plexus cervicalis
15 Musculus trapezius
16 Scapula, Acromion
17 Musculus deltoideus, links

26:40

1.4 Kopf, Hals und Thorax von ventral und lateral links

Oberflächliche Körperfaszie und oberflächliches Blatt der Halsfaszie abgetragen • Platysma nach kranial über das Ohr gelegt • Musculus sternocleidomastoideus freigelegt • mittleres Blatt der Halsfaszie erhalten

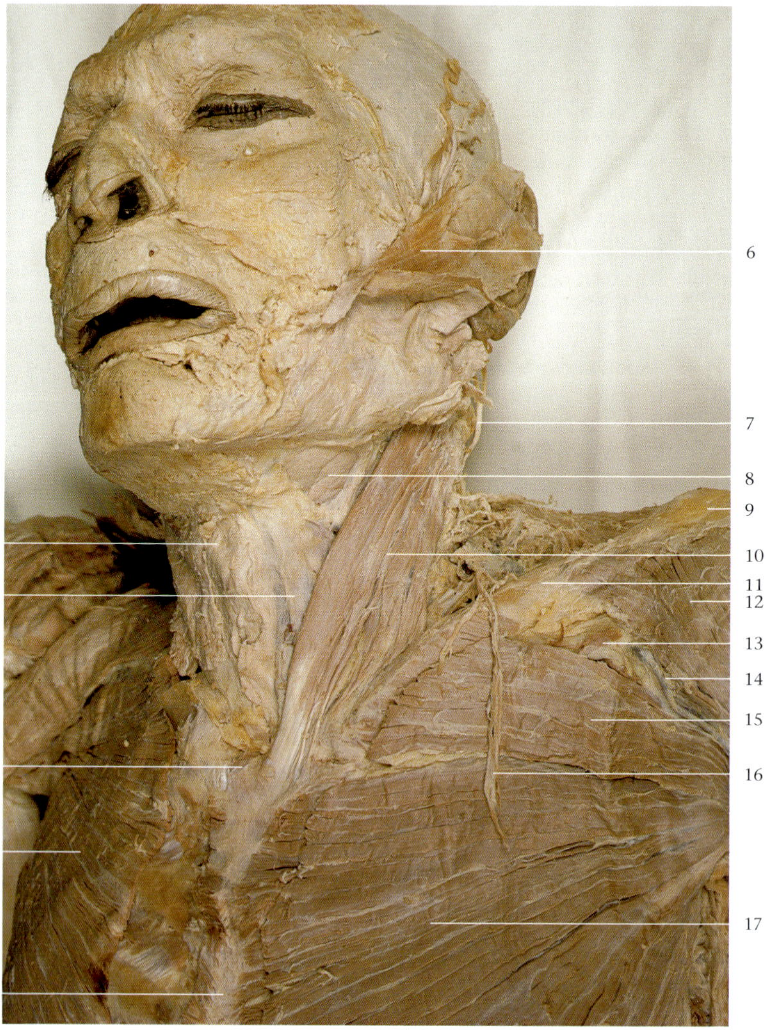

1 Prominentia laryngea
2 Fascia colli, mittleres Blatt
3 Manubrium sterni
4 Musculus pectoralis major, rechts, Pars sternocostalis
5 Corpus sterni
6 Platysma, Unterseite
7 Nervus auricularis magnus, Plexus cervicalis
8 Glandula submandibularis
9 Clavicula, Extremitas acromialis
10 Musculus sternocleidomastoideus
11 Clavicula
12 Musculus deltoideus, links, Pars clavicularis
13 Trigonum clavipectorale
14 Vena cephalica
15 Musculus pectoralis major, links, Pars clavicularis
16 Nervus supraclavicularis intermedius, Plexus cervicalis
17 Musculus pectoralis major, links, Pars sternocostalis

27:10

1.4 Kopf, Hals und Thorax von ventral und lateral links

Oberflächliche Körperfaszie sowie oberflächliches und mittleres Blatt der Halsfaszie abgetragen • Platysma entfernt • Musculus sternocleidomastoideus am Sternum gelöst und nach dorsal gelegt • infrahyale Muskeln • große Halsgefäße

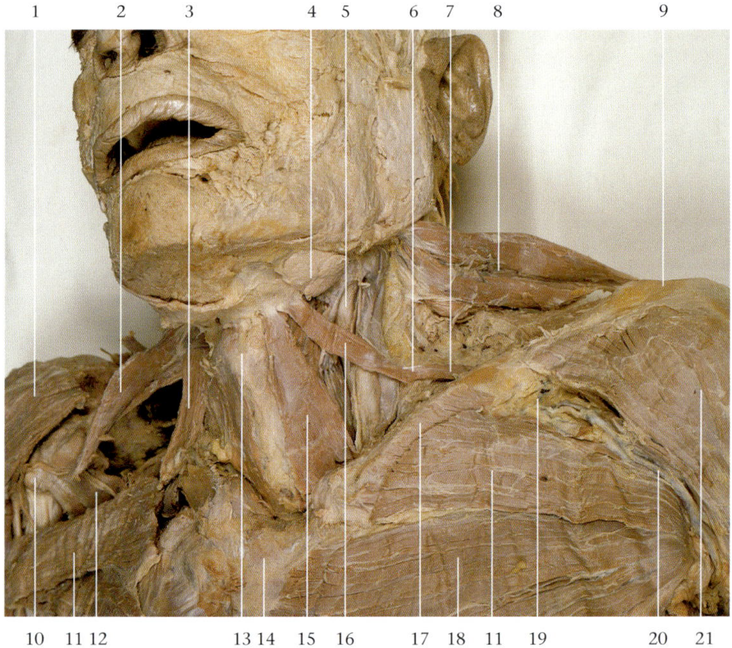

1 Musculus deltoideus, rechts, Pars clavicularis
2 Musculus sternocleidomastoideus, rechts, Pars sternalis
3 Musculus sternocleidomastoideus, rechts, Pars clavicularis
4 Glandula submandibularis
5 Arteria carotis communis
6 Musculus omohyoideus, Zwischensehne
7 Musculus omohyoideus, Venter inferior
8 Musculus sternocleidomastoideus, links
9 Scapula, Acromion
10 Scapula, Processus coracoideus
11 Musculus pectoralis major, Pars clavicularis
12 Musculus pectoralis minor
13 Prominentia laryngea
14 Incisura jugularis ossis sterni
15 Musculus sternohyoideus
16 Musculus omohyoideus, Venter superior
17 Clavicula
18 Musculus pectoralis major, Pars sternalis
19 Trigonum clavipectorale
20 Vena cephalica
21 Musculus deltoideus, links, Pars clavicularis

27:10

1.4 Kopf, Hals und Thorax von ventral und lateral links

Oberflächliche Körperfaszie sowie oberflächliches und mittleres Blatt der Halsfaszie abgetragen • Platysma entfernt • Musculus sternocleidomastoideus am Sternum gelöst und nach dorsal gelegt • Musculi sternohyoideus und omohyoideus nach kranial gelegt • große Halsgefäße

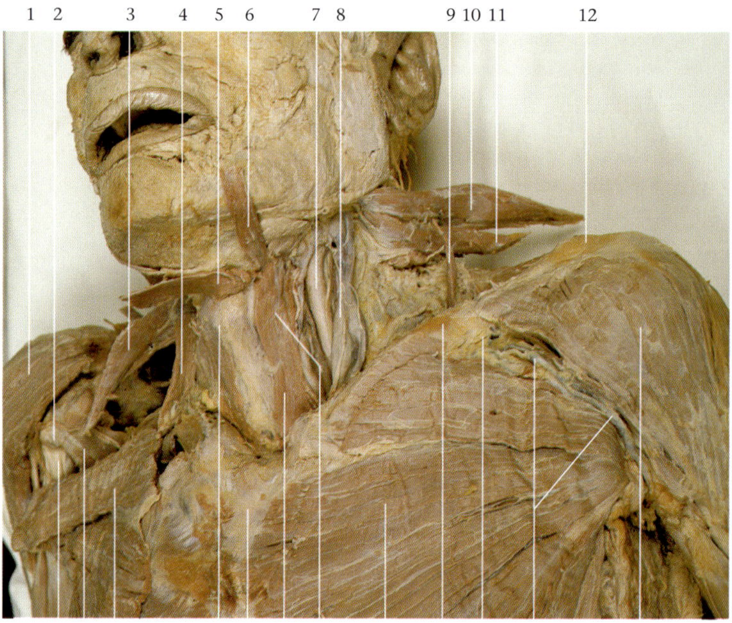

1 Musculus deltoideus, rechts, Pars clavicularis
2 Scapula, rechts, Processus coracoideus
3 Musculus sternocleidomastoideus, rechts, Pars sternalis
4 Musculus sternocleidomastoideus, rechts, Pars clavicularis
5 Musculus sternohyoideus, links, am Sternum gelöst
6 Musculus omohyoideus, Venter superior, nach kranial gelegt
7 Arteria carotis communis, links
8 Vena jugularis interna, links
9 Musculus omohyoideus, Venter inferior
10 Musculus sternocleidomastoideus, links, Pars sternalis
11 Musculus sternocleidomastoideus, links, Pars clavicularis
12 Scapula, links, Acromion
13 Musculus biceps brachii, rechts, Caput breve
14 Musculus pectoralis minor, rechts
15 Musculus pectoralis major, rechts, Pars sternalis
16 Prominentia laryngea
17 Sternum, Manubrium sterni
18 Musculus sternothyroideus, links
19 Musculus thyrohyoideus, links
20 Musculus pectoralis major, links, Pars sternalis
21 Clavicula, links
22 Trigonum clavipectorale, links
23 Vena cephalica, links
24 Musculus deltoideus, links, Pars clavicularis

28:10

1.4 Hals und Thorax der linken Seite von kranial

Klavikula entfernt • subklavikuläre Strukturen

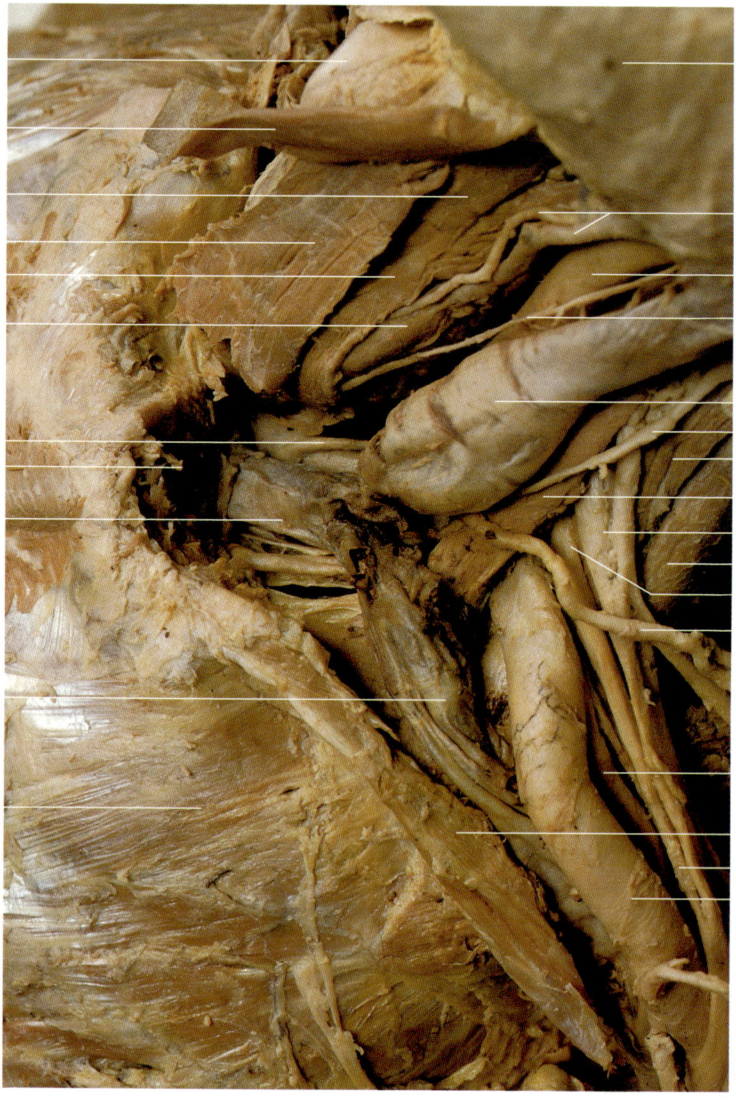

1 Prominentia laryngea
2 Musculus omohyoideus, Venter superior
3 Musculus thyrohyoideus
4 Musculus sternohyoideus
5 Musculus sternothyroideus
6 Glandula thyroidea
7 Nervus vagus [X]
8 Sternum, Manubrium sterni, Incisura clavicularis
9 Vena brachiocephalica
10 Vena subclavia
11 Musculus intercostalis externus
12 Weichteilbedeckung der Mandibula
13 Arteria thyroidea superior
14 Arteria carotis communis
15 Ansa cervicalis profunda
16 Vena jugularis interna
17 Nervus phrenicus
18 Musculus scalenus medius
19 Musculus scalenus anterior
20 Plexus brachialis, Truncus superior
21 Musculus scalenus posterior
22 Plexus brachialis, Truncus medius
23 Arteria transversa colli
24 Plexus brachialis, Fasciculus posterior
25 Musculus subclavius, von der Clavicula gelöst, in situ
26 Plexus brachialis, Fasciculus lateralis
27 Arteria subclavia

28:25

1.4 Kopf, Hals und Thorax von ventral und lateral links

Oberflächliche Körperfaszie sowie oberflächliches und mittleres Blatt der Halsfaszie abgetragen • Platysma nach kranial über den Unterkiefer gelegt • Musculus sternocleidomastoideus am Sternum gelöst und nach dorsal gelegt • infrahyale Muskeln • Gefäße und Nerven des Halses

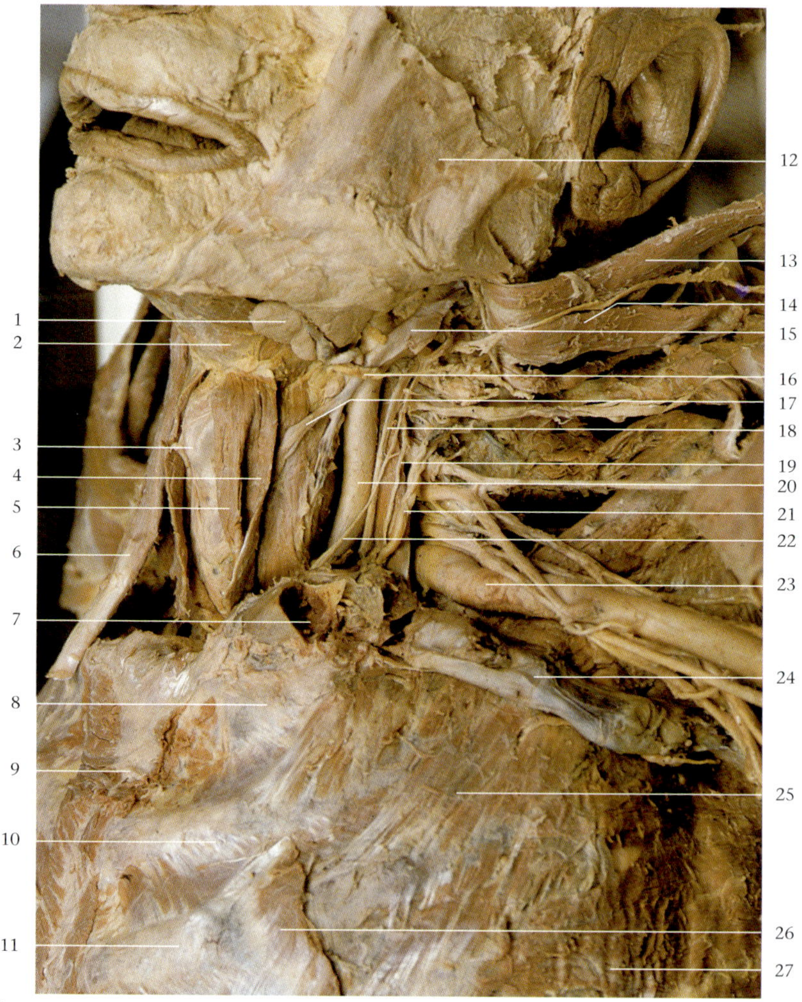

1 Glandula submandibularis
2 Musculus digastricus, Venter anterior
3 Prominentia laryngea
4 Musculus omohyoideus, links, Venter superior
5 Musculus sternohyoideus
6 Musculus omohyoideus, rechts, Venter superior
7 Sternum, Manubrium sterni, Incisura clavicularis
8 Costa I
9 Sternum
10 Costa II
11 Costa III
12 Platysma, nach kranial gelegt
13 Musculus sternocleidomastoideus, Pars sternalis
14 Musculus sternocleidomastoideus, Pars clavicularis
15 Vena thyroidea superior
16 Nervus hypoglossus [XII]
17 Arteria laryngea superior
18 Nervus vagus [X]
19 Nervus phrenicus
20 Arteria carotis communis
21 Arteria cervicalis ascendens
22 Ansa cervicalis profunda
23 Arteria subclavia
24 Vena axillaris
25 Musculus intercostalis externus
26 Musculus pectoralis minor
27 Musculus serratus anterior

28:55

1.4 Hals von lateral links

Oberflächliche Körperfaszie sowie oberflächliches und mittleres Blatt der Halsfaszie abgetragen • Musculus sternocleidomastoideus am Sternum gelöst und nach dorsal gelegt • Gefäße und Nerven des Halses • Plexus brachialis

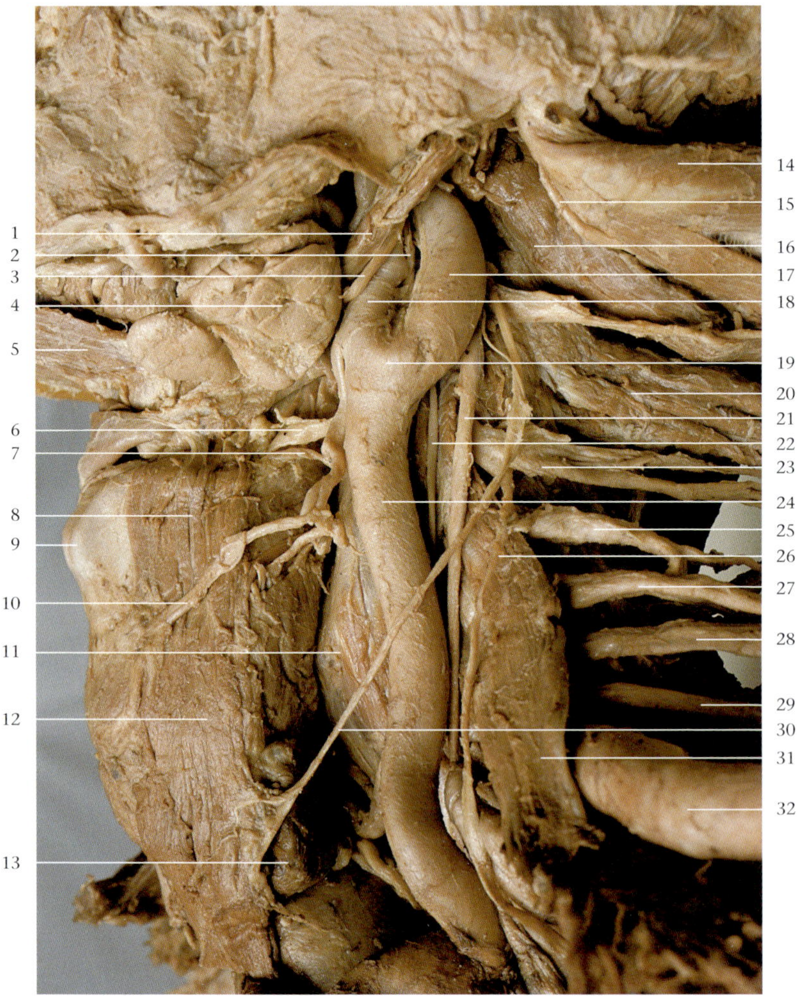

1 Musculus digastricus, Venter posterior
2 Nervus glossopharyngeus [IX]
3 Nervus hypoglossus [XII]
4 Glandula submandibularis
5 Musculus digastricus, Venter anterior
6 Nervus laryngeus superior [X]
7 Arteria laryngea superior
8 Musculus thyrohyoideus
9 Prominentia laryngea
10 Arteria thyroidea superior
11 Columna vertebralis, Pars cervicalis
12 Musculus sternothyroideus
13 Glandula thyroidea
14 Musculus sternocleidomastoideus
15 Nervus accessorius [XI]
16 Musculus splenius capitis
17 Arteria carotis interna
18 Arteria carotis externa
19 Bifurcatio carotidis
20 Musculus levator scapulae
21 Nervus vagus [X]
22 Truncus sympathicus
23 Nervus spinalis C4, Ramus ventralis, Plexus cervicalis
24 Arteria carotis communis
25 Nervus spinalis C5, Ramus ventralis, Plexus brachialis
26 Nervus phrenicus
27 Nervus spinalis C6, Ramus ventralis, Plexus brachialis
28 Nervus spinalis C7, Ramus ventralis, Plexus brachialis
29 Nervus spinalis C8, Ramus ventralis, Plexus brachialis
30 Ansa cervicalis profunda
31 Musculus scalenus anterior
32 Arteria subclavia

28:55

1.4 Hals von lateral links, tiefe Halsregion

Musculus sternocleidomastoideus am Sternum gelöst und nach dorsal gelegt • Gefäße und Nerven des Halses • Plexus brachialis • Grenzstrang des Sympathikus

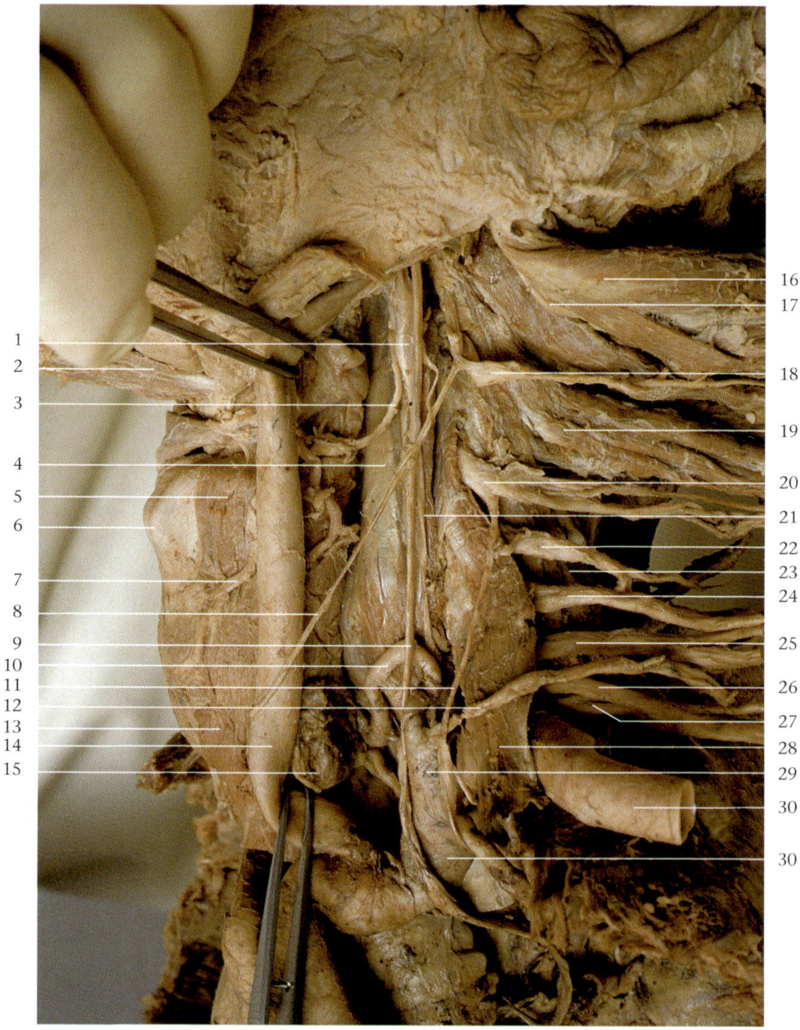

1 Truncus sympathicus, Ganglion cervicale superius
2 Musculus sternohyoideus, nach kranial gehalten
3 Nervus laryngeus superior [X]
4 Musculus longus capitis, Tendo
5 Musculus thyrohyoideus
6 Prominentia laryngea
7 Arteria thyroidea superior
8 Ansa cervicalis profunda
9 Nervus vagus [X]
10 Arteria thyroidea inferior
11 Nervus phrenicus
12 Arteria transversa colli
13 Musculus sternothyroideus
14 Arteria carotis communis, nach ventral verlagert
15 Glandula thyroidea
16 Musculus sternocleidomastoideus
17 Nervus accessorius [XI]
18 Nervus spinalis C3, Ramus ventralis, Plexus cervicalis
19 Musculus levator scapulae
20 Nervus spinalis C4, Ramus ventralis, Plexus cervicalis
21 Truncus sympathicus
22 Nervus spinalis C5, Ramus ventralis, Plexus brachialis
23 Musculus scalenus medius
24 Nervus spinalis C6, Ramus ventralis, Plexus brachialis
25 Nervus spinalis C7, Ramus ventralis, Plexus brachialis
26 Nervus spinalis C8, Ramus ventralis, Plexus brachialis
27 Nervus spinalis Th1, Ramus ventralis, Plexus brachialis
28 Musculus scalenus anterior
29 Truncus thyrocervicalis
30 Arteria subclavia

30:45

1.4 Hals von lateral links, tiefe Region

Musculus sternocleidomastoideus am Sternum gelöst und nach dorsal gelegt • Musculus scalenus anterior am Brustkorb gelöst und nach ventral gelegt • Plexus brachialis • Arteria subclavia

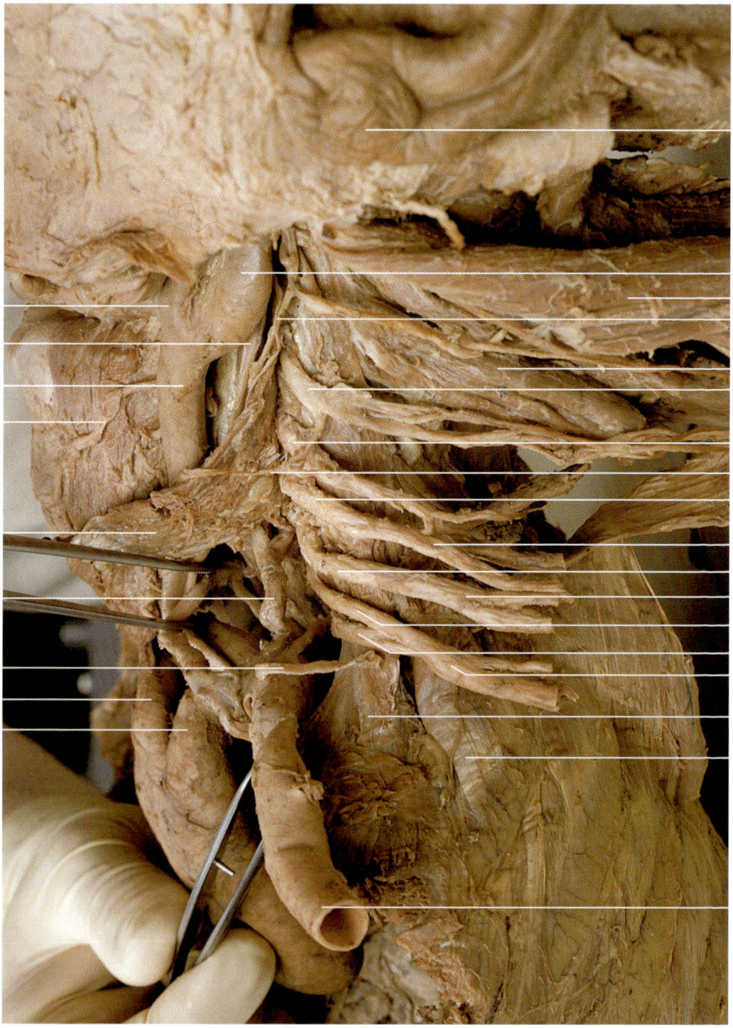

1 Arteria carotis externa
2 Nervus vagus [X]
3 Arteria carotis communis
4 Arteria thyroidea superior
5 Musculus scalenus anterior, nach ventral gelegt
6 Arteria cervicalis ascendens
7 Arteria transversa colli
8 Arteria subclavia
9 Auricula
10 Arteria carotis interna
11 Musculus sternocleidomastoideus
12 Ansa cervicalis profunda
13 Musculus levator scapulae
14 Nervus spinalis C4, Ramus ventralis, Plexus brachialis
15 Nervus spinalis C5, Ramus ventralis, Plexus brachialis
16 Nervus phrenicus
17 Nervus spinalis C6, Ramus ventralis, Plexus brachialis
18 Plexus brachialis, Truncus superior
19 Nervus spinalis C7, Ramus ventralis, Plexus brachialis
20 Plexus brachialis, Truncus medius
21 Nervus spinalis C8, Ramus ventralis, Plexus brachialis
22 Nervus spinalis Th1, Ramus ventralis, Plexus brachialis
23 Plexus brachialis, Truncus inferior
24 Musculus scalenus medius
25 Musculus scalenus posterior

31:10

1.5 Kopf und Halseingeweide von dorsal

Halswirbelsäule entfernt • Pharynx (mediansagittal eingeschnitten) und parapharyngealer Raum • Ösophagus

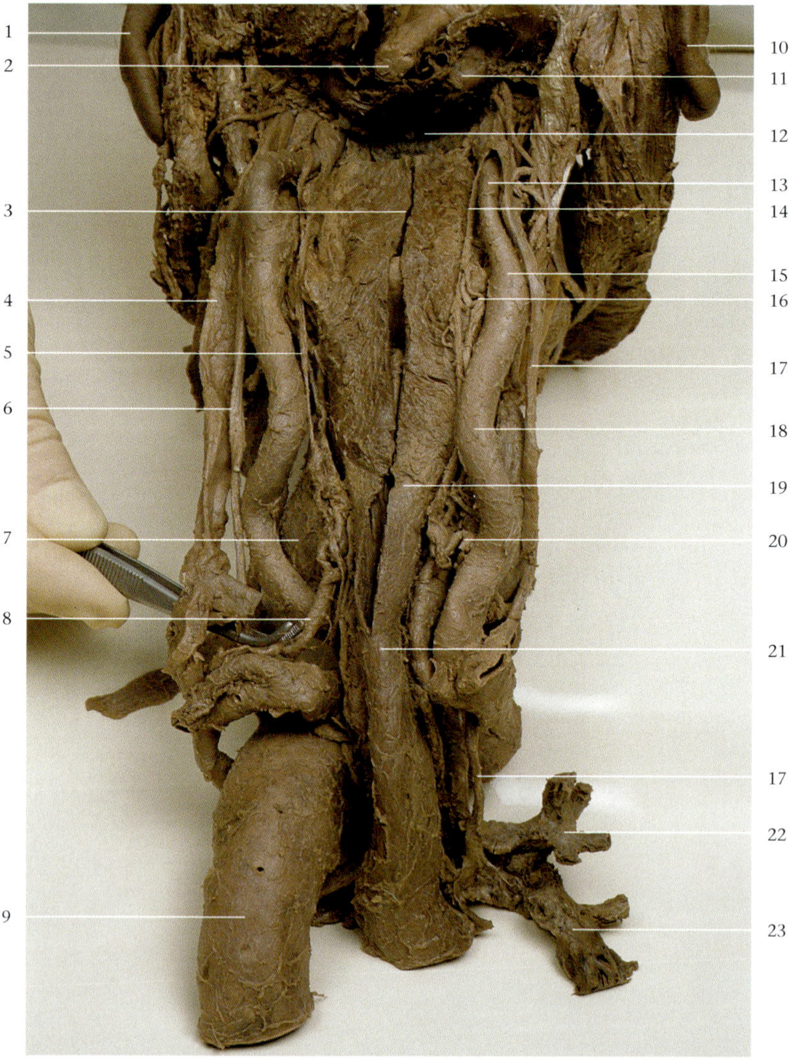

1 Auricula sinistra
2 Medulla spinalis, Anschnitt
3 Musculus constrictor pharyngis superior, Mediansagittalschnitt
4 Vena jugularis interna, links
5 Truncus sympathicus, links
6 Nervus vagus [X], links
7 Glandula thyroidea, Lobus sinister
8 Arteria thyroidea inferior, aus dem Truncus thyrocervicalis entspringend, links
9 Aorta descendens
10 Auricula dextra
11 Condylus occipitalis, rechts
12 Membrana pharyngobasilaris
13 Arteria carotis interna, rechts
14 Truncus sympathicus, rechts
15 Bifurcatio carotidis, rechts
16 Nervus glossopharyngeus [IX]
17 Nervus vagus [X], rechts
18 Arteria carotis communis, rechts
19 Musculus constrictor pharyngis inferior, Pars cricopharyngea
20 Arteria thyroidea inferior, aus der Arteria carotis externa entspringend, rechts
21 Oesophagus
22 Bronchus lobaris superior, rechts
23 Bronchus lobaris inferior, rechts

31:10

1.5 Kopf und Halseingeweide von dorsal

Halswirbelsäule entfernt, Pharynx mediansagittal eingeschnitten und die Schnittkanten mit der Pinzette auseinandergehalten • Membrana pharyngobasilaris angehoben • Larynx in der Mitte längs eingeschnitten

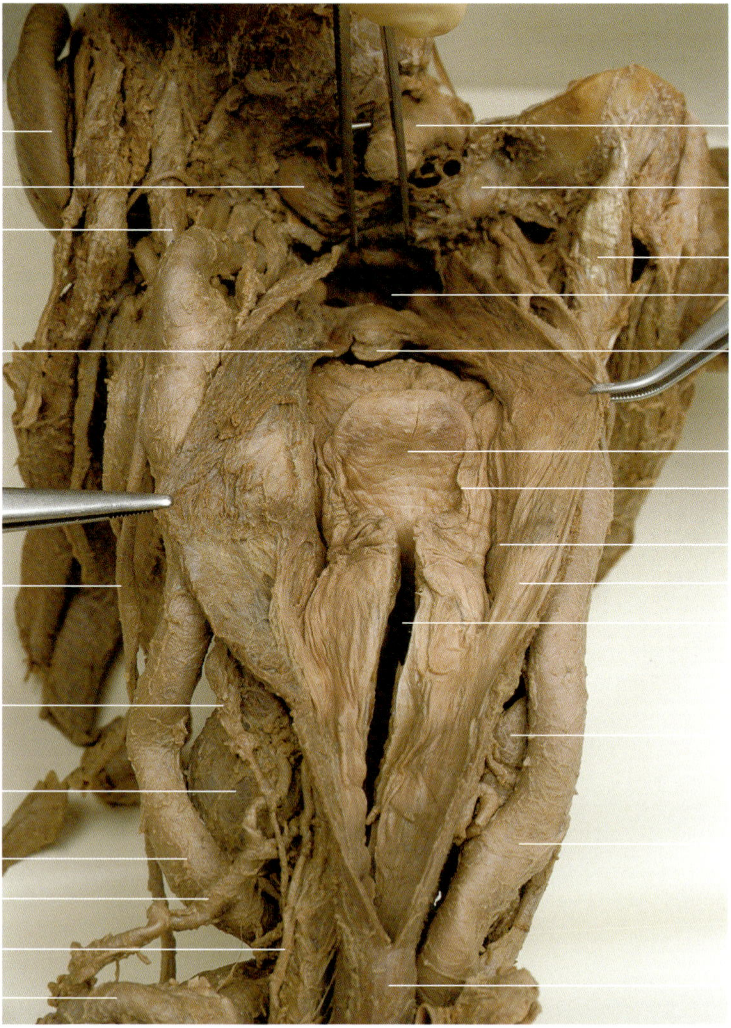

1 Auricula sinistra
2 Condylus occipitalis, links
3 Os temporale, Processus styloideus, links
4 Arcus palatopharyngeus
5 Nervus vagus [X], links
6 Truncus sympathicus, Ganglion cervicale superius, links, nach ventral verlagert
7 Glandula thyroidea, Lobus sinister
8 Arteria carotis communis, links
9 Arteria thyroidea inferior, links, aus dem Truncus thyrocervicalis entspringend
10 Nervus laryngeus recurrens [X], links
11 Arteria subclavia, links
12 Medulla spinalis
13 Condylus occipitalis, rechts
14 Musculus sternocleidomastoideus
15 Epipharynx, Choanen
16 Uvula
17 Epiglottis
18 Plica aryepiglottica, rechts
19 Recessus piriformis, rechts
20 Musculus stylopharyngeus, rechts, von Schleimhaut bedeckt
21 Mediansagittalschnitt im Bereich des dorsalen Larynx
22 Glandula thyroidea, Lobus dexter
23 Arteria carotis communis, rechts
24 Oesophagus

32:45

1.5 Kopf und Halseingeweide von dorsal

Halswirbelsäule entfernt • Pharynx mediansagittal eingeschnitten und eröffnet • Larynx mediansagittal eingeschnitten und die Schnittkanten mit Pinzetten auseinander gehalten • Einblick in den Larynx

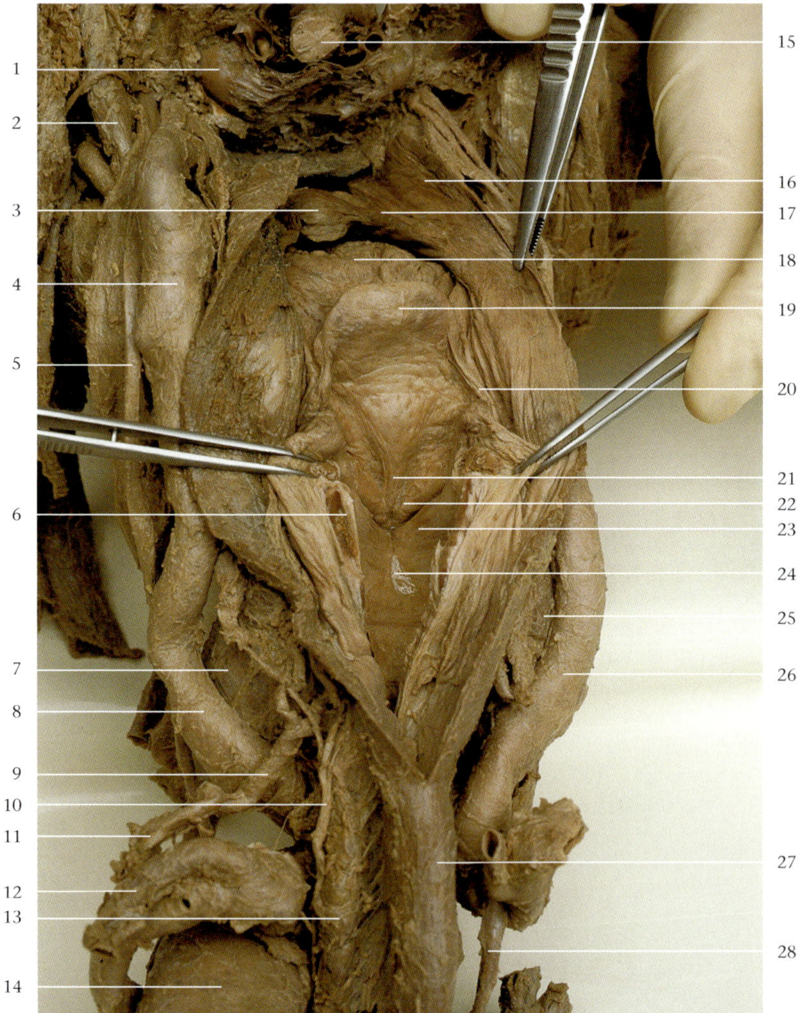

1 Condylus occipitalis, links
2 Os temporale, Processus styloideus, links
3 Uvula
4 Arteria carotis interna, links
5 Nervus vagus [X], links
6 Cartilago cricoidea, dorsal durchtrennt
7 Glandula thyroidea, Lobus sinister
8 Arteria carotis communis, links
9 Arteria thyroidea inferior, links, aus dem Truncus thyrocervicalis entspringend
10 Nervus laryngeus recurrens [X], links
11 Truncus thyrocervicalis, links
12 Arteria subclavia, links
13 Trachea
14 Aorta descendens
15 Medulla spinalis, Anschnitt
16 Musculus constrictor pharyngis superior
17 Arcus palatopharyngeus
18 Lingua, Radix, Tonsilla lingualis
19 Epiglottis
20 Plica aryepiglottica, rechts
21 Petiolus epiglotticus
22 Plica vestibularis, rechts
23 Plica vocalis, rechts
24 Cavum infraglotticum
25 Glandula thyroidea, Lobus dexter
26 Arteria carotis communis, rechts
27 Oesophagus
28 Nervus vagus [X], rechts

34:10

1.6 Zungenbein, Kehlkopf freipräparierte Trachea von dorsal

Cartilago thyroidea rechts eingeschnitten

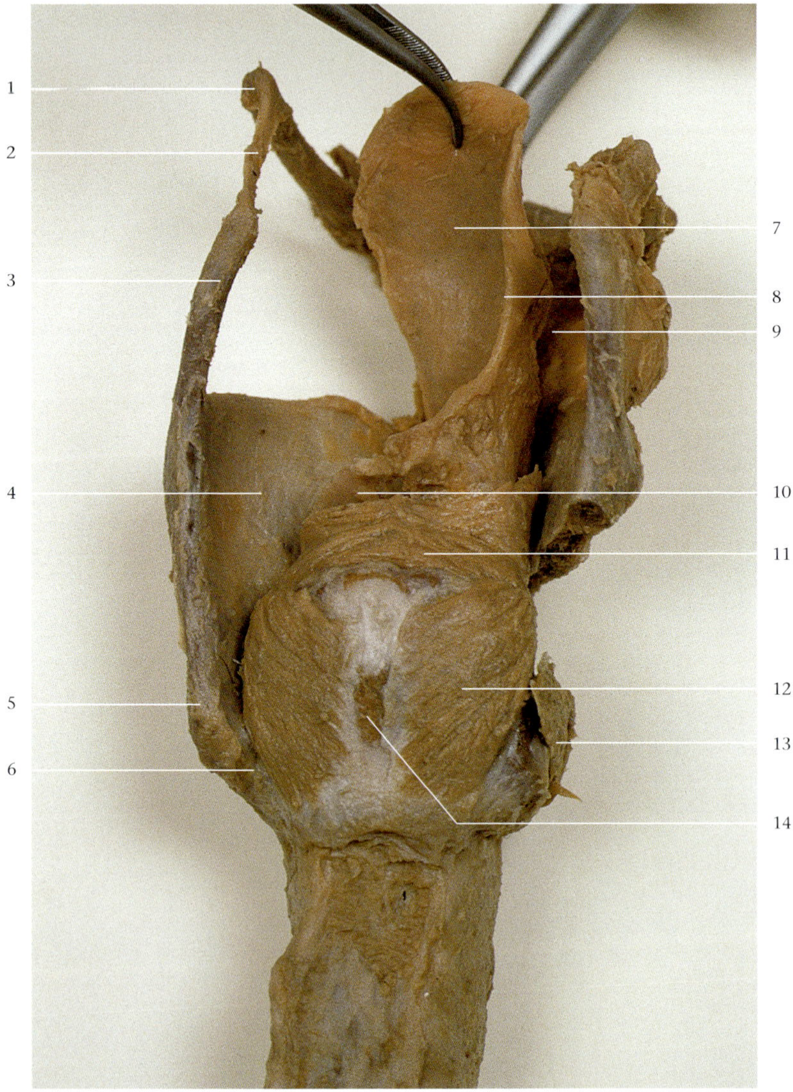

1 Os hyoideum, Cornu majus
2 Ligamentum thyrohyoideum laterale
3 Cartilago thyroidea, Cornu superius
4 Cartilago thyroidea, Lamina
5 Cartilago thyroidea, Cornu inferius
6 Articulatio cricothyroidea
7 Epiglottis
8 Plica aryepiglottica, freie Vorderkante
9 Recessus piriformis
10 Cartilago arytenoidea
11 Musculus arytenoideus transversus und Musculi arytenoideae obliqui
12 Musculus cricoarytenoideus posterior
13 Musculus cricothyroideus
14 Cartilago cricoidea, Lamina

34:50

1.6 Zungenbein, Kehlkopf von kranial

Cartilago thyroidea rechts eingeschnitten • Plica aryepiglottica links entfernt

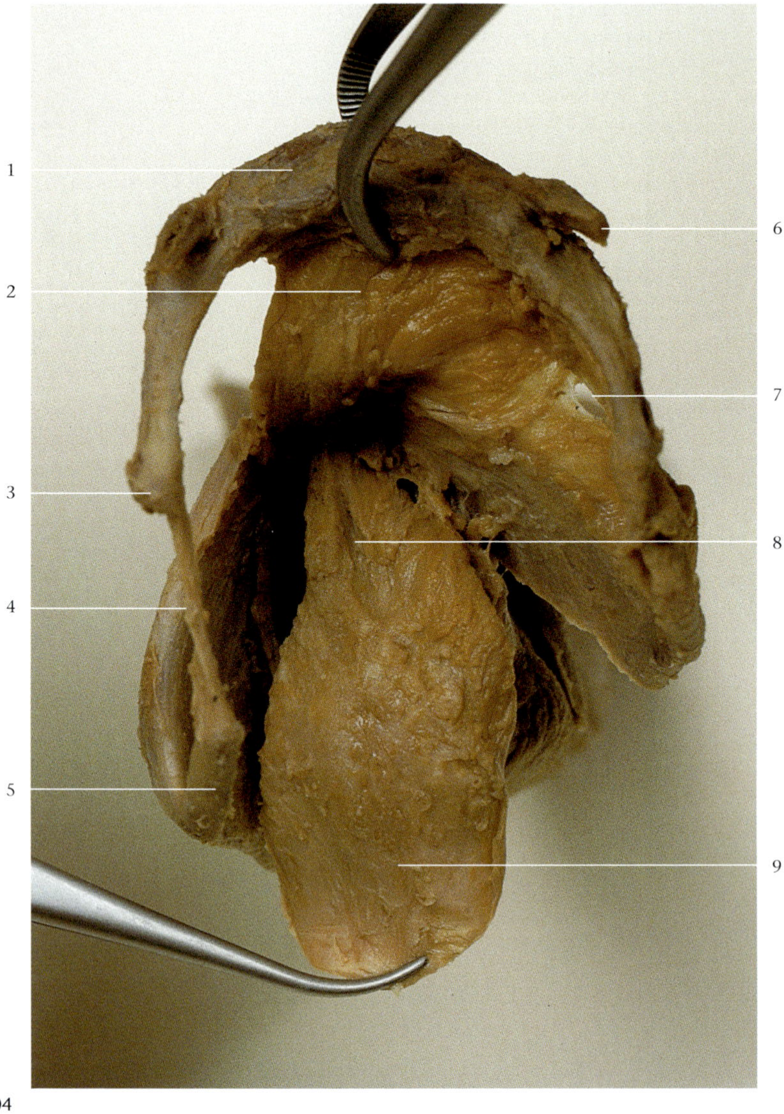

1 Os hyoideum, Corpus
2 Ligamentum thyrohyoideum mediale
3 Os hyoideum, Cornu majus
4 Ligamentum thyrohyoideum laterale
5 Cartilago thyroidea, Cornu superius
6 Os hyoideum, Cornu minus
7 Membrana thyrohyoidea, Durchtrittsstelle für Nervus laryngeus superior und Arteria laryngea superior
8 Petiolus epiglotticus
9 Epiglottis

34:50

1.6 Zungenbein, Kehlkopf Trachea freipräpariert von kranial

Blick auf die Stimmbänder • Plica aryepiglottica links entfernt

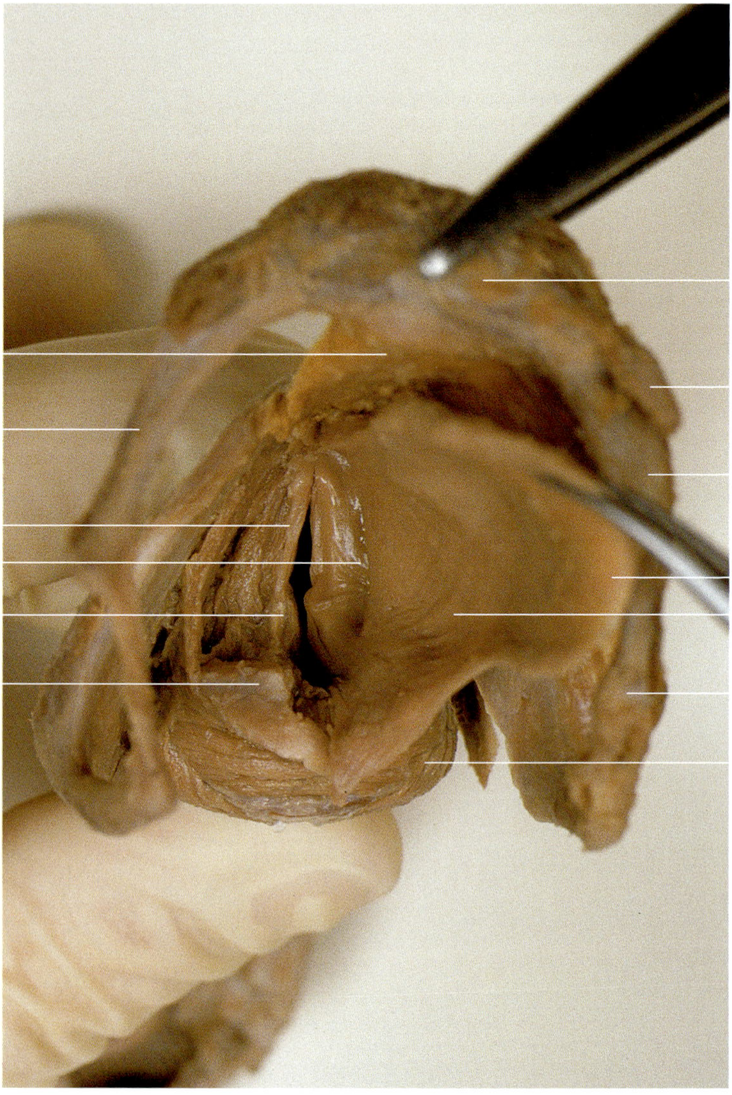

1 Ligamentum thyrohyoideum mediale
2 Ligamentum thyrohyoideum laterale
3 Ligamentum vocale
4 Eingang in den Ventriculus laryngis
5 Processus vocalis der Cartilago arytenoidea
6 Cartilago arytenoidea
7 Os hyoideum, Corpus
8 Os hyoideum, Cornu minus
9 Os hyoideum, Cornu majus
10 Epiglottis
11 Schleimhaut im Aditus laryngis
12 Cartilago thyroidea, Cornu superius
13 Cartilago cricoidea

35:20

1.6 Zungenbein, Kehlkopf freipräparierte Trachea von ventral

1 Os hyoideum, Corpus
2 Membrana thyrohyoidea, Durchtrittsstelle für Nervus laryngeus superior und Arteria laryngea superior
3 Bronchus principalis dexter
4 Os hyoideum, Cornu minus
5 Os hyoideum, Cornu majus
6 Ligamentum thyrohyoideum laterale
7 Cartilago thyroidea, Cornu superius
8 Incisura thyroidea superior
9 Musculus cricothyroideus
10 Cartilago cricoidea, Arcus
11 Cartilago trachealis 1
12 Bifurcatio tracheae
13 Bronchus principalis sinister

35:20

1.6 Zungenbein, Kehlkopf und freipräparierte Trachea von lateral links

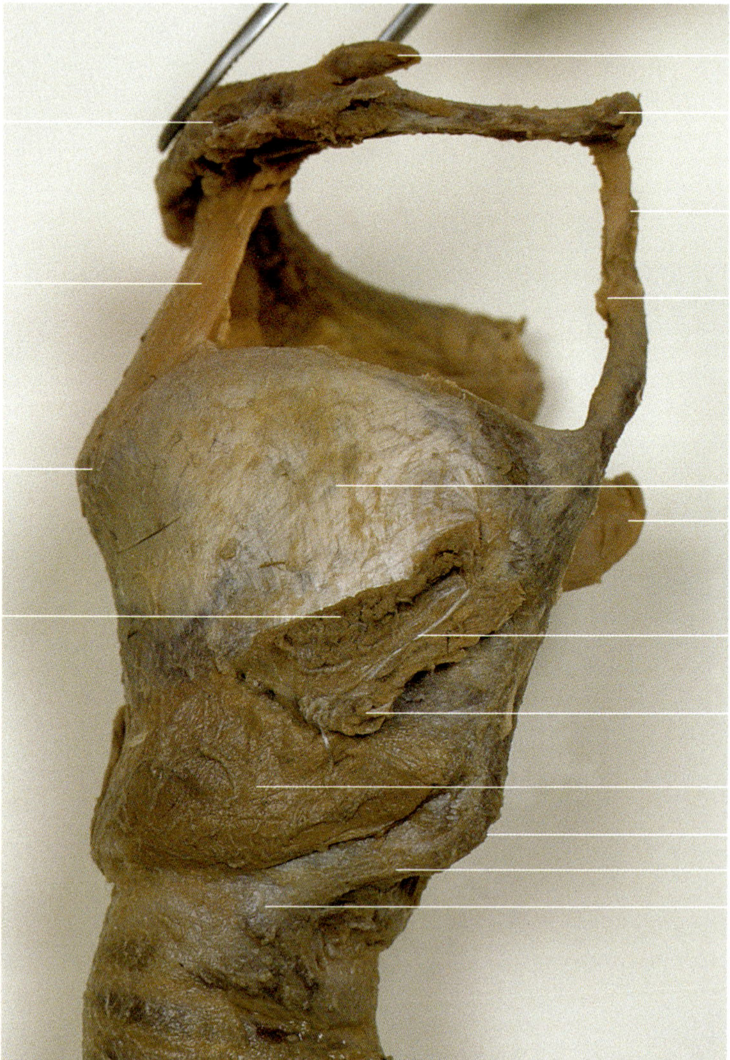

1 Os hyoideum, Corpus
2 Ligamentum thyrohyoideum mediale
3 Incisura thyroidea superior
4 Musculus thyrohyoideus
5 Os hyoideum, Cornu minus
6 Os hyoideum, Cornu majus
7 Ligamentum thyrohyoideum laterale
8 Cartilago thyroidea, Cornu superius
9 Cartilago thyroidea, Lamina
10 Epiglottis
11 Cartilago thyroidea, Linea obliqua
12 Musculus sternothyroideus
13 Musculus cricothyroideus
14 Cartilago thyroidea, Cornu inferius
15 Articulatio cricothyroidea
16 Cartilago cricoidea, Arcus

35:20

1.6 Zungenbein, Kehlkopf und freipräparierte Trachea von lateral links

Cartilago thyroidea eingeschnitten • Musculus cricothyroideus an der Cartilago thyroidea abgelöst und nach ventral gelegt

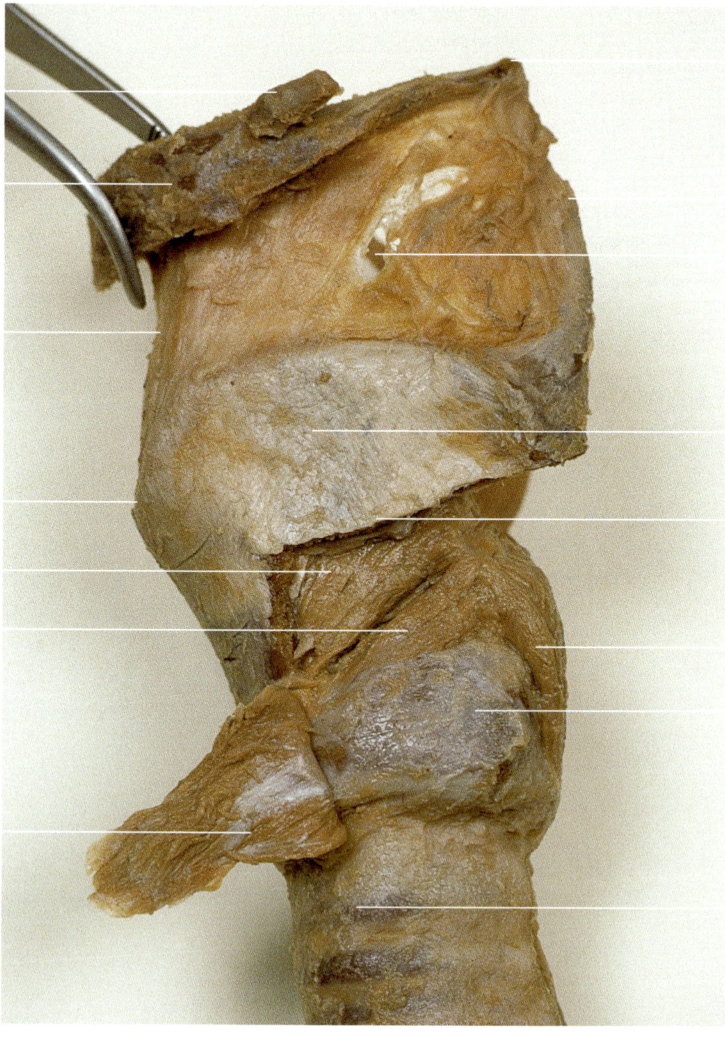

1 Os hyoideum, Cornu minus
2 Os hyoideum, Corpus
3 Ligamentum thyrohyoideum mediale
4 Incisura thyroidea superior
5 Musculus thyroarytenoideus
6 Musculus cricoarytenoideus lateralis
7 Musculus cricothyroideus, von der Cartilago thyroidea gelöst und nach ventral gelegt
8 Os hyoideum, Cornu majus
9 Cartilago thyroidea, Cornu superius
10 Membrana thyrohyoidea, Durchtrittsstelle für Nervus laryngeus superior und Arteria laryngea superior
11 Cartilago thyroidea, Lamina
12 Cartilago thyroidea, Schnittkante
13 Musculus cricoarytenoideus posterior
14 Cartilago cricoidea, Lamina
15 Cartilago trachealis I

36:25

1.7 Kopf, Hals und oberer Thorax von dorsal

Haut, Unterhaut und oberflächliche Körperfaszie sind entfernt • Muskelrelief • Musculus trapezius

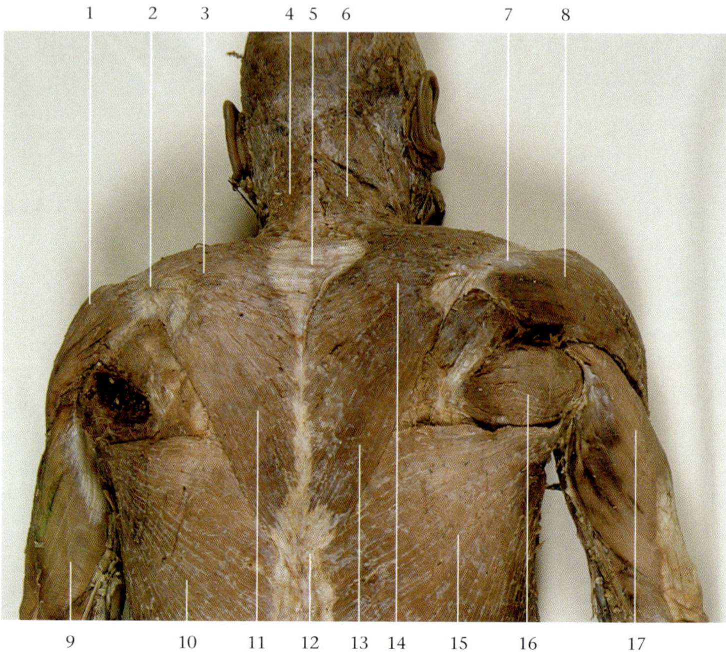

1 Musculus deltoideus, links
2 Scapula, Spina scapulae, links
3 Musculus trapezius, links, Pars transversa
4 Musculus trapezius, links, Pars descendens
5 Musculus trapezius, Sehnenspiegel
6 Musculus trapezius, rechts, Pars descendens
7 Scapula, Spina scapulae, rechts
8 Musculus deltoideus, rechts
9 Musculus triceps brachii, links, Corpus longum
10 Musculus latissimus dorsi, links
11 Musculus trapezius, links, Pars ascendens
12 Vertebra thoracica, Processus spinosus
13 Musculus trapezius, rechts, Pars ascendens
14 Musculus trapezius, rechts, Pars transversa
15 Musculus latissimus dorsi, rechts
16 Musculus teres major, rechts
17 Musculus triceps brachii rechts, Corpus longum

36:25

1.7 Kopf, Hals und oberer Thorax von dorsal

Unterhaut, oberflächliche Körperfaszie, Musculus trapezius sowie rechter Arm mit allen Schulterblattmuskeln entfernt • linkes Schulterblatt extrem nach lateral verlagert • oberflächliche autochthone Nackenmuskeln

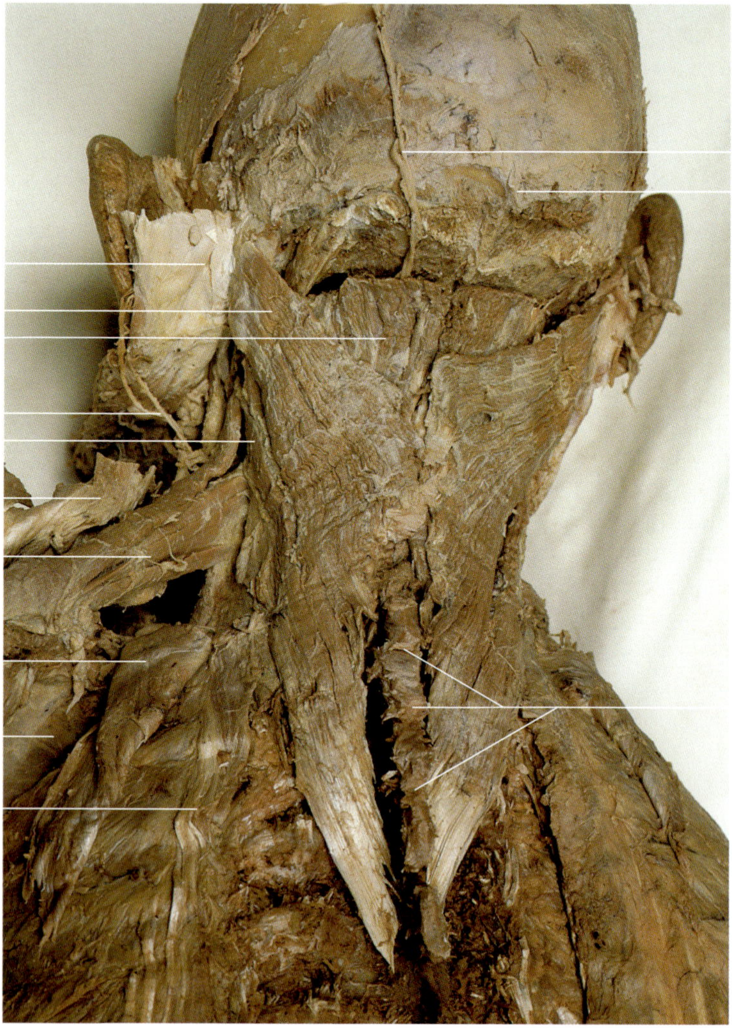

1 Ansatz des Musculus sternocleidomastoideus, am Schädel gelöst und nach lateral gelegt
2 Musculus splenius capitis, an der Wirbelsäule bereits gelöst, in situ
3 Musculus semispinalis capitis, am Schädel bereits gelöst, in situ
4 Nervus auricularis magnus
5 Musculus splenius cervicis
6 Musculus rhomboideus minor, an der Wirbelsäule abgelöst und nach lateral gelegt
7 Musculus levator scapulae
8 Musculus serratus posterior superior, an der Wirbelsäule abgelöst und nach lateral gelegt
9 Musculus serratus anterior, auf der Facies costalis der Scapula
10 Musculus iliocostalis cervicis
11 Nervus occipitalis major
12 Protuberantia occipitalis externa
13 Processus spinosi der Halswirbelsäule

37:05

1.7 Kopf, Hals und oberer Thorax von dorsal

Musculus trapezius entfernt • Musculus splenius capitis und cervicis sowie Musculus semispinalis capitis an der Halswirbelsäule bzw. am Schädel abgelöst und nach lateral gelegt • tiefe autochthone Nackenmuskulatur

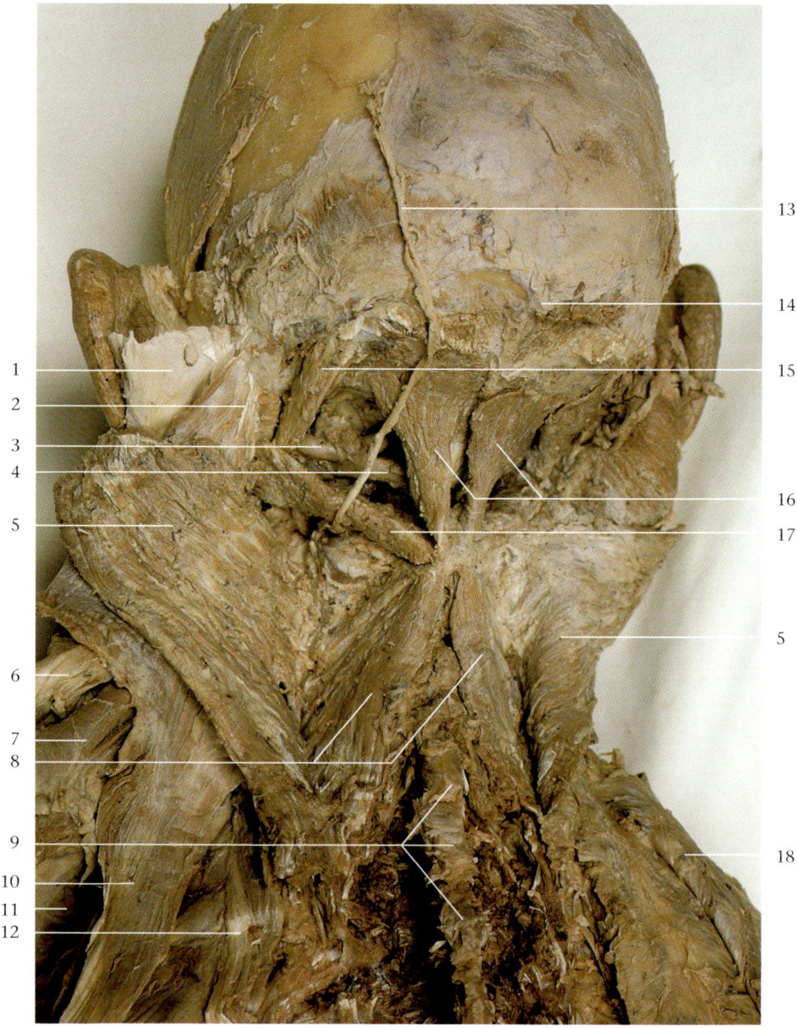

1 Ansatz des Musculus sternocleidomastoideus, am Schädel gelöst und nach lateral gelegt
2 Musculus splenius capitis, an der Wirbelsäule gelöst und nach lateral gelegt
3 Arteria vertebralis auf dem Atlasbogen
4 Atlasbogen
5 Musculus semispinalis capitis, am Schädel gelöst, nach lateral gelegt
6 Musculus rhomboideus minor, an der Wirbelsäule abgelöst und nach lateral gelegt
7 Musculus levator scapulae
8 Musculi semispinales cervicis
9 Processus spinosi im Bereich der Halswirbelsäule
10 Musculus splenius cervicis, an der Wirbelsäule gelöst und nach lateral gelegt
11 Musculus serratus anterior, auf der Facies costalis der Scapula
12 Musculus iliocostalis cervicis
13 Nervus occipitalis major
14 Protuberantia occipitalis externa
15 Musculus obliquus capitis superior
16 Musculi recti capitis posteriores majores, in situ
17 Musculus obliquus capitis inferior
18 Musculus serratus posterior superior, an der Wirbelsäule abgelöst und nach lateral gelegt

37:05

1.7 Kopf, Hals und oberer Thorax von dorsal

Trigonum vertebrale • Musculus rectus capitis posterior major sowie Musculus obliquus capitis inferior abgelöst und nach kaudal gelegt

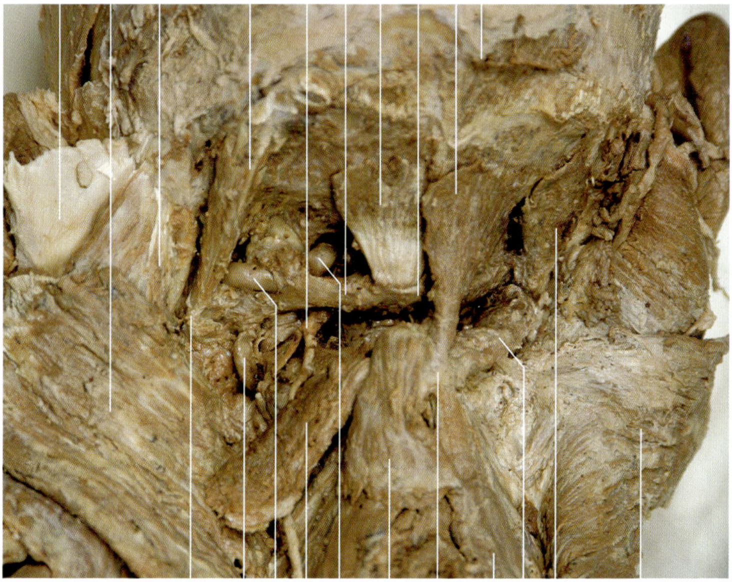

1 Ansatz des Musculus sternocleidomastoideus, am Schädel gelöst und nach lateral gelegt
2 Musculus semispinalis capitis, am Schädel gelöst, nach lateral gelegt
3 Musculus splenius capitis, an der Wirbelsäule gelöst und nach lateral gelegt
4 Musculus obliquus capitis superior, links
5 Nervus occipitalis major
6 Atlasbogen
7 Musculus rectus capitis posterior minor
8 Atlas, Tuberculum posterius
9 Musculus rectus capitis posterior major, in situ
10 Protuberantia occipitalis externa
11 Atlas, Processus transversus
12 Arteria vertebralis, Schlaufe zwischen 1. und 2. Halswirbel
13 Arteria vertebralis auf dem Atlasbogen
14 Musculus obliquus capitis inferior, am Processus transversus atlantis gelöst, nach caudal gelegt
15 Arteria vertebralis kurz vor dem Durchtritt durch die Membrana atlanto-occipitalis posterior
16 Musculus rectus capitis posterior major, am Schädel gelöst, nach caudal gelegt
17 Processus spinosus des Axis
18 Musculus semispinalis cervicis
19 Musculus obliquus capitis inferior, in situ
20 Musculus obliquus capitis superior, rechts

00:20

2.0 Beispielhafte Darstellung des Aufbaus der Extremitäten

Unterschenkel von dorsal • stufenförmige Präparation der verschiedenen Schichten und Logen

1	Oberflächliche Körperfaszie
2	Cutis, Schnittkante
3	Subcutis, Schnittkante
4	Oberflächliche Körperfaszie, Schnittkante
5	Oberflächliche Muskeln, Anschnitt
6	Bindegewebiges Septum (tiefes Blatt der Fascia cruris), trennt die oberflächliche von der tiefen Muskelloge
7	Arterie und Vene in der tiefen Muskelloge
8	Muskeln der tiefen Muskelloge
9	Cutis, Epidermis
10	Subcutis, Fettgewebe
11	Venen der Subcutis, aus dem Fettgewebe freipräpariert
12	Venen in der Subcutis
13	Hautnerven in der tiefen Subcutis, aus dem Fettgewebe freipräpariert, auf der oberflächlichen Körperfaszie liegend
14	Muskelfaszie
15	Schnittkante des bindegewebigen Septums (tiefes Blatt der Fascia cruris) zwischen oberflächlicher und tiefer Muskelloge

02:42

2.0 Beispielhafte Darstellung des Aufbaus der Extremitäten

Unterschenkel von dorsal • stufenförmige Präparation der verschiedenen Schichten und Logen

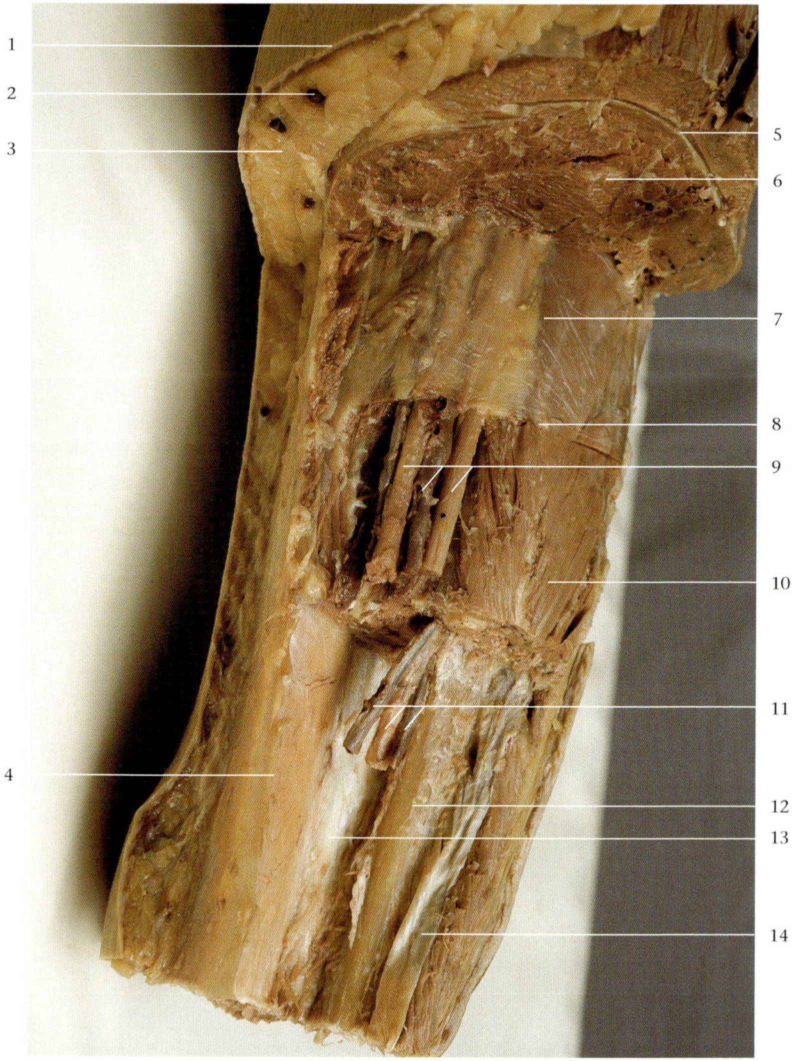

1 Cutis, Schnittkante
2 Vene der Subcutis, Anschnitt
3 Subcutis, Schnittkante
4 Knochen, Tibia
5 Flächige Sehne (Aponeurose) eines Muskels in der oberflächlichen Loge
6 Oberflächliche Muskeln, Anschnitt
7 Bindegewebiges Septum (tiefes Blatt der Fascia cruris), trennt die oberflächliche von der tiefen Muskelloge
8 Schnittkante des bindegewebigen Septums (tiefes Blatt der Fascia cruris) zwischen oberflächlicher und tiefer Muskelloge
9 Arterie, Vene und Nerv in der tiefen Muskelloge
10 Muskel der tiefen Muskelloge
11 Arterie und Venen in der tiefsten Schicht der tiefen Muskelloge
12 Knochen, Fibula
13 Membrana interossea, Grenze zwischen den Muskellogen der Beuger und der Strecker
14 Septum intermusculare cruris posterior

04:15

2.1 Knochen der linken Schulter von ventral

Musculus subscapularis und Musculus infraspinatus teilweise erhalten

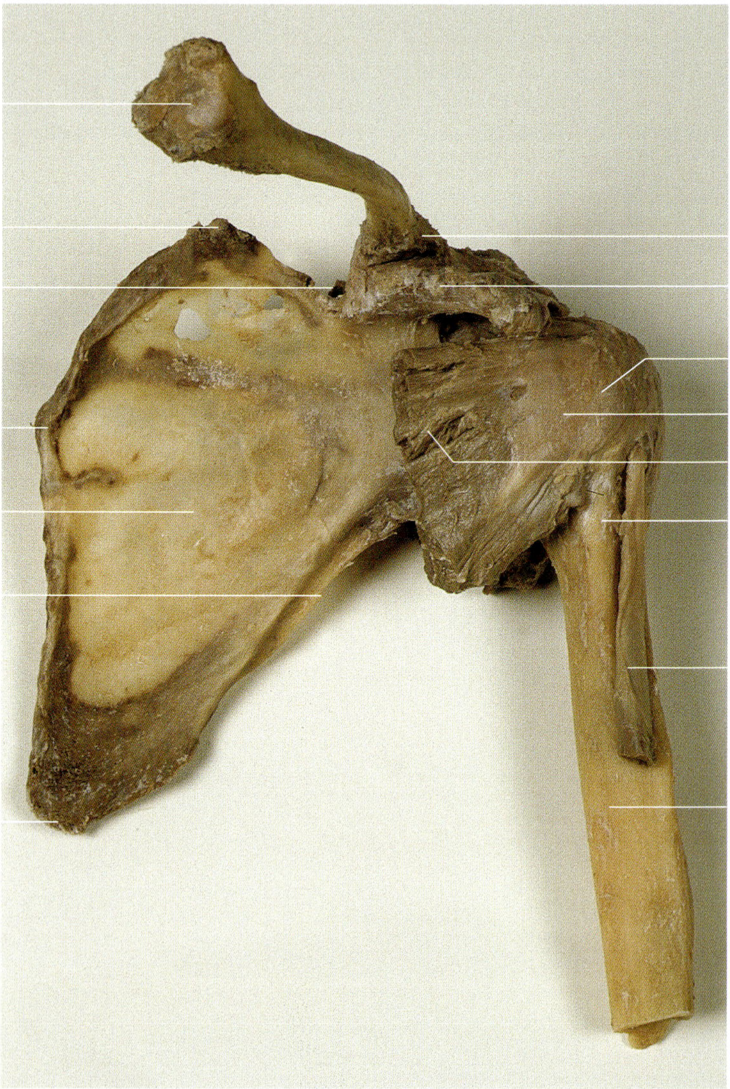

1 Clavicula, Extremitas sternalis
2 Scapula, Angulus superior
3 Scapula, Incisura scapulae
4 Scapula, Margo medialis
5 Scapula, Facies costalis, Fossa subscapularis
6 Scapula, Margo lateralis
7 Scapula, Angulus inferior
8 Clavicula, Extremitas acromialis
9 Scapula, Processus coracoideus
10 Humerus, Caput, Tuberculum minus, Kontur durch die Weichteildecke sichtbar
11 Musculus subscapularis, Tendo
12 Musculus subscapularis
13 Humerus, Collum chirurgicum, Crista tuberculi minoris
14 Musculus biceps brachii, Caput longum
15 Humerus, Diaphyse

2 Bewegungsapparat – Obere Extremität

04:40

2.1 Knochen der linken Schulter von ventral

Musculus subscapularis und Musculus infraspinatus teilweise erhalten • Musculus subscapularis nach lateral gelegt • Humerus geringfügig abduziert

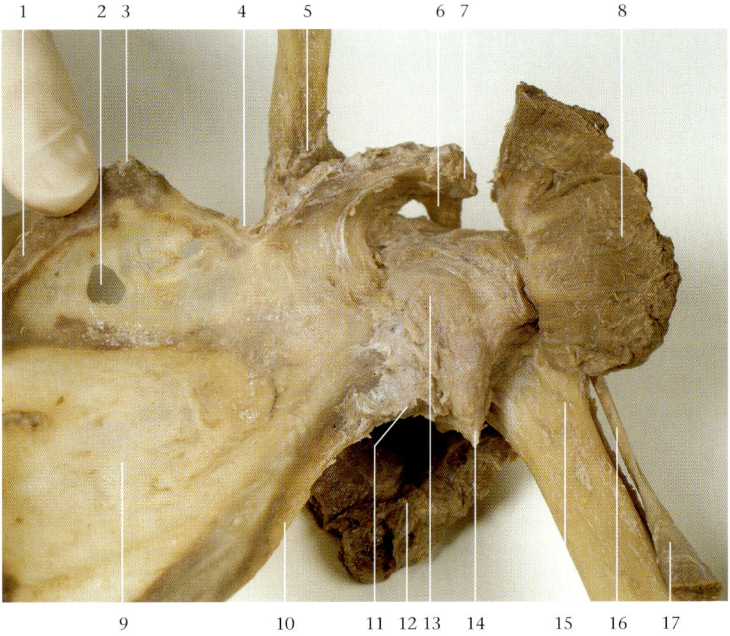

1 Scapula, Margo medialis
2 Scapula, altersbedingter Knochenabbau
3 Scapula, Angulus superior
4 Scapula, Incisura scapulae
5 Clavicula, Extremitas acromialis
6 Ligamentum coracoacromiale
7 Scapula, Processus coracoideus
8 Musculus subscapularis, in der Fossa subscapularis gelöst und nach lateral gelegt, gekürzt
9 Scapula, Facies costalis, Fossa subscapularis
10 Scapula, Margo lateralis
11 Scapula, Tuberculum infraglenoidale
12 Musculus infraspinatus, an der Scapula gelöst und verlagert
13 Capsula articularis
14 Capsula articularis, Recessus axillaris
15 Humerus, Collum chirurgicum
16 Musculus biceps brachii, Caput longum, Tendo
17 Musculus biceps brachii, Caput longum

05:10

2.1 Knochen der linken Schulter von ventral

Musculus subscapularis und Musculus infraspinatus teilweise erhalten • Musculus subscapularis nach lateral gelegt • Humerus abduziert

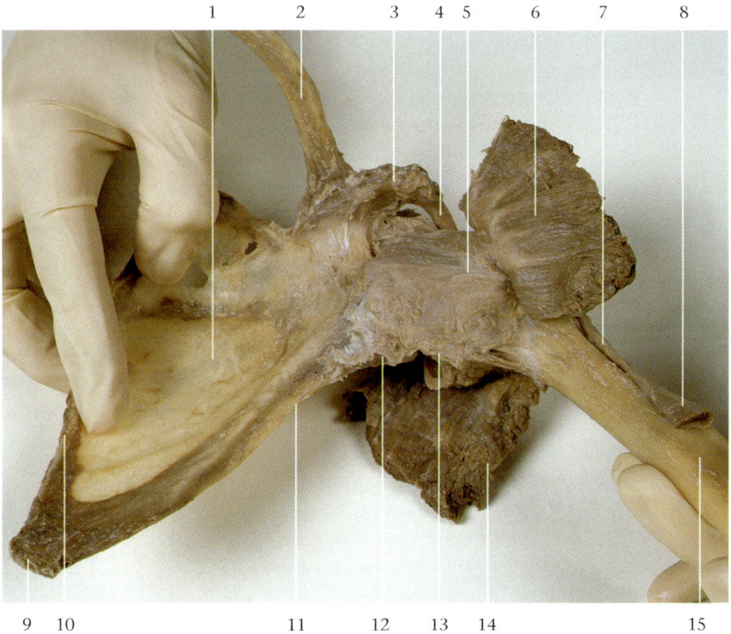

1 Scapula, Facies costalis, Fossa subscapularis
2 Clavicula
3 Scapula, Processus coracoideus
4 Ligamentum coracoacromiale
5 Capsula articularis
6 Musculus subscapularis, in der Fossa subscapularis gelöst und nach lateral gelegt, gekürzt
7 Musculus biceps brachii, Caput longum, Tendo
8 Musculus biceps brachii, Caput longum
9 Scapula, Angulus inferior
10 Scapula, Margo medialis
11 Scapula, Margo lateralis
12 Scapula, Tuberculum infraglenoidale
13 Capsula articularis, Recessus axillaris verstrichen
14 Musculus infraspinatus, an der Scapula gelöst und verlagert
15 Humerus, Diaphyse

2 Bewegungsapparat – Obere Extremität

05:25

2.1 Knochen der linken Schulter von dorsal

Musculus subscapularis, Musculus supraspinatus und Musculus infraspinatus teilweise erhalten • Musculus subscapularis nach lateral gelegt • Humerus abduziert • Gelenkkapsel breit eröffnet

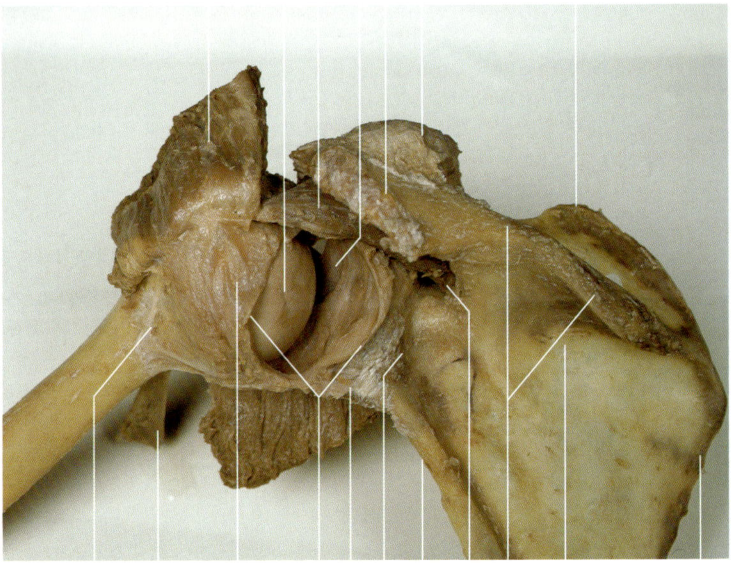

1 Musculus infraspinatus, aus der Fossa infraspinata gelöst, gekürzt und nach lateral gelegt
2 Humerus, Caput humeri, Cartilago
3 Musculus supraspinatus
4 Großflächige Öffnung der Capsula articularis in die Bursa subtendinea musculi subscapularis
5 Scapula, Acromion
6 Clavicula, Extremitas acromialis, durch die Capsula articularis des Akromioklavikulargelenks sichtbar
7 Scapula, Angulus superior
8 Humerus, Collum chirurgicum
9 Musculus biceps brachii, Caput longum, Tendo
10 Capsula articularis
11 Capsula articularis, Schnittkanten
12 Scapula, Tuberculum infraglenoidale
13 Scapula, Collum scapulae
14 Scapula, Margo lateralis
15 Scapula, Incisura scapulae
16 Scapula, Spina scapulae
17 Scapula, Fossa infraspinata
18 Scapula, Margo medialis

05:25

2.1 Knochen der Schulter von dorsal

Musculus subscapularis, Musculus supraspinatus und Musculus infraspinatus teilweise erhalten • Musculus subscapularis nach lateral gelegt • Humerus abduziert und außenrotiert • Gelenkkapsel breit eröffnet

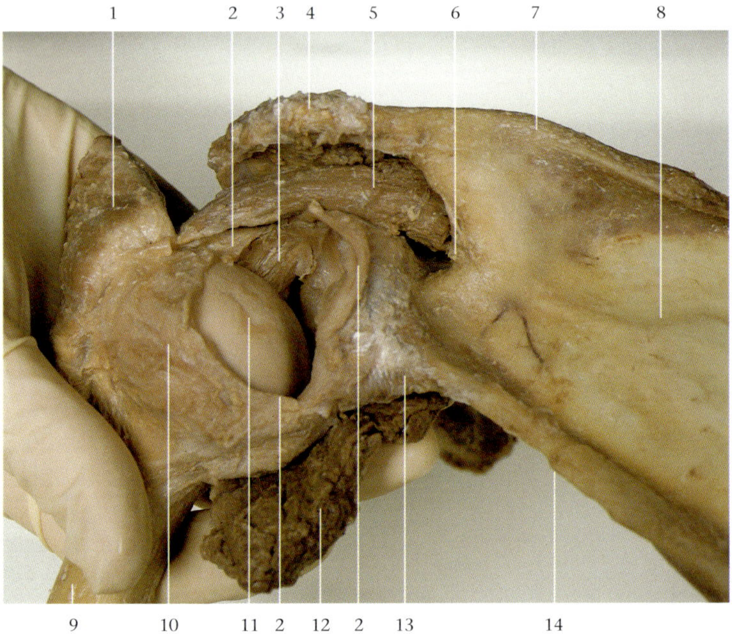

1 Musculus infraspinatus, aus der Fossa infraspinata gelöst, gekürzt und nach lateral gelegt
2 Capsula articularis, Schnittkante
3 Musculus biceps brachii, Caput longum, Tendo, intrakapsulärer Teil
4 Scapula, Acromion
5 Musculus supraspinatus
6 Scapula, Incisura scapulae
7 Scapula, Spina scapulae
8 Scapula, Fossa infraspinata
9 Humerus, Diaphyse
10 Capsula articularis
11 Humerus, Caput humeri, Cartilago, Defekt
12 Musculus subscapularis
13 Scapula, Tuberculum infraglenoidale
14 Scapula, Margo lateralis

06:05

2.1 Knochen der linken Schulter von kranial

Musculus supraspinatus teilweise erhalten

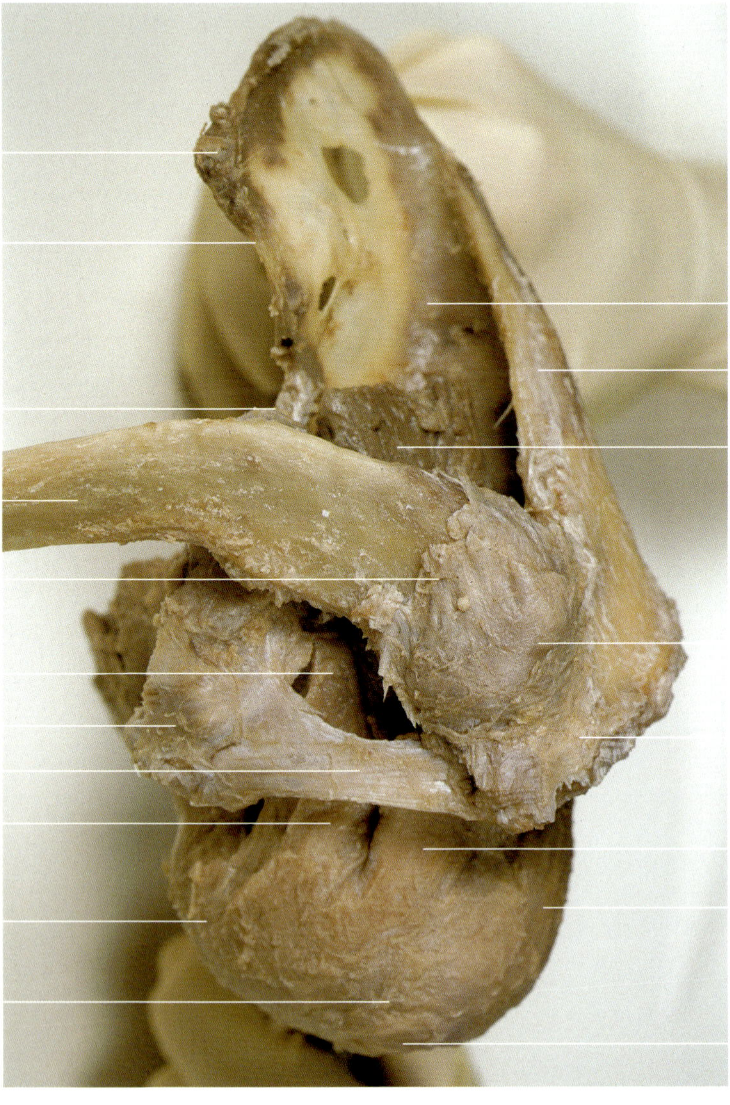

1 Scapula, Angulus scapulae superior
2 Scapula, Margo superior
3 Incisura scapulae superior
4 Clavicula
5 Clavicula, Extremitas acromialis
6 Ligamentum coracohumerale
7 Scapula, Processus coracoideus
8 Ligamentum coracoacromiale
9 Humerus, Tuberculum minus, Kontur durch die Weichteildecke sichtbar
10 Humerus, Caput humeri
11 Scapula, Fossa supraspinata
12 Scapula, Spina scapulae
13 Musculus supraspinatus
14 Articulatio acromioclavicularis
15 Scapula, Acromion
16 Musculus supraspinatus, Tendo
17 Musculus infraspinatus, Tendo
18 Humerus, Tuberculum majus, Kontur durch die Weichteildecke sichtbar

2 Bewegungsapparat – Obere Extremität

06:55

2.1 Knochen der linken Schulter von dorsal

Musculus infraspinatus teilweise erhalten

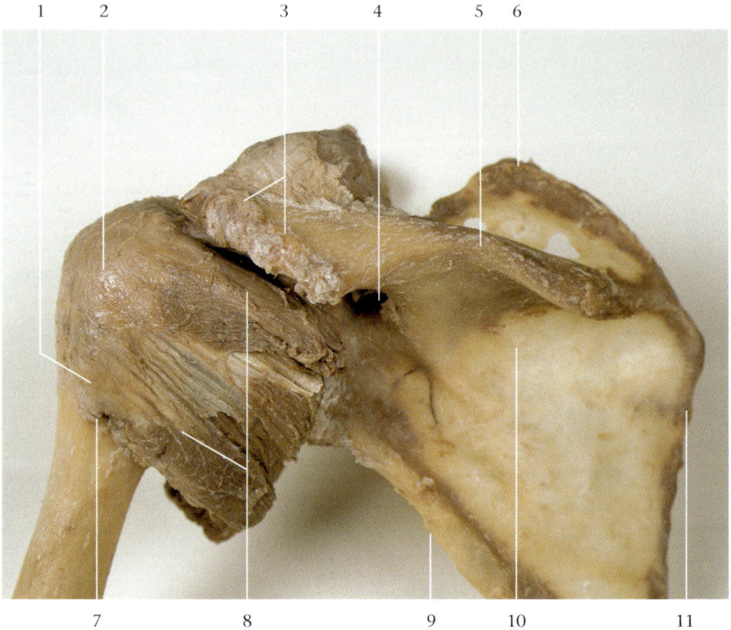

1 Humerus, Crista tuberculi majoris
2 Humerus, Tuberculum majus, Kontur durch die Weichteildecke sichtbar
3 Scapula, Acromion
4 Scapula, Incisura scapulae
5 Scapula, Spina scapulae
6 Scapula, Angulus superior
7 Humerus, Collum chirurgicum
8 Musculus infraspinatus, gekürzt
9 Scapula, Margo lateralis
10 Scapula, Fossa infraspinata
11 Scapula, Margo medialis

07:05

2.1 Gestreckter linker Ellenbogen von ventral

Knochenpräparat • Unterarmknochen parallel (= Supination)

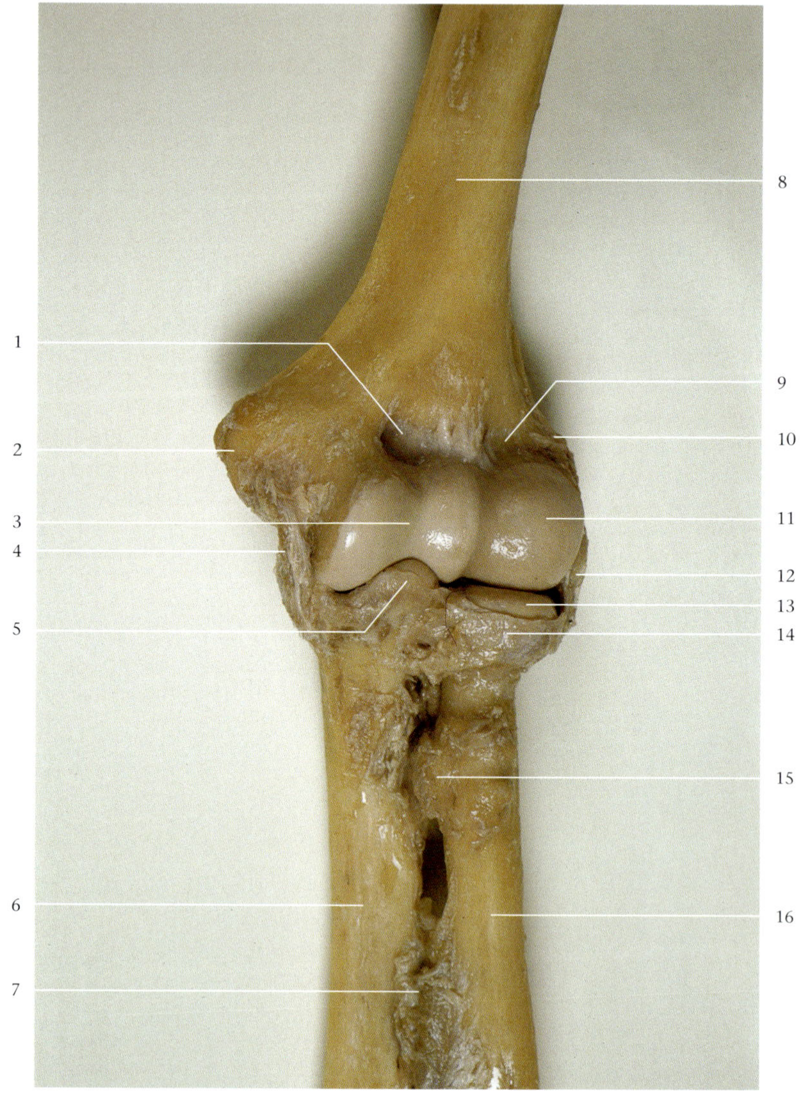

1 Humerus, Fossa coronoidea
2 Humerus, Epicondylus medialis
3 Humerus, Trochlea humeri
4 Ligamentum collaterale ulnare
5 Ulna, Processus coronoideus
6 Ulna
7 Membrana interossea antebrachii
8 Humerus
9 Humerus, Fossa radialis
10 Humerus, Epicondylus lateralis
11 Humerus, Capitulum humeri
12 Ligamentum collaterale radiale
13 Radius, Caput radii
14 Ligamentum anulare radii
15 Radius, Tuberositas radii
16 Radius

2 Bewegungsapparat – Obere Extremität

07:30

2.1 Gebeugter linker Ellenbogen von dorsal

Knochenpräparat

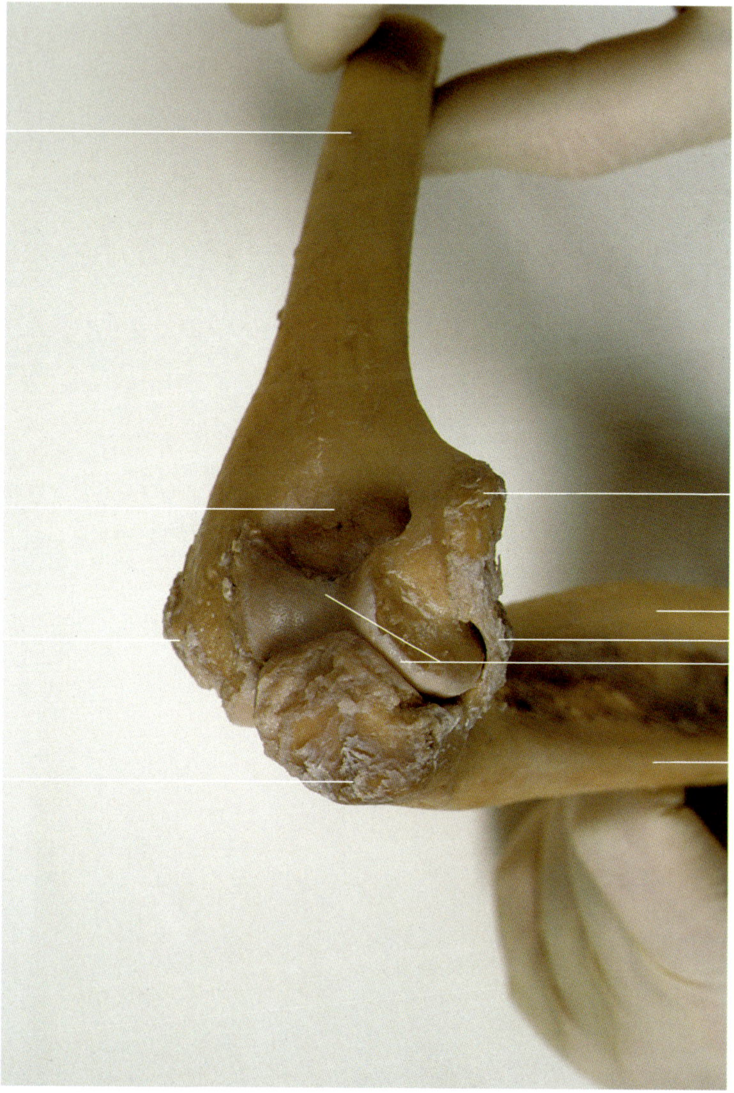

1 Humerus
2 Humerus, Fossa olecrani
3 Humerus, Epicondylus lateralis
4 Ulna, Olecranon
5 Humerus, Epicondylus medialis
6 Radius
7 Ligamentum collaterale ulnare
8 Humerus, Trochlea humeri
9 Ulna

07:50

2.1 Gestreckter linker Ellenbogen von ventral

Knochenpräparat • Unterarmknochen gekreuzt (= Pronation)

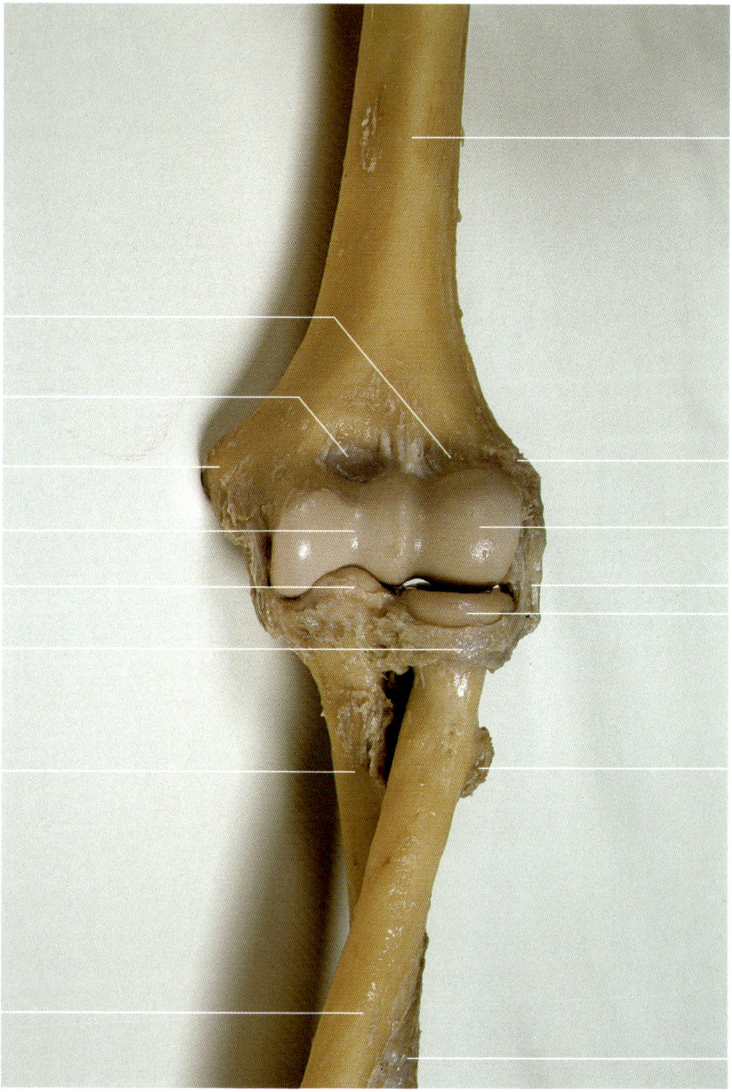

1 Humerus, Fossa radialis
2 Humerus, Fossa coronoidea
3 Humerus, Epicondylus medialis
4 Humerus, Trochlea
5 Ulna, Processus coronoideus
6 Ligamentum anulare radii
7 Ulna
8 Radius
9 Humerus
10 Humerus, Epicondylus lateralis
11 Humerus, Capitulum humeri
12 Ligamentum collaterale radiale
13 Radius, Caput radii mit Circumferentia articularis
14 Radius, Tuberositas radii
15 Membrana interossea antebrachii

08:10

2.1 Gebeugter linker Ellenbogen von radial

Knochenpräparat

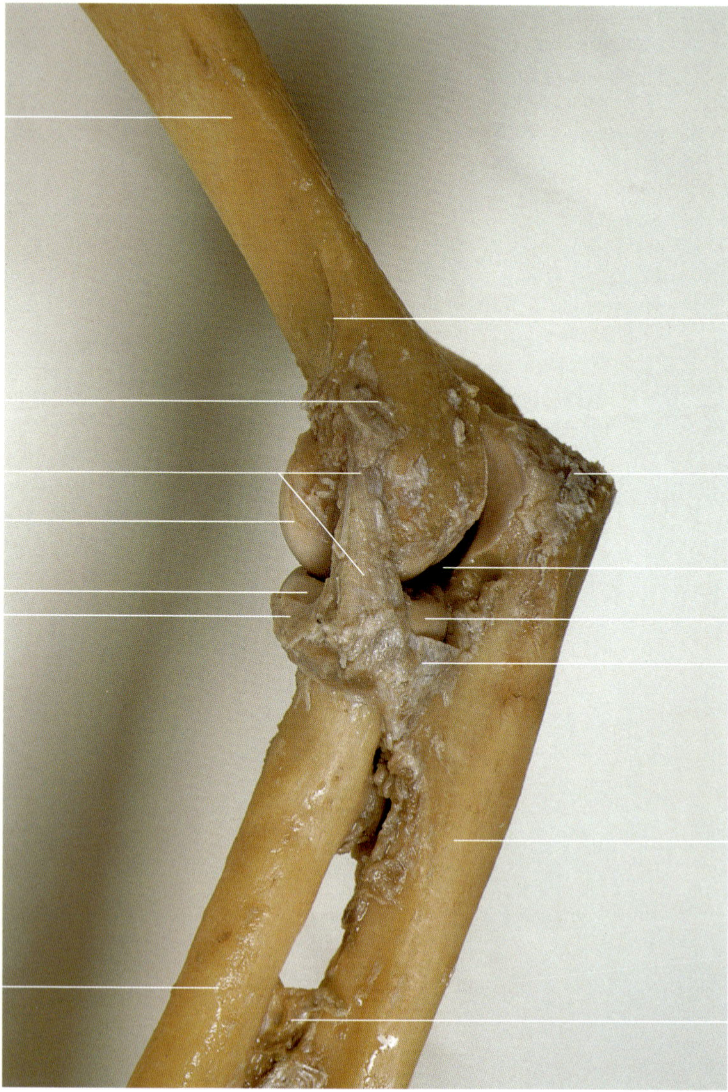

1	Humerus
2	Humerus, Epicondylus lateralis
3	Ligamentum collaterale radiale, in das Ligamentum anulare radii einstrahlend
4	Humerus, Capitulum humeri
5	Radius, Caput radii mit Circumferentia articularis
6	Ligamentum anulare radii
7	Radius
8	Humerus, Crista supracondylaris
9	Ulna, Olecranon
10	Cavitas articularis cubiti, Gelenkkapsel entfernt
11	Ulna
12	Membrana interossea antebrachii

08:25

2.1 Linker Unterarm und linke Hand von dorsal

Knochen und Gelenke in Supinationsstellung • Radius

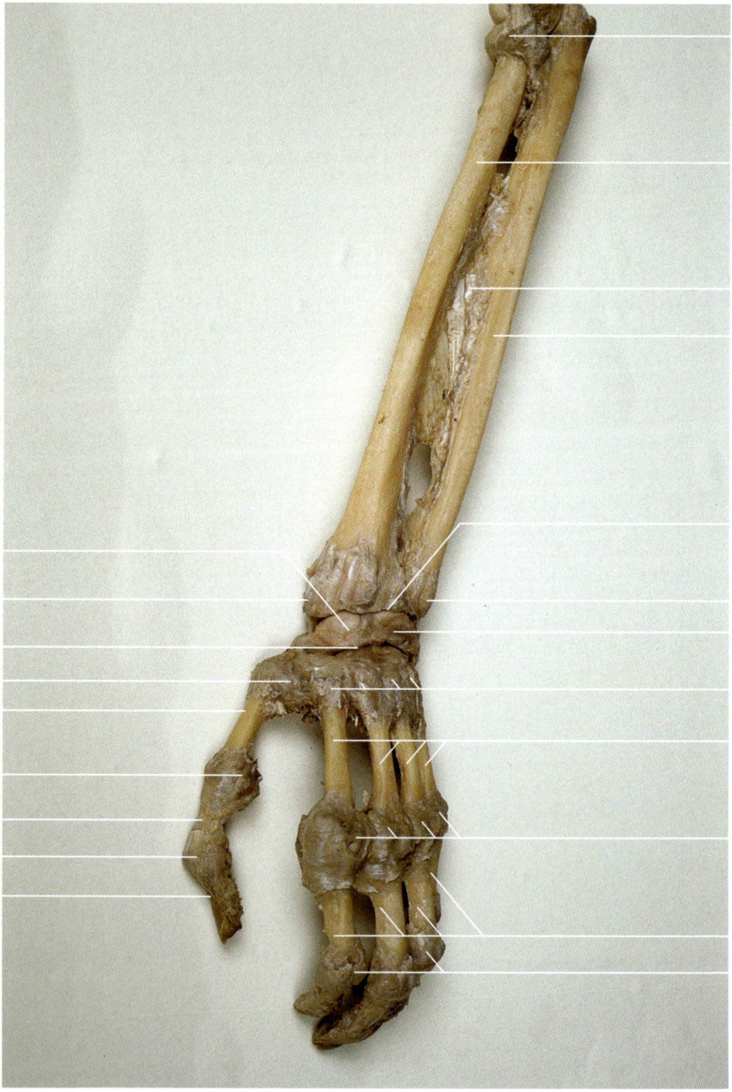

1 Os scaphoideum
2 Radius, Processus styloideus
3 Articulatio mediocarpalis
4 Articulatio carpometacarpale I
5 Os metacarpale I
6 Articulatio metacarpophalangeale I
7 Phalanx proximalis I
8 Articulatio interphalangea I
9 Phalanx distalis I
10 Radius, Caput radii
11 Radius
12 Membrana interossea antebrachii
13 Ulna
14 Articulatio radiocarpalis
15 Ulna, Caput ulnae
16 Os lunatum
17 Articulationes carpometacarpales
18 Ossa metacarpalia II–V
19 Articulationes metacarpophalangeae
20 Phalanges proximales
21 Articulationes interphalangeae

08:25

2.1 Gebeugtes linkes Handgelenk von dorsal

Knochen und Gelenke

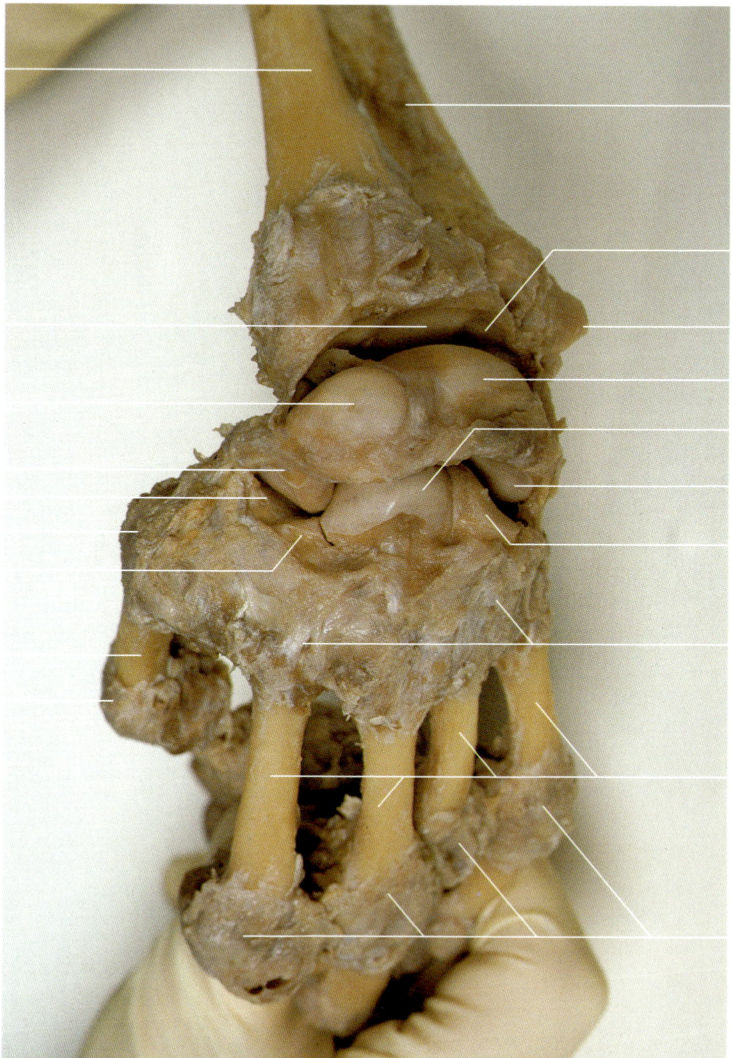

1	Radius
2	Radius, Facies articularis carpalis
3	Os scaphoideum
4	Os scaphoideum, Tuberculum
5	Os trapezium
6	Os metacarpale I, Basis
7	Os trapezoideum
8	Os metacarpale I
9	Articulatio carpometacarpale I
10	Ulna
11	Discus articularis
12	Ulna, Processus styloideus
13	Os lunatum
14	Os capitatum
15	Os triquetrum
16	Os hamatum
17	Articulationes carpometacarpales
18	Ossa metacarpalia II–V
19	Articulationes metacarpophalangeae

09:35

2.2 Rechte Schulter von ventral

Cutis und Subcutis entfernt • Brustwarze umschnitten

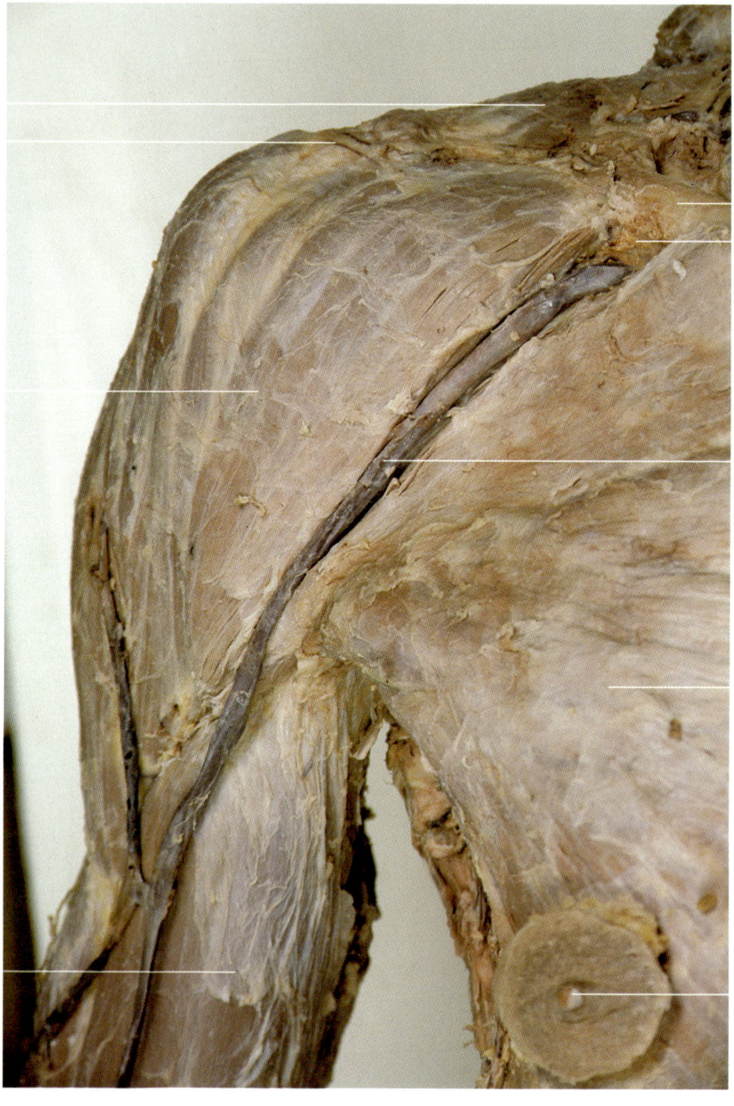

1 Musculus trapezius
2 Scapula, Acromion
3 Oberflächliche Körperfaszie auf dem Musculus deltoideus
4 Oberflächliche Körperfaszie auf dem Musculus biceps brachii
5 Clavicula
6 Trigonum clavipectorale
7 Vena cephalica
8 Oberflächliche Körperfaszie auf dem Musculus pectoralis major
9 Papilla mammaria, rechts

10:00

2.2 Rechter Arm von ventral

Allgemeine Körperfaszie teilweise entfernt • Hautnerven und epifasziale Venen

1 Vena cephalica
2 Musculus biceps brachii
3 Arteria brachialis
4 Musculus biceps brachii, Tendo
5 Musculus brachioradialis
6 Nervus cutaneus antebrachii lateralis
7 Fascia brachii
8 Nervus cutaneus antebrachii medialis
9 Vena basilica
10 Vena mediana cubiti
11 Musculus biceps brachii, Aponeurosis (Lacertus fibrosus)
12 Fascia antebrachii

10:30

2.2 Rechte Thoraxseite und rechte Schulter von ventral

Cutis, Subcutis und allgemeine Körperfaszie abgetragen • oberflächliches Muskelrelief

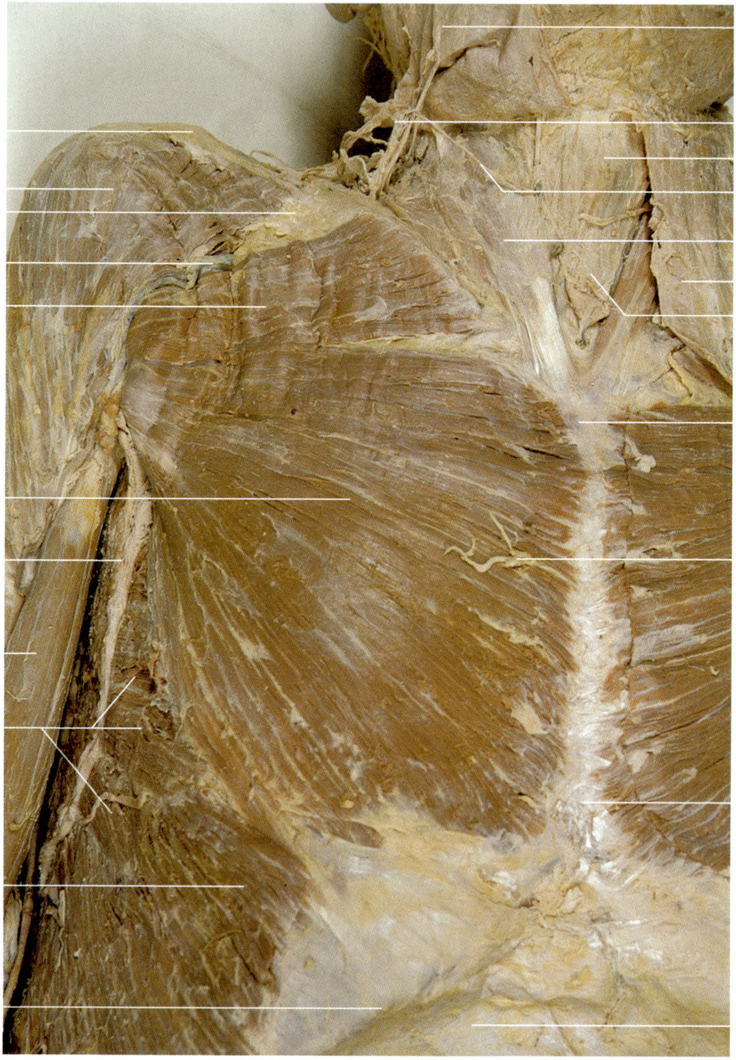

1 Scapula, Acromion
2 Musculus deltoideus
3 Trigonum clavipectorale
4 Vena cephalica
5 Musculus pectoralis major, Pars clavicularis
6 Musculus pectoralis major, Pars sternocostalis
7 Bindegewebiger Streifen der Subcutis
8 Musculus biceps brachii, Caput longum
9 Musculus serratus anterior, Ursprungszacken
10 Musculus obliquus externus abdominis
11 Arcus costalis, Kontur durch die Weichteildecke sichtbar
12 Platysma, nach kranial gelegt
13 Nervi supraclaviculares
14 Prominentia laryngea
15 Nervus transversus colli
16 Musculus sternocleidomastoideus, noch von der Fascia cervicalis, Lamina superficialis, bedeckt
17 Platysma
18 Fascia cervicalis, Lamina pretrachealis
19 Sternum, Manubrium sterni
20 Nervus intercostalis, Ramus cutaneus anterior
21 Sternum, Corpus sterni
22 Vagina musculi recti abdominis, Lamina anterior

11:40

2.2 Thorax und rechte Schulter von ventral

Musculus pectoralis major auf der rechten Seite am Thorax gelöst und nach lateral gelegt • oberflächliche Brustmuskulatur • Nerven- und Blutgefäßversorgung

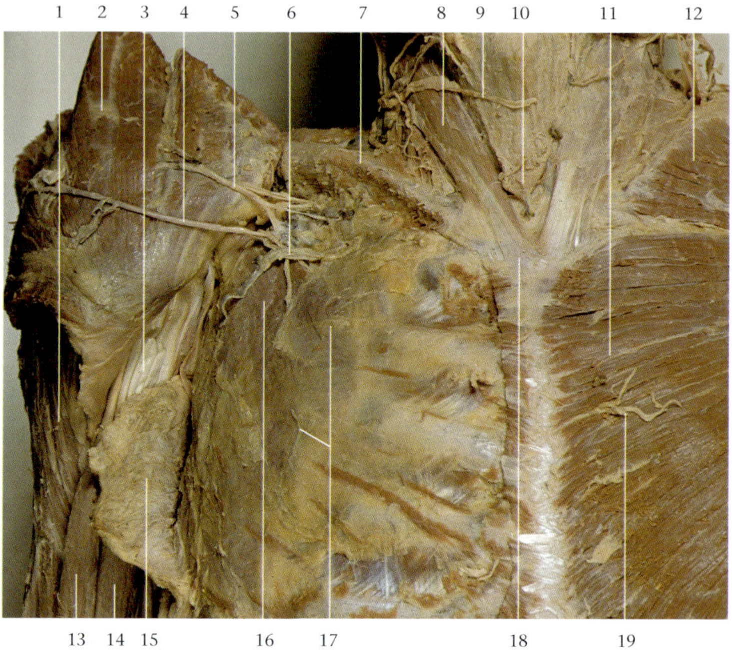

1 Musculus deltoideus
2 Musculus pectoralis major, rechts, am Thorax abgelöst und nach lateral geklappt
3 Musculus biceps brachii, Caput breve, Tendo
4 Vena thoracoacromialis, Ramus pectoralis
5 Arteria thoracoacromialis, Ramus pectoralis
6 unbenannte Vene
7 Clavicula
8 Musculus sternocleidomastoideus
9 Nervus transversus colli
10 Fascia cervicalis, Lamina pretrachealis
11 Musculus pectoralis major, links, Pars sternocostalis
12 Musculus pectoralis major, links, Pars clavicularis
13 Musculus biceps brachii, Caput longum
14 Musculus biceps brachii, Caput breve
15 Bindegewebe der Axilla, dort wo es in die Fascia clavipectoralis übergeht gelöst und nach lateral gelegt
16 Musculus pectoralis minor
17 Fascia clavipectoralis über dem Musculus pectoralis minor
18 Sternum, Manubrium sterni
19 Nervus intercostalis, Ramus cutaneus anterior

12:20

2.2 Rechte Thoraxseite und rechte Schulter von ventral

Musculus pectoralis major am Thorax gelöst und nach lateral gelegt • Fascia clavipectoralis entfernt • Arm leicht abduziert • tiefe Brustmuskulatur

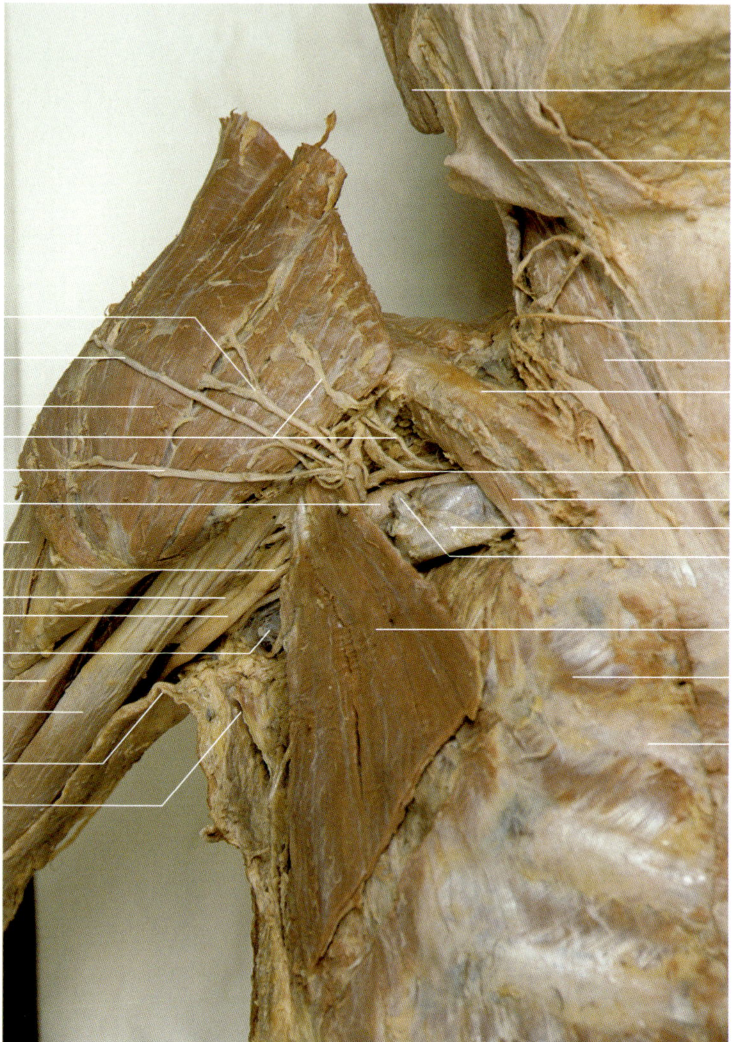

1 Arteria thoracoacromialis, Ramus pectoralis
2 Vena thoracoacromialis, Ramus pectoralis
3 Musculus pectoralis major, am Thorax sowie an der Clavicula abgelöst und nach lateral geklappt
4 Nervus pectoralis medialis
5 Arteria axillaris
6 Musculus deltoideus
7 Radices nervi mediani, Medianusgabel
8 Nervus musculocutaneus
9 Nervus medianus
10 Vena axillaris
11 Musculus biceps brachii, Caput longum
12 Musculus biceps brachii, Caput breve
13 Cutis der Axilla, Schnittkante
14 Bindegewebe in der Fossa axillaris
15 Auricula
16 Platysma, nach kranial gelegt
17 Nervus transversus colli
18 Musculus sternocleidomastoideus
19 Clavicula
20 Plexus brachialis, Fasciculus lateralis
21 Musculus subclavius
22 Vena cephalica, Einmündung in Vena axillaris
23 Musculus pectoralis minor
24 Musculus intercostalis internus, durch die Membrana intercostalis externa sichtbar
25 Costa II

12:20

2.2 Rechte obere Thoraxseite und rechte Schulter von ventral

Musculus pectoralis major am Thorax gelöst und nach lateral gelegt • Fascia clavipectoralis entfernt

1 Musculus pectoralis major, Pars sternocostalis
2 Bindegewebe zwischen den Anteilen des Musculus pectoralis major
3 Musculus pectoralis major, Pars clavicularis
4 Vena thoracoacromialis, Ramus pectoralis
5 Arteria thoracoacromialis, Ramus pectoralis
6 Nervus pectoralis medialis
7 Scapula, Acromion
8 Musculus deltoideus, Pars clavicularis
9 Musculus trapezius
10 Vena cephalica, Einmündung in Vena axillaris
11 Nervi supraclaviculares
12 Nervus auricularis magnus
13 Nervus transversus colli
14 Musculus sternocleidomastoideus, rechts
15 Clavicula
16 Fascia cervicalis, Lamina pretrachealis
17 Musculus sternocleidomastoideus, links
18 Musculus biceps brachii, Caput longum
19 Musculus biceps brachii, Caput breve
20 Cutis der Axilla, Schnittkante
21 Vena thoracoacromialis
22 Musculus pectoralis minor
23 Vena axillaris
24 Musculus subclavius
25 Costa
26 Musculus intercostalis internus, durch die Membrana intercostalis externa sichtbar
27 Sternum, Corpus sterni

12:45

2.2 Thorax, Schulter und Arm der rechten Seite von ventral

Musculus pectoralis major am Thorax gelöst und nach lateral gelegt • große Venen entfernt • Brustwandmuskeln

1 Musculus pectoralis major, Pars clavicularis
2 Musculus deltoideus, Pars clavicularis und Pars acromialis
3 Scapula, Processus coracoideus
4 Musculus pectoralis major, Pars sternocostalis, am Thorax abgelöst und nach lateral gelegt
5 Arteria axillaris
6 Musculus deltoideus
7 Musculus biceps brachii, Caput longum
8 Musculus brachialis
9 Musculus triceps brachii, Caput laterale
10 Musculus biceps brachii, Caput breve
11 Musculus latissimus dorsi
12 Nervus cutaneus antebrachii lateralis, aus dem Nervus musculocutaneus
13 Nervus medianus
14 Musculus brachioradialis
15 Musculus biceps brachii, Tendo
16 Musculus biceps brachii, Aponeurosis (Lacertus fibrosus)
17 Arteria radialis
18 Musculus flexor carpi radialis
19 Musculus flexor carpi ulnaris
20 Arteria ulnaris
21 Auricula, rechts
22 Musculus trapezius
23 Musculus sternocleidomastoideus, rechts
24 Plexus brachialis
25 Clavicula, eingeschnitten
26 Arteria subclavia
27 Musculus pectoralis minor
28 Musculus serratus anterior
29 Costa
30 Musculus obliquus externus abdominis
31 Arcus costalis, Kontur durch die Weichteildecke sichtbar
32 Vagina musculi recti abdominis, Lamina anterior
33 Inhalt der eröffneten Bauchhöhle

12:45

2.2 Thorax, Schulter und Arm der rechten Seite von ventral

Musculus pectoralis major und Musculus pectoralis minor am Thorax gelöst und nach lateral gelegt • Blutgefäße und Nerven in der Axilla

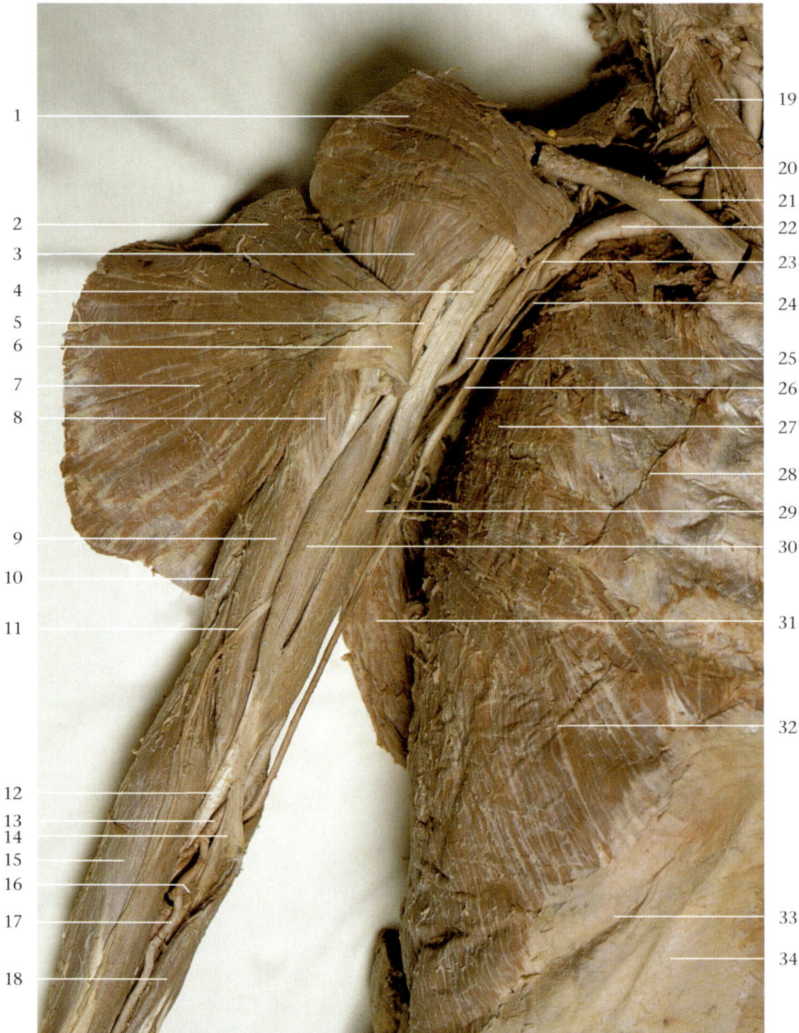

1 Musculus pectoralis minor, eingeschnitten und nach kranial gelegt
2 Musculus pectoralis major, Pars clavicularis
3 Musculus deltoideus, Pars clavicularis
4 Musculus biceps brachii, Caput breve, Tendo
5 Musculus biceps brachii, Caput longum, Tendo
6 Musculus pectoralis major, Tendo
7 Musculus pectoralis major, Pars sternocostalis
8 Musculus deltoideus
9 Musculus brachialis
10 Musculus triceps, Caput laterale
11 Nervus cutaneus antebrachii lateralis, aus dem Nervus musculocutaneus
12 Musculus biceps brachii, Tendo
13 Arteria brachialis
14 Musculus biceps brachii, Aponeurosis (Lacertus fibrosus)
15 Musculus brachioradialis
16 Musculus pronator teres, eingeschnitten
17 Arteria ulnaris
18 Musculus flexor carpi ulnaris
19 Musculus sternocleidomastoideus, rechts
20 Plexus brachialis
21 Clavicula, eingeschnitten
22 Arteria subclavia
23 Nervus medianus, Radix lateralis
24 Nervus medianus, Radix medialis
25 Arteria axillaris
26 Nervus medianus
27 Musculus serratus anterior
28 Musculus pectoralis minor, Schnittkante
29 Musculus biceps brachii, Caput breve
30 Musculus biceps brachii, Caput longum
31 Musculus latissimus dorsi
32 Musculus obliquus externus abdominis
33 Arcus costalis, Kontur durch die Weichteildecke sichtbar
34 Vagina musculi recti abdominis, Lamina anterior

13:35

2.2 Schulter und Oberarm der rechten Seite von ventral

Freipräparierte Axilla mit Blutgefäßen und Nerven • Scapula nach lateral verlagert

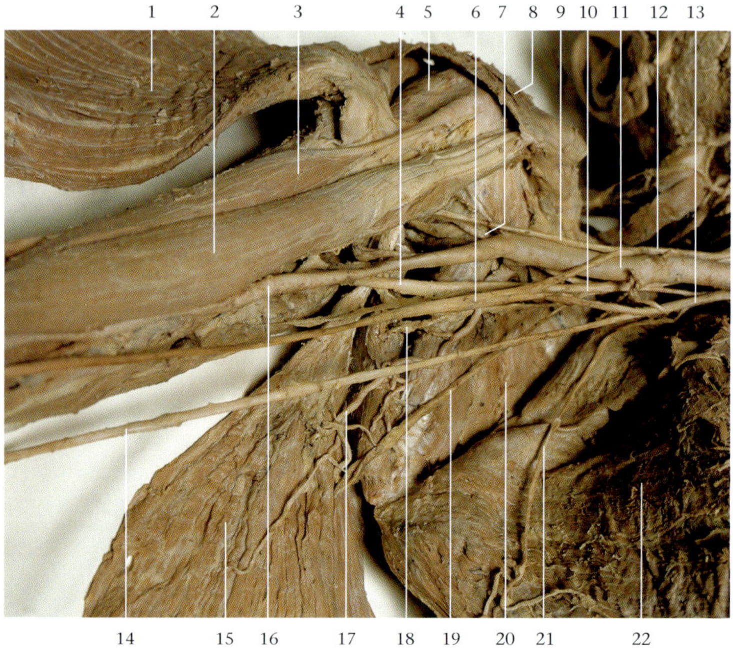

1 Musculus pectoralis major, am Thorax abgelöst und nach lateral geklappt
2 Musculus biceps brachii, Caput breve
3 Musculus biceps brachii, Caput longum
4 Nervus radialis
5 Humerus, Caput
6 Nervus medianus
7 Nervus axillaris
8 Musculus deltoideus
9 Nervus musculocutaneus
10 Plexus brachialis, Fasciculus posterior
11 Arteria axillaris
12 Plexus brachialis, Fasciculus lateralis
13 Plexus brachialis, Fasciculus medialis
14 Nervus ulnaris
15 Musculus latissimus dorsi
16 Arteria brachialis
17 Arteria thoracodorsalis
18 Arteria circumflexa scapulae in der medialen Achsellücke
19 Nervus thoracodorsalis
20 Musculus subscapularis
21 Nervus thoracicus longus
22 Musculus serratus anterior

15:15

2.2 Rechte Schulter von ventral

Schulter vom Rumpf abgenommen • Clavicula entfernt • Muskelpräparat

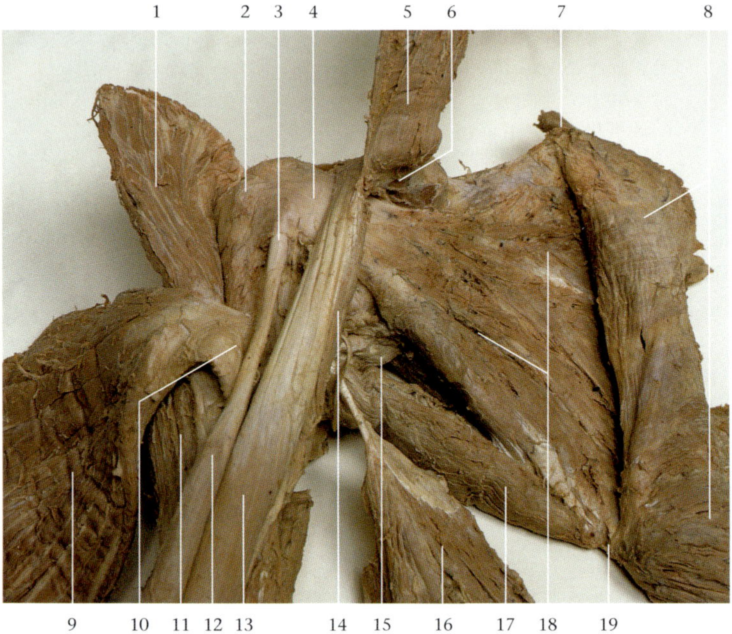

1 Musculus deltoideus, von Clavicula und Acromion gelöst und nach lateral gelegt
2 Humerus, Tuberculum majus, Kontur durch die Weichteildecke sichtbar
3 Musculus biceps brachii, Caput longum, Eintritt der Sehne in die Gelenkkapsel
4 Humerus, Tuberculum minus, Kontur durch die Weichteildecke sichtbar
5 Musculus pectoralis minor, am Thorax gelöst und nach kranial gelegt
6 Scapula, Processus coracoideus
7 Scapula, Angulus superior
8 Musculus serratus anterior, am Thorax gelöst und nach lateral gelegt
9 Musculus pectoralis major, am Thorax abgelöst und nach lateral geklappt
10 Musculus pectoralis major, Ansatz der Sehne an der Crista tuberculi majoris
11 Musculus deltoideus
12 Musculus biceps brachii, Caput longum
13 Musculus biceps brachii, Caput breve
14 Musculus coracobrachialis, hier von der Sehne des Musculus biceps brachii, Caput breve, weitgehend bedeckt
15 Articulatio humeroscapularis, Capsula articularis, Recessus axillaris
16 Musculus latissimus dorsi, am Thorax gelöst und nach lateral gelegt
17 Musculus teres major
18 Musculus subscapularis
19 Scapula, Angulus inferior

16:15

2.2 Rechte Hals- und Schulterregion von ventral und kranial

Clavicula, Musculus trapezius und Musculi pectorales entfernt • Arm etwas nach lateral verlagert • Arteria axillaris nach ventral gehalten • Gefäß- und Nervenversorgung

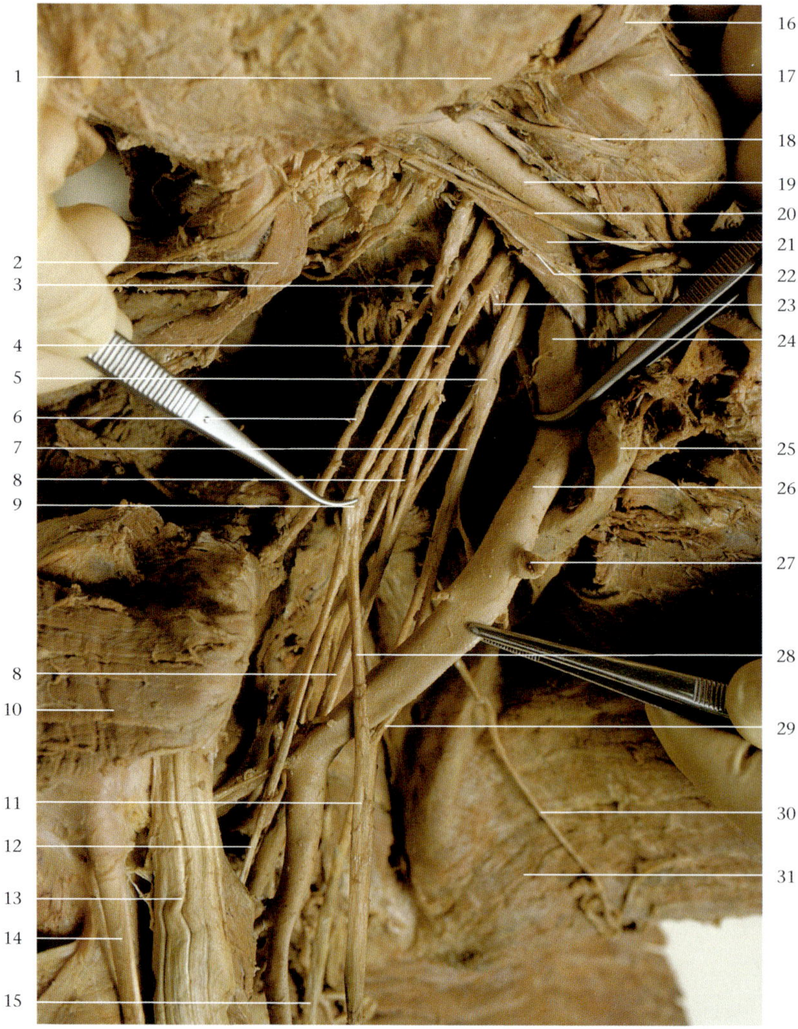

1 Mandibula, Kontur durch die Weichteildecke sichtbar
2 Musculus digastricus, Venter posterior
3 Plexus brachialis, Truncus superior (C5–C6)
4 Plexus brachialis, Truncus medius (C7)
5 Plexus brachialis, Truncus inferior (C8–Th1)
6 Nervus suprascapularis
7 Plexus brachialis, Fasciculus medialis
8 Plexus brachialis, Fasciculus posterior
9 Plexus brachialis, Fasciculus lateralis
10 Musculus pectoralis minor, am Thorax gelöst und nach lateral gelegt
11 Nervus medianus
12 Nervus musculocutaneus
13 Musculus biceps brachii, Caput breve
14 Musculus biceps brachii, Caput longum
15 Nervus ulnaris
16 Musculus omohyoideus und Musculus stylohyoideus, kaudal gelöst und nach kranial gelegt
17 Prominentia laryngea
18 Arteria thyroidea superior
19 Arteria carotis communis
20 Ansa cervicalis profunda
21 Musculus scalenus anterior
22 Nervus phrenicus
23 Musculus scalenus medius
24 Arteria subclavia, kurz nach dem Durchtritt durch die Skalenuslücke
25 Vena subclavia
26 Arteria axillaris
27 Arteria thoracoacromialis, Stumpf, Abgang aus der Arteria axillaris
28 Nervus medianus, Radix lateralis
29 Nervus medianus, Radix medialis
30 Nervus thoracicus longus
31 Musculus serratus anterior

21:35

2.2 Rechter Oberarm von ventral

Allgemeine Körperfaszie entfernt • Muskeln und Leitungsbahnen

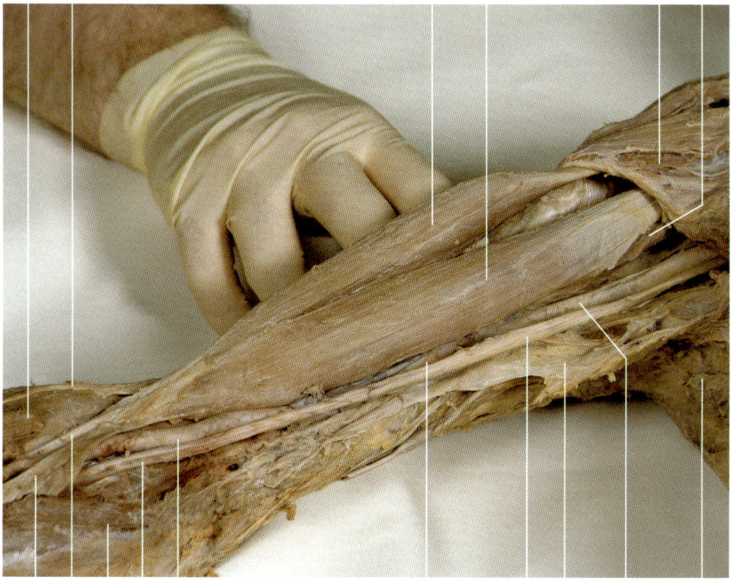

1	Musculus brachioradialis
2	Nervus cutaneus antebrachii lateralis, aus dem Nervus musculocutaneus
3	Musculus biceps brachii, Caput longum
4	Musculus biceps brachii, Caput breve
5	Musculus deltoideus
6	Musculus coracobrachialis
7	Musculus biceps brachii, Aponeurosis (Lacertus fibrosus)
8	Musculus biceps brachii, Tendo
9	Musculus pronator teres
10	Nervus medianus
11	Arteria brachialis
12	Sulcus bicipitalis medialis
13	Septum intermusculare brachii mediale, teilweise erhalten
14	Fascia axillaris

23:05

2.2 Rechter Unterarm von ventral

Allgemeine Körperfaszie entfernt • Muskeln, Arterien und Nerven der oberflächlichen Flexorenloge

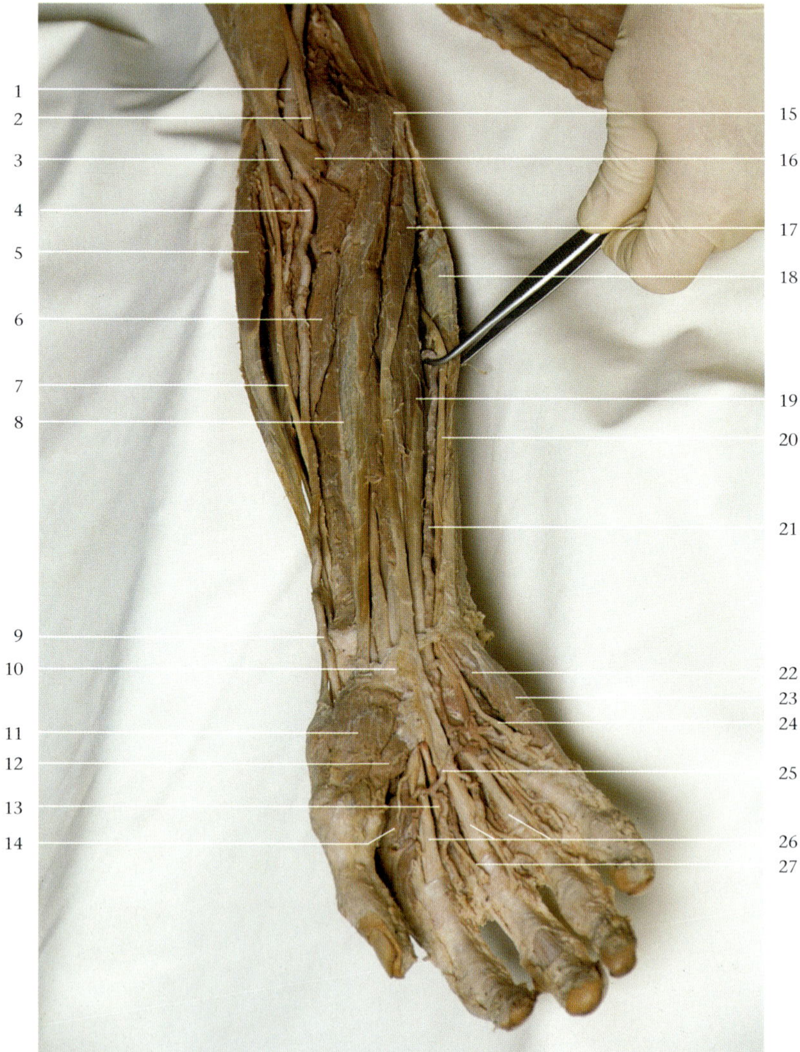

1 Arteria brachialis
2 Nervus medianus
3 Musculus biceps brachii, Tendo
4 Arteria radialis
5 Musculus brachioradialis
6 Musculus pronator teres
7 Nervus radialis, Ramus superficialis
8 Musculus flexor carpi radialis
9 Arteria radialis aus der Radialispulsgrube nach radial verlagert
10 Retinaculum musculorum flexorum
11 Musculus abductor pollicis brevis
12 Musculus flexor pollicis brevis, Caput superficiale
13 Arteria digitalis palmaris communis
14 Musculus adductor pollicis, Caput transversum
15 Humerus, Epicondylus medialis
16 Musculus biceps brachii, Aponeurosis (Lacertus fibrosus)
17 Musculus palmaris longus
18 Musculus flexor carpi ulnaris
19 Musculus flexor digitorum superficialis
20 Nervus ulnaris
21 Arteria ulnaris
22 Musculus flexor digiti minimi
23 Musculus abductor digiti minimi
24 Nervus ulnaris, Ramus superficialis
25 Arcus palmaris superficialis
26 Musculus flexor digitorum superficialis, Tendines
27 Arteria digitalis palmaris propria

23:05

2.3 Rechter Ober- und Unterarm mit Ellenbeuge

Allgemeine Körperfaszie entfernt • Muskelrelief • Aufzweigung der Arteria brachialis • Nervus medianus

1 Musculus biceps brachii, Caput longum
2 Musculus biceps brachii, Caput breve
3 Musculus brachialis
4 Musculus biceps brachii, Tendo
5 Humerus, Epicondylus lateralis
6 Nervus cutaneus antebrachii lateralis, aus dem Nervus musculocutaneus
7 Arteria recurrens radialis
8 Musculus brachioradialis
9 Nervus medianus
10 Arteria brachialis
11 Humerus, Epicondylus medialis
12 Musculus biceps brachii, Aponeurosis (Lacertus fibrosus)
13 Arteria ulnaris
14 Musculus pronator teres
15 Arteria radialis
16 Musculus palmaris longus
17 Musculus flexor carpi radialis

23:05

2.3 Rechter Ober- und Unterarm mit Ellenbeuge

Allgemeine Körperfaszie entfernt • Aponeurose des Musculus biceps brachii gelöst und nach radial gehalten • Aufzweigung der Arteria brachialis • Nervus medianus

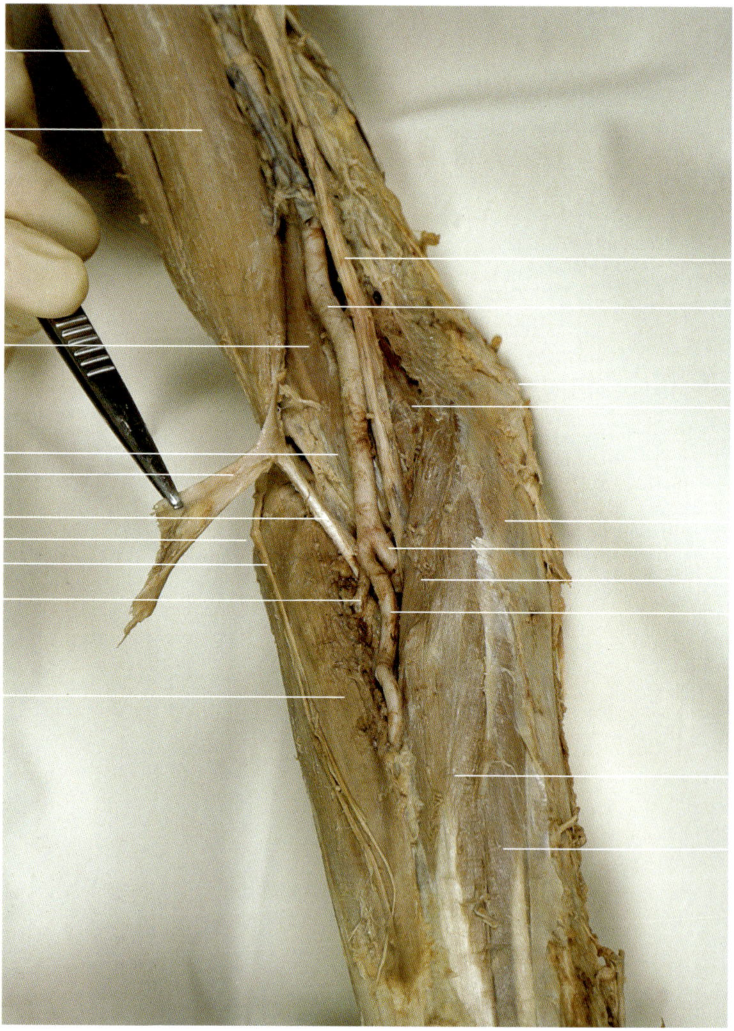

1 Musculus biceps brachii, Caput longum
2 Musculus biceps brachii, Caput breve
3 Musculus brachialis
4 Musculus brachialis, Tendo
5 Musculus biceps brachii, Aponeurose nach radial gehalten
6 Musculus biceps brachii, Tendo
7 Humerus, Epicondylus lateralis
8 Nervus cutaneus antebrachii lateralis, aus dem Nervus musculocutaneus
9 Arteria recurrens radialis
10 Musculus brachioradialis
11 Nervus medianus
12 Arteria brachialis
13 Humerus, Epicondylus medialis
14 Fascia antebrachii
15 Arteria ulnaris
16 Musculus pronator teres
17 Arteria radialis
18 Musculus flexor carpi radialis
19 Musculus palmaris longus

26:40

2.3 Rechter Ober- und Unterarm mit Ellenbeuge

Allgemeine Körperfaszie entfernt • Aponeurose des Musculus biceps brachii entfernt • Musculus pronator teres quer durchtrennt und Enden nach ulnar gelegt • Musculus brachioradialis nach radial verlagert • Aufzweigung von Blutgefäßen und Nerven

1 Musculus biceps brachii, Caput longum
2 Musculus biceps brachii, Caput breve
3 Nervus radialis
4 Musculus biceps brachii, Tendo
5 Musculus brachialis
6 Arteria recurrens radialis
7 Nervus radialis, Ramus superficialis
8 Nervus radialis, Ramus profundus
9 Musculus extensor carpi radialis longus
10 Arteria radialis
11 Musculus supinator
12 Musculus brachioradialis
13 Musculus flexor pollicis longus
14 Nervus ulnaris
15 Nervus medianus
16 Arteria brachialis
17 Arteria ulnaris
18 Musculus pronator teres, quer durchtrennt und nach ulnar gelegt
19 Nervus medianus, Ramus muscularis
20 Arteria interossea communis
21 Arteria interossea anterior
22 Musculus flexor carpi ulnaris
23 Musculus flexor digitorum superficialis
24 Musculus flexor carpi radialis

26:40

2.3 Rechter Ober- und Unterarm mit Ellenbeuge

Musculus pronator teres quer durchtrennt • oberflächliche Flexoren entfernt • tiefe Flexorenloge • Nervus medianus nach radial gehalten

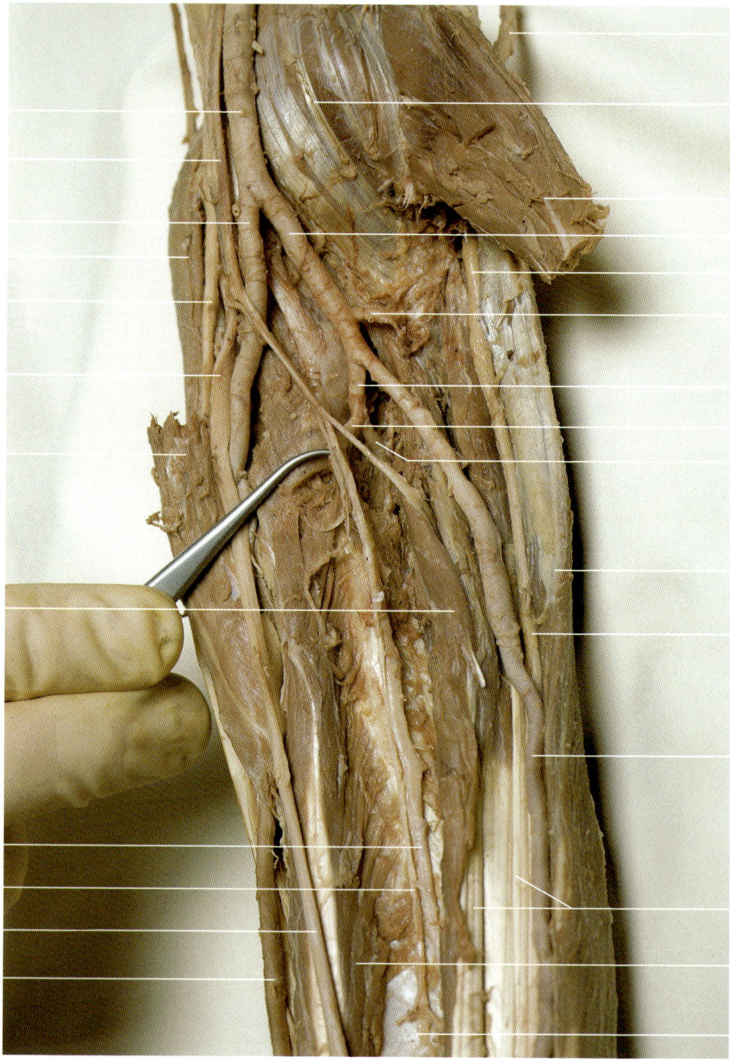

1 Arteria brachialis
2 Nervus medianus, nach radial gelegt
3 Arteria radialis
4 Musculus brachioradialis
5 Nervus radialis
6 Musculus pronator teres, quer durchtrennt und nach radial gelegt
7 Musculus flexor digitorum profundus, Muskelbauch gelöst und angehoben
8 Arteria interossea anterior
9 Nervus interosseus antebrachii anterior aus dem Nervus medianus
10 Nervus ulnaris
11 Musculus brachialis
12 Musculus pronator teres, quer durchtrennt und nach ulnar gelegt
13 Arteria ulnaris
14 Arteria recurrens ulnaris
15 Arteria interossea communis
16 Arteria interossea posterior
17 Musculus flexor carpi ulnaris
18 Musculus flexor digitorum profundus, Tendines
19 Musculus flexor pollicis longus
20 Membrana interossea antebrachii

27:10

2.3 Rechter Unterarm von ventral, tiefe Flexorenloge

Muskeln auseinander gedrängt • Nervus interosseus anterior • Arteria interossea anterior • Musculus pronator quadratus

1 Arteria radialis
2 Nervus interosseus antebrachii anterior aus dem Nervus medianus
3 Nervus medianus
4 Musculus supinator
5 Musculus extensor carpi radialis brevis
6 Musculus brachioradialis
7 Nervus radialis, Ramus superficialis
8 Musculus flexor pollicis longus, nach radial verlagert
9 Membrana interossea antebrachii
10 Radius
11 Musculus pronator quadratus
12 Nervus medianus, nach radial verlagert
13 Musculus flexor pollicis longus, Tendo, nach radial verlagert
14 Retinaculum musculorum flexorum
15 Musculus abductor pollicis brevis, Tendo
16 Musculus abductor pollicis brevis
17 Musculi lumbricales
18 Musculus flexor carpi radialis, proximal gelöst und nach distal gelegt
19 Nervus ulnaris
20 Arteria ulnaris
21 Arteria interossea anterior
22 Musculus flexor digitorum profundus, ulnarer Anteil
23 Ulna
24 Musculus flexor carpi ulnaris, Tendo
25 Musculus flexor digitorum superficialis, proximal gelöst und nach distal gelegt
26 Nervus ulnaris, Ramus superficialis
27 Musculus abductor digiti minimi
28 Nervus ulnaris, Ramus profundus
29 Arcus palmaris superficialis
30 Musculus flexor pollicis brevis
31 Arteria digitalis palmaris propria

27:25

2.3 Rechter Ober- und Unterarm mit Ellenbeuge

Aponeurose des Musculus biceps brachii entfernt • Musculus pronator teres quer durchtrennt und die Enden nach ulnar gelegt • Nervus medianus nach ulnar gehalten • Aufzweigung der Arteria brachialis

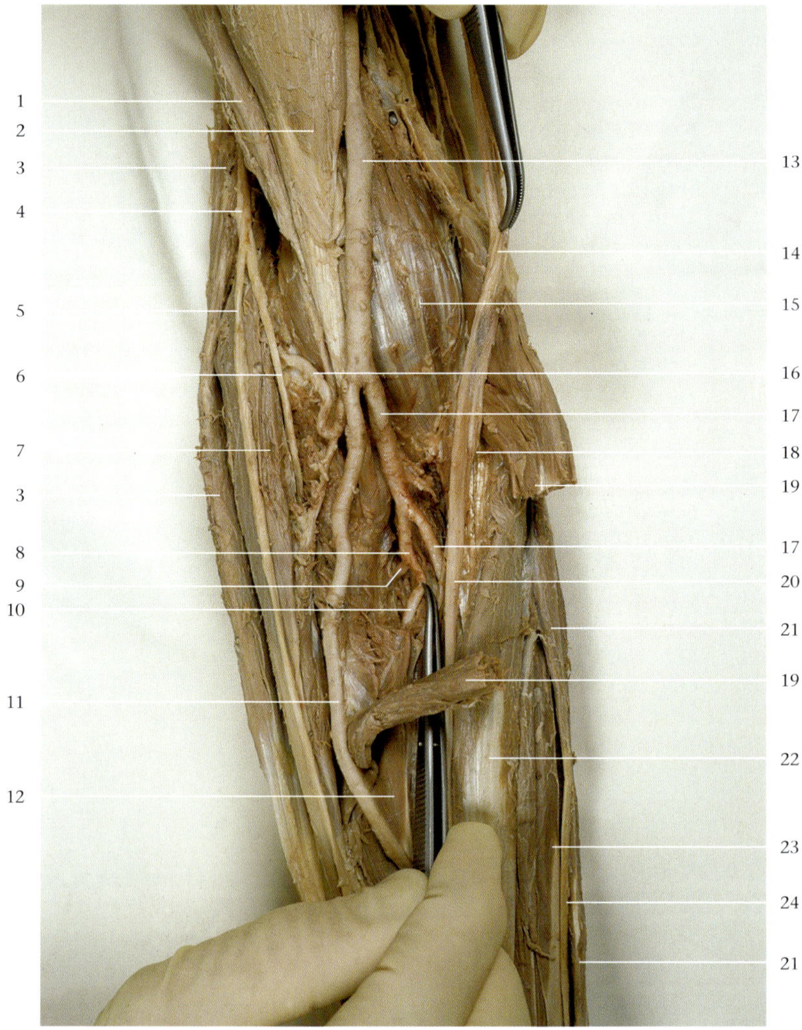

1 Musculus biceps brachii, Caput longum
2 Musculus biceps brachii, Caput breve
3 Musculus brachioradialis
4 Nervus radialis
5 Nervus radialis, Ramus superficialis
6 Nervus radialis, Ramus profundus
7 Musculus extensor carpi radialis longus
8 Arteria interossea communis
9 Arteria interossea posterior am Durchtritt durch die Membrana interossea
10 Arteria interossea anterior
11 Arteria radialis
12 Musculus flexor pollicis longus
13 Arteria brachialis
14 Nervus medianus, nach ulnar gehalten
15 Musculus brachialis
16 Arteria recurrens radialis
17 Arteria ulnaris
18 Nervus medianus, Ramus muscularis
19 Musculus pronator teres, quer durchtrennt und nach ulnar gelegt
20 Nervus medianus
21 Musculus flexor carpi ulnaris
22 Musculus flexor carpi radialis
23 Musculus flexor digitorum superficialis
24 Nervus ulnaris

27:55

2.3 Rechte Hand von palmar

Allgemeine Körperfaszie entfernt • Aponeurose des Musculus palmaris longus erhalten • Canalis ulnaris

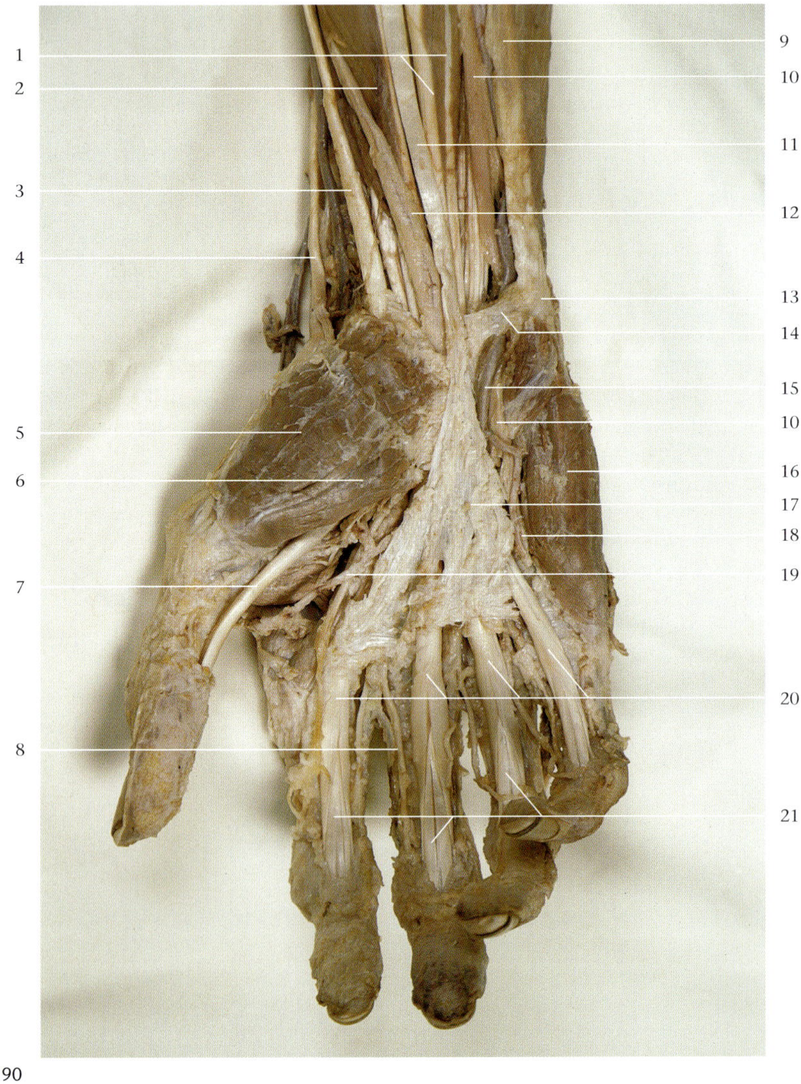

1 Musculus flexor digitorum superficialis
2 Musculus flexor pollicis longus
3 Musculus flexor carpi radialis, Tendo
4 Musculus abductor pollicis longus, Tendo
5 Musculus abductor pollicis brevis
6 Musculus flexor pollicis brevis, Caput superficiale
7 Musculus flexor pollicis longus, Tendo
8 Nervus digitalis palmaris proprius, aus dem Nervus medianus
9 Musculus flexor carpi ulnaris
10 Nervus ulnaris
11 Musculus palmaris longus, Tendo
12 Nervus medianus
13 Os pisiforme
14 Ligamentum carpi palmare, vom Os pisiforme her in das Retinaculum musculorum flexorum einstrahlend, darunter die Guyon-Loge = Canalis nervi ulnaris
15 Arteria ulnaris
16 Musculus abductor digiti minimi
17 Aponeurosis palmaris
18 Nervus ulnaris, Ramus superficialis
19 Arteria digitalis palmaris propria
20 Musculus flexor digitorum superficialis, Tendines
21 Musculus flexor digitorum profundus, Tendines

27:55

2.3 Rechte Hand von palmar

Allgemeine Körperfaszie entfernt • Aponeurose des Musculus palmaris longus nach radial umgelegt • Retinaculum musculorum flexorum gespalten • Gefäße und Nerven der Hohlhand

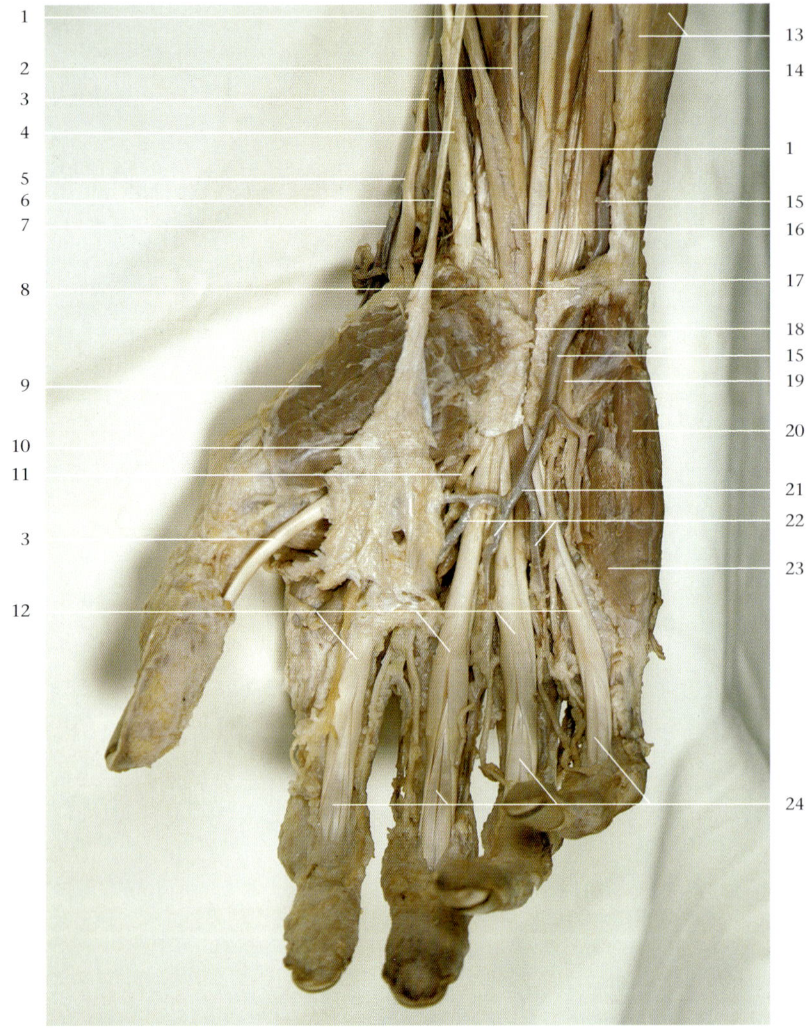

1 Musculus flexor digitorum superficialis, Tendo
2 Musculus flexor pollicis longus, Tendo
3 Arteria radialis
4 Musculus flexor carpi radialis, Tendo
5 Musculus abductor pollicis longus, Tendo
6 Musculus palmaris longus, Tendo
7 Arteria radialis in der Radialispulsgrube
8 Ligamentum carpi palmare
9 Musculus abductor pollicis brevis
10 Aponeurosis palmaris, nach radial umgeklappt
11 Nervus digitalis palmaris communis aus dem Nervus medianus
12 Musculus flexor digitorum superficialis, Tendines
13 Musculus flexor carpi ulnaris
14 Nervus ulnaris
15 Arteria ulnaris
16 Nervus medianus
17 Os pisiforme
18 Retinaculum musculorum flexorum, durchtrennt
19 Nervus ulnaris, Ramus superficialis
20 Musculus flexor digiti minimi
21 Arcus palmaris superficialis
22 Arteriae digitales palmares communes
23 Musculus opponens digiti minimi
24 Musculus flexor digitorum profundus, Tendines

28:15

2.3 Rechte Hand von palmar

Retinaculum musculorum flexorum gespalten • eröffneter Canalis ulnaris • Arteria und Nervus ulnaris nach ulnar verlagert

1 Musculus brachioradialis, Tendo
2 Musculus abductor pollicis longus, Tendo
3 Retinaculum musculorum flexorum, Schnittkante
4 Musculus abductor pollicis brevis
5 Musculus flexor pollicis brevis, Caput superficiale
6 Musculus flexor pollicis longus, Tendo
7 Musculus flexor pollicis brevis, Caput profundum
8 Musculus lumbricalis I
9 Musculus adductor pollicis, Caput transversum
10 Musculus flexor digitorum profundus, Tendo
11 Musculus flexor digitorum superficialis, Tendo
12 Musculus flexor carpi radialis, Tendo
13 Musculus flexor digitorum superficialis
14 Arteria ulnaris, aus dem Canalis ulnaris nach ulnar gelegt
15 Nervus ulnaris, aus dem Canalis ulnaris nach ulnar gelegt
16 Musculus opponens digiti minimi
17 Musculus abductor digiti minimi
18 Nervus medianus
19 Arteria ulnaris, Ramus carpalis palmaris
20 Arcus palmaris superficialis
21 Nervi digitales palmares communes aus dem Nervus medianus
22 Musculus flexor digitorum profundus

28:15

2.3 Rechte Hand von palmar

Retinaculum musculorum flexorum gespalten • die Sehnen der langen Beugemuskeln aus dem Karpalkanal über das Retinaculum musculorum flexorum verlagert • Arcus palmaris superficialis

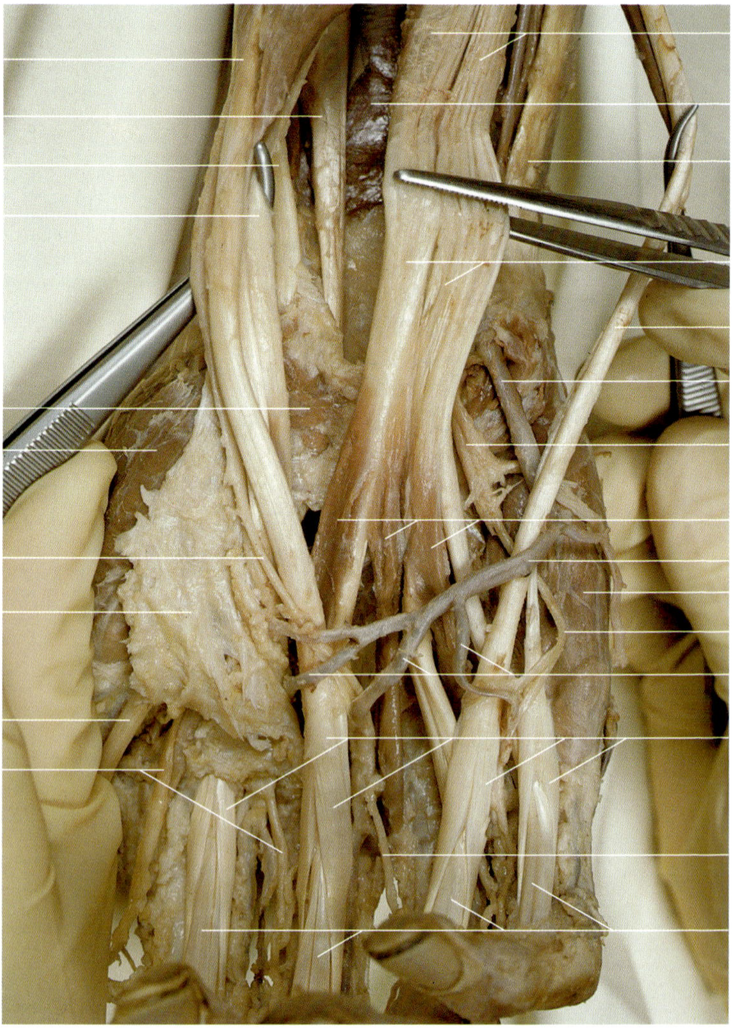

1 Musculus flexor digitorum superficialis, nach radial gehalten
2 Musculus flexor pollicis longus, Tendo
3 Musculus flexor carpi radialis, Tendo
4 Musculus flexor digitorum superficialis, Tendines/Tendo
5 Musculus flexor pollicis brevis, Ursprung auf dem Retinaculum musculorum flexorum
6 Musculus abductor pollicis brevis
7 Nervus medianus, nach radial verlagert
8 Aponeurosis palmaris, nach radial umgeklappt
9 Nervus digitalis palmaris proprius aus dem Nervus medianus
10 Musculus flexor digitorum profundus
11 Musculus pronator quadratus
12 Musculus flexor carpi ulnaris
13 Arteria ulnaris
14 Nervus ulnaris
15 Musculi lumbricales, Ursprung an den Sehnen des Musculus flexor digitorum profundus
16 Arcus palmaris superficialis
17 Musculus abductor digiti minimi
18 Nervus ulnaris, Ramus superficialis
19 Arteriae digitales palmares communes
20 Nervus digitalis palmaris communis aus dem Nervus medianus
21 Musculus flexor digitorum profundus, Tendines

28:55

2.3 Rechte Hand von palmar

Aponeurose des Musculus palmaris longus entfernt • Retinaculum musculorum flexorum gespalten • eröffneter Canalis ulnaris • Muskeln des Thenar und des Hypothenar

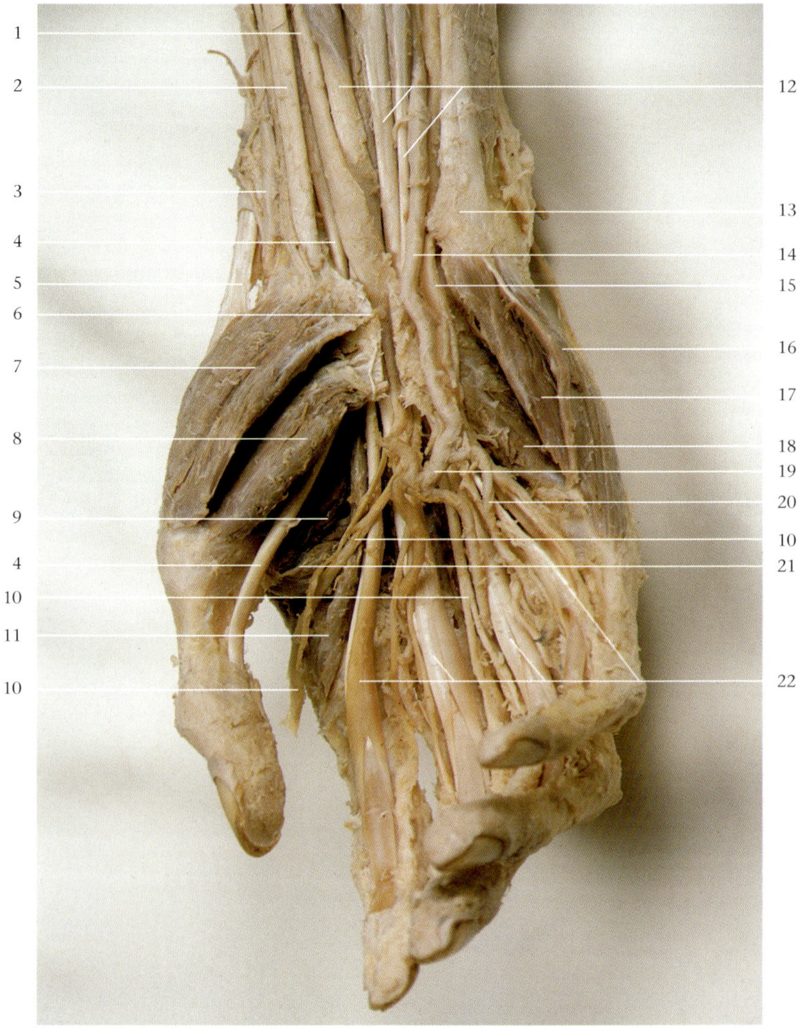

1 Nervus medianus
2 Musculus flexor carpi radialis, Tendo
3 Musculus brachioradialis, Tendo
4 Musculus flexor pollicis longus, Tendo
5 Musculus abductor pollicis longus, Tendo
6 Retinaculum musculorum flexorum, durchtrennt
7 Musculus abductor pollicis brevis
8 Musculus flexor pollicis brevis
9 Musculus adductor pollicis, Caput obliquum
10 Nervus digitalis palmaris communis aus dem Nervus medianus
11 Musculus lumbricalis I
12 Musculus flexor digitorum superficialis, Tendines
13 Os pisiforme
14 Arteria ulnaris
15 Nervus ulnaris
16 Musculus abductor digiti minimi
17 Musculus flexor digiti minimi
18 Musculus opponens digiti minimi
19 Arcus palmaris superficialis
20 Arteriae digitales palmares communes
21 Musculus adductor pollicis, Caput transversum
22 Musculus flexor digitorum superficialis, Tendines

30:25

2.3 Rechte Hand von palmar

Oberflächliche und tiefe Flexoren des Unterarms, oberflächliche Muskeln des Thenar sowie Retinaculum musculorum flexorum entfernt • eröffneter Canalis ulnaris • Muskeln des tiefen Thenars und des Hypothenars

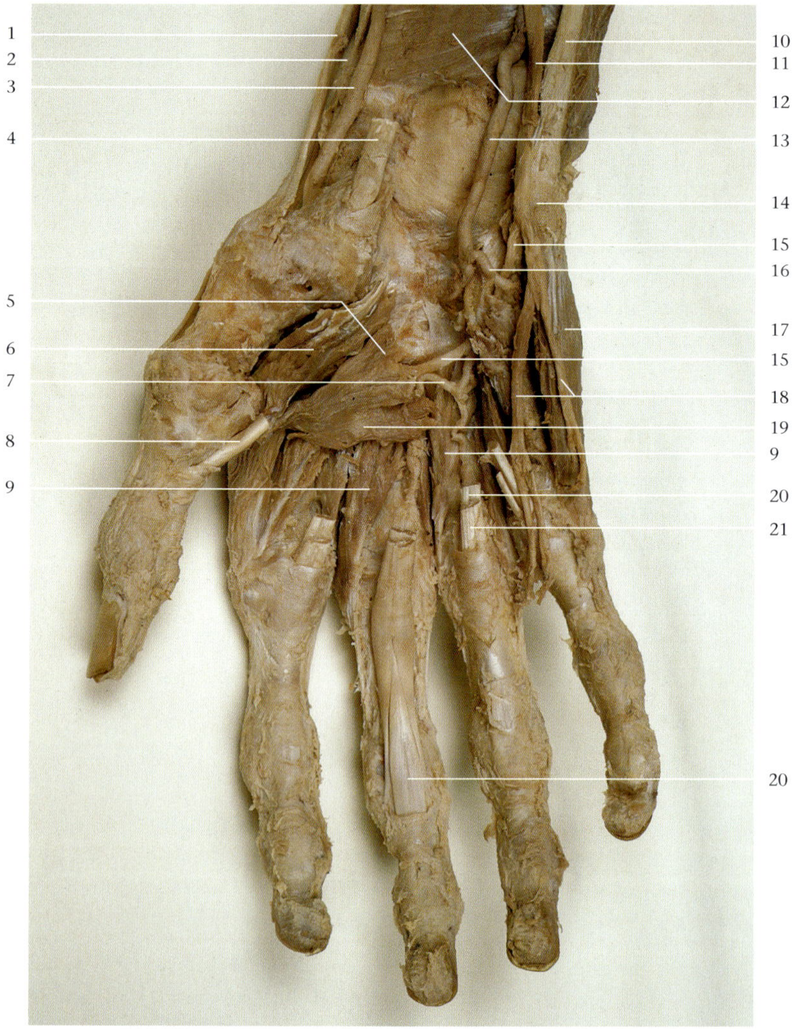

1 Musculus abductor pollicis longus
2 Musculus brachioradialis, Tendo
3 Arteria radialis
4 Musculus flexor carpi radialis, Tendo
5 Musculus adductor pollicis, Caput obliquum
6 Musculus flexor pollicis brevis, Caput profundum
7 Arcus palmaris profundus
8 Musculus flexor pollicis longus, Tendo
9 Musculus interosseus palmaris
10 Musculus flexor carpi ulnaris
11 Nervus ulnaris
12 Musculus pronator quadratus
13 Arteria ulnaris
14 Os pisiforme, Kontur durch die Weichteildecke sichtbar
15 Nervus ulnaris, Ramus profundus
16 Arteria ulnaris, Ramus carpalis palmaris
17 Musculus abductor digiti minimi
18 Nervus ulnaris, Ramus superficialis
19 Musculus adductor pollicis, Caput transversum
20 Musculus flexor digitorum profundus, Tendo
21 Musculus flexor digitorum superficialis, Tendo

32:40

2.4 Thorax, Schulter und Arm der rechten Seite von dorsal

Allgemeine Körperfaszie entfernt • Muskelrelief

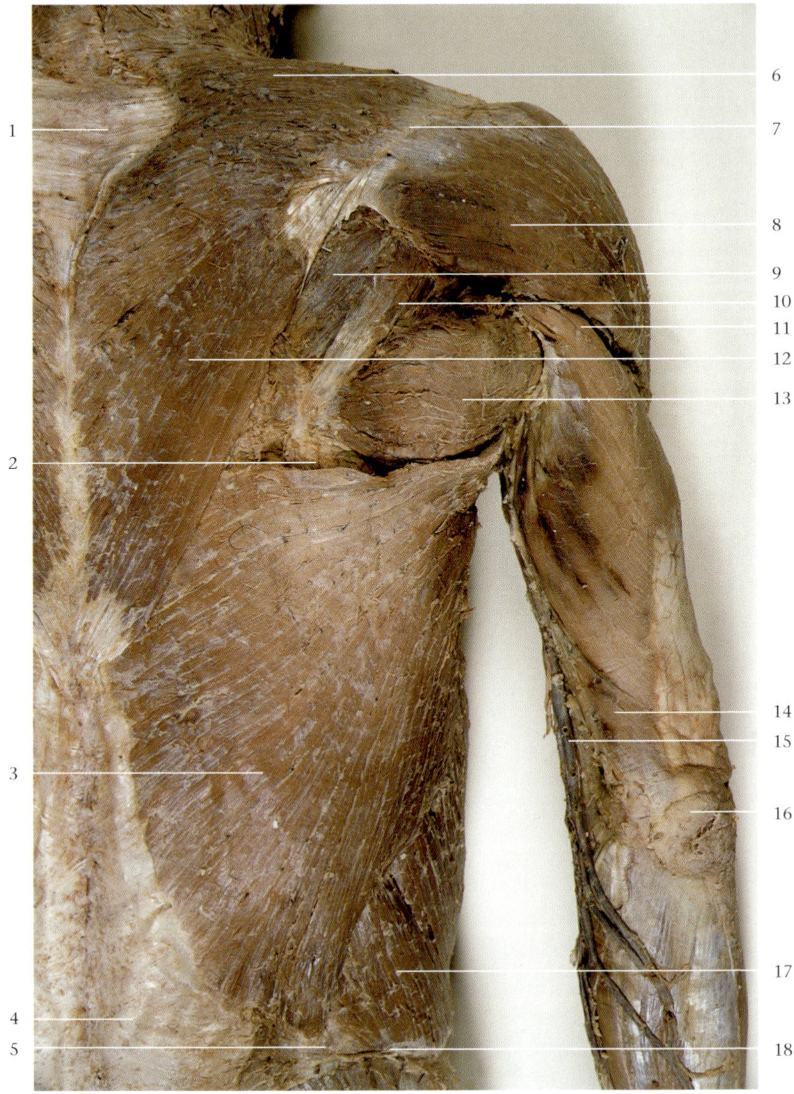

1 Musculus trapezius, Sehnenspiegel
2 Scapula, Angulus inferior
3 Musculus latissimus dorsi
4 Fascia thoracolumbalis, Lamina superficialis
5 Trigonum lumbale
6 Musculus trapezius, Pars transversa
7 Scapula, Spina scapulae
8 Musculus deltoideus, Pars spinalis
9 Musculus infraspinatus
10 Musculus teres minor
11 Musculus triceps brachii, Caput longum
12 Musculus trapezius, Pars ascendens
13 Musculus teres major
14 Musculus triceps brachii, Caput mediale
15 Vena basilica
16 Ulna, Olecranon, Kontur durch die Weichteile sichtbar; Bursa subcutanea olecrani
17 Musculus obliquus externus abdominis
18 Crista iliaca

Vergleiche 32:40

2.4 Schulter und Thorax von dorsal

Musculus trapezius an den Dornfortsätzen der Wirbelbögen gelöst und nach lateral gelegt • Muskelrelief

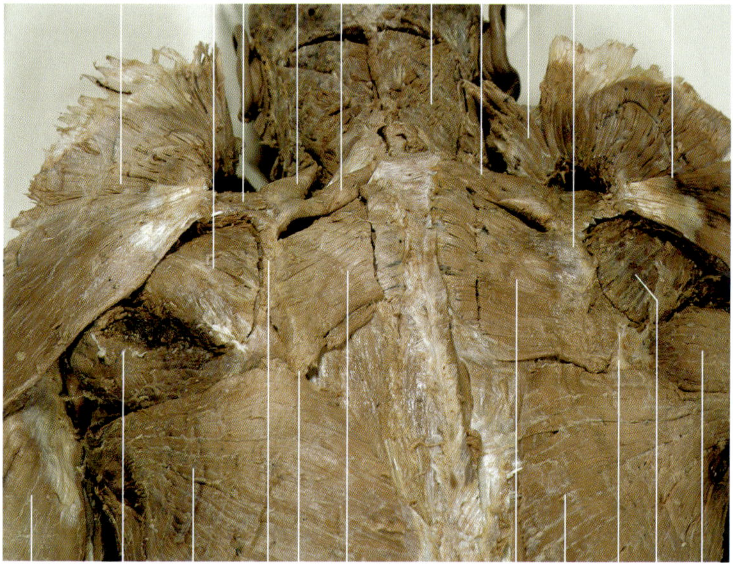

1 Musculus trapezius, links, an den Processus spinosi gelöst und nach lateral gelegt
2 Musculus infraspinatus, links
3 Scapula, links, Spina scapulae
4 Musculus levator scapulae, links
5 Musculus rhomboideus minor, links
6 Musculus splenius capitis, rechts
7 Musculus rhomboideus minor, rechts
8 Musculus trapezius, rechts, Pars descendens
9 Scapula, rechts, Margo medialis
10 Musculus trapezius, Pars ascendens, rechts, an den Processus spinosi gelöst und nach lateral gelegt
11 Musculus triceps brachii, Caput longum
12 Musculus teres major, links
13 Musculus latissimus dorsi, links
14 Scapula, links, Margo medialis
15 Scapula, links, Angulus inferior
16 Musculus rhomboideus major, links
17 Musculus rhomboideus major, rechts
18 Musculus latissimus dorsi, rechts
19 Scapula, rechts, Angulus inferior
20 Musculus infraspinatus, rechts
21 Musculus teres major, rechts

33:20

2.4 Schulter und Oberarm der rechten Seite von dorsal

Mediale und laterale Achsellücke mit Nerven und Arterien sowie den begrenzenden Muskeln

1 Musculus sternocleidomastoideus, links
2 Musculus splenius capitis, links
3 Musculus semispinalis capitis, links
4 Scapula, Spina scapulae
5 Musculus infraspinatus
6 Musculus teres minor
7 Arteria circumflexa humeri posterior im Spatium axillare laterale
8 Musculus deltoideus, Pars spinalis gelöst und nach lateral gelegt
9 Nervus axillaris im Spatium axillare laterale
10 Humerus, Collum chirurgicum
11 Musculus trapezius, Pars ascendens
12 Musculus rhomboideus major
13 Scapula, Angulus inferior
14 Musculus latissimus dorsi
15 Musculus teres major
16 Arteria circumflexa scapulae im Spatium axillare mediale
17 Musculus subscapularis
18 Nervus radialis
19 Nervus ulnaris
20 Arteria brachialis
21 Arteria brachialis, Ramus muscularis
22 Musculus triceps brachii, Caput longum
23 Musculus triceps brachii, Caput laterale

34:10

2.4 Rechte Schulter von dorsal

Musculus trapezius weitgehend entfernt • Pars spinalis und Pars clavicularis des Musculus deltoideus gelöst und nach lateral gelegt • Musculi rhomboidei an der Wirbelsäule gelöst, aber in situ belassen • dorsale Schulterblattmuskeln

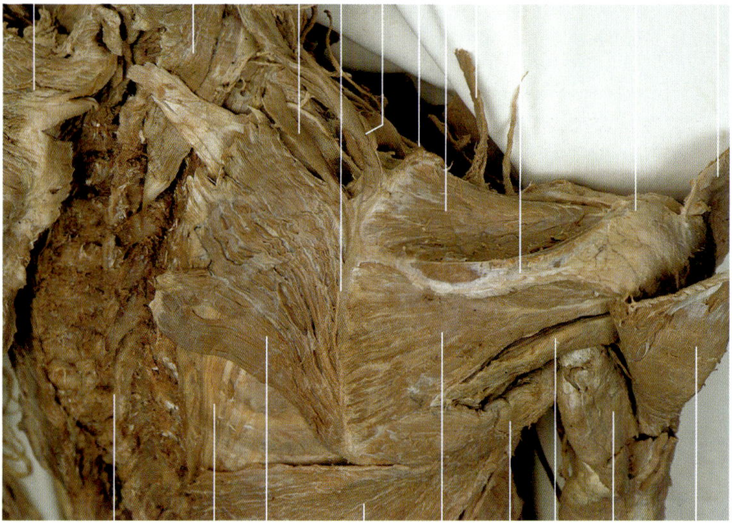

1 Musculus rhomboideus major, links
2 Musculus splenius capitis und Musculus splenius cervicis
3 Musculus rhomboideus minor
4 Scapula, Margo medialis
5 Musculus levator scapulae
6 Scapula, Angulus superior
7 Musculus supraspinatus in der Fossa supraspinata
8 Musculus omohyoideus, Venter inferior
9 Scapula, Spina scapulae
10 Scapula, Acromion
11 Musculus deltoideus, Pars clavicularis, gelöst und nach lateral gelegt
12 Vertebra thoracica, Processus spinosus
13 Musculus iliocostalis thoracis, durch die hier dünne Fascia thoracolumbalis, Lamina superficialis, sichtbar
14 Musculus rhomboideus major, rechts
15 Musculus latissimus dorsi
16 Musculus infraspinatus
17 Musculus teres major
18 Musculus teres minor
19 Musculus triceps brachii, Caput longum
20 Musculus deltoideus, Pars spinalis, gelöst und nach lateral gelegt

35:25

2.4 Schulter und Oberarm der rechten Seite von dorsal

Musculus triceps, Caput laterale gespalten, Caput longum gespalten und nach kranial bzw. nach medial gelegt • Arteria circumflexa scapulae, Nervus radialis und Arteria profunda brachii

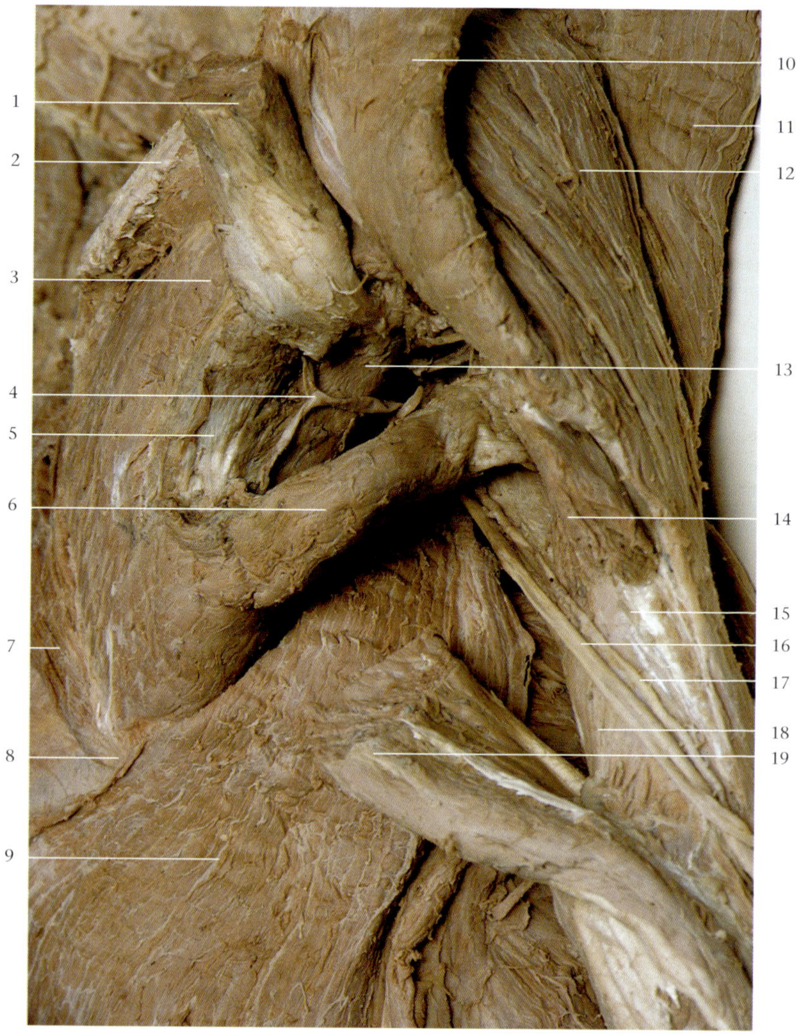

1 Musculus triceps brachii, Caput longum durchtrennt und nach kranial gelegt
2 Scapula, Spina scapulae
3 Musculus infraspinatus
4 Arteria circumflexa scapulae
5 Musculus teres minor
6 Musculus teres major
7 Musculus rhomboideus major
8 Scapula, Angulus inferior
9 Musculus latissimus dorsi
10 Musculus deltoideus, Pars spinalis, gelöst und nach lateral gelegt
11 Musculus deltoideus, Pars clavicularis, gelöst und nach lateral gelegt
12 Musculus deltoideus, Pars acromialis
13 Musculus subscapularis
14 Musculus triceps brachii, Caput laterale, Schnittfläche
15 Periost über dem Humerus
16 Nervus radialis
17 Arteria profunda brachii
18 Musculus triceps brachii, Caput mediale
19 Musculus triceps brachii, Caput laterale und Caput longum durchtrennt und nach kaudal gelegt

36:15

2.4 Rechte Schulter von dorsal, etwas nach lateral verlagert

Musculus trapezius weitgehend entfernt • Musculus latissimus dorsi an der Fascia thoracolumbalis abgelöst und nach lateral gelegt • Arterien und Nerven zum Arm und zur Thoraxwand

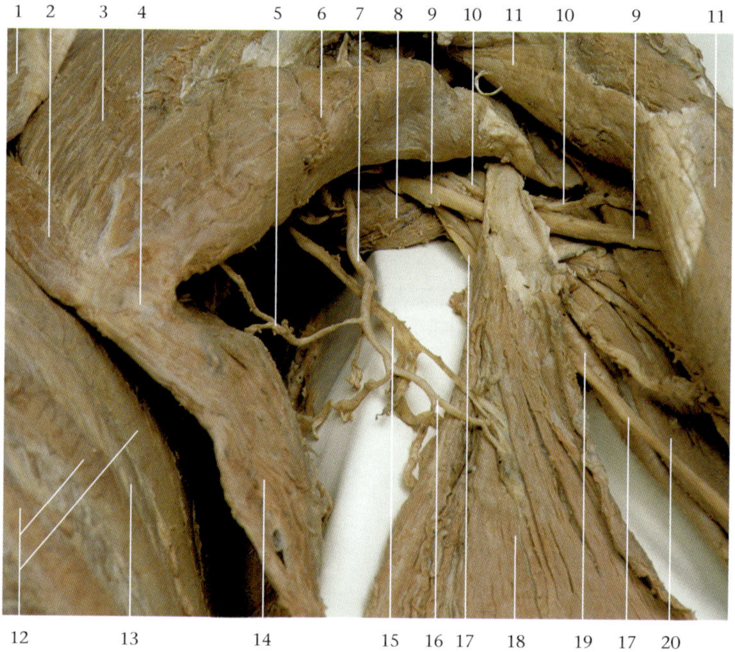

1 Musculus trapezius, Pars ascendens
2 Musculus rhomboideus major
3 Musculus infraspinatus
4 Scapula, Angulus inferior
5 Arteria circumflexa scapulae
6 Musculus teres major
7 Arteria subscapularis
8 Musculus pectoralis major
9 Nervus radialis
10 Arteria profunda brachii
11 Musculus triceps brachii, Caput longum
12 Costae
13 Musculus intercostalis externus
14 Musculus serratus anterior
15 Nervus thoracodorsalis
16 Arteria thoracodorsalis
17 Nervus ulnaris
18 Musculus latissimus dorsi
19 Arteria brachialis
20 Musculus biceps brachii, Caput breve

36:35

2.4 Rechte Schulter von dorsal

Musculus trapezius entfernt • Musculus latissimus dorsi in situ • Nerven und Arterien im Bereich der Axilla

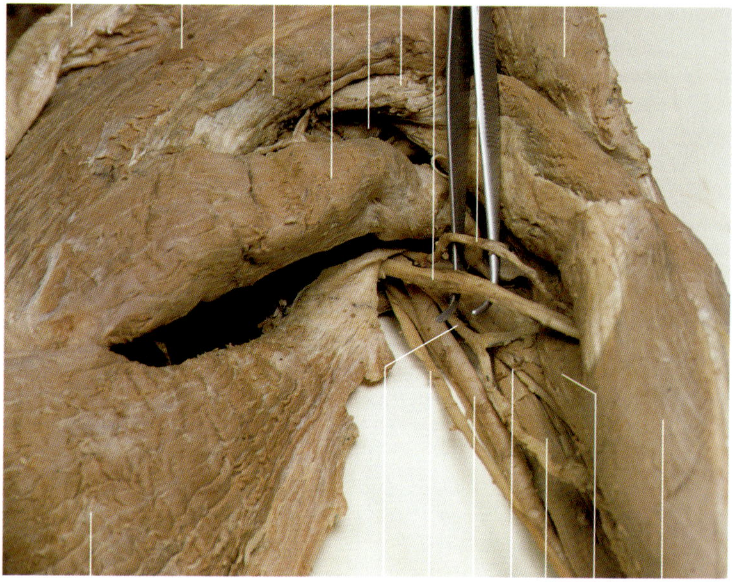

1 Scapula, Spina scapulae
2 Musculus infraspinatus
3 Musculus teres minor
4 Musculus teres major
5 Spatium axillare mediale
6 Musculus triceps brachii, Caput longum
7 Nervus radialis
8 Arteria profunda brachii
9 Musculus deltoideus, Pars spinalis
10 Musculus latissimus dorsi
11 Arteria brachialis, Ramus muscularis
12 Nervus ulnaris
13 Arteria brachialis
14 Nervus musculocutaneus
15 Musculus biceps brachii, Caput breve
16 Musculus triceps brachii, Caput mediale

37:20

2.5 Unterarm und Hand der rechten Seite von dorsal

Subcutis und allgemeine Körperfaszie abgetragen • Muskeln der Extensorenloge und Retinaculum musculorum extensorum

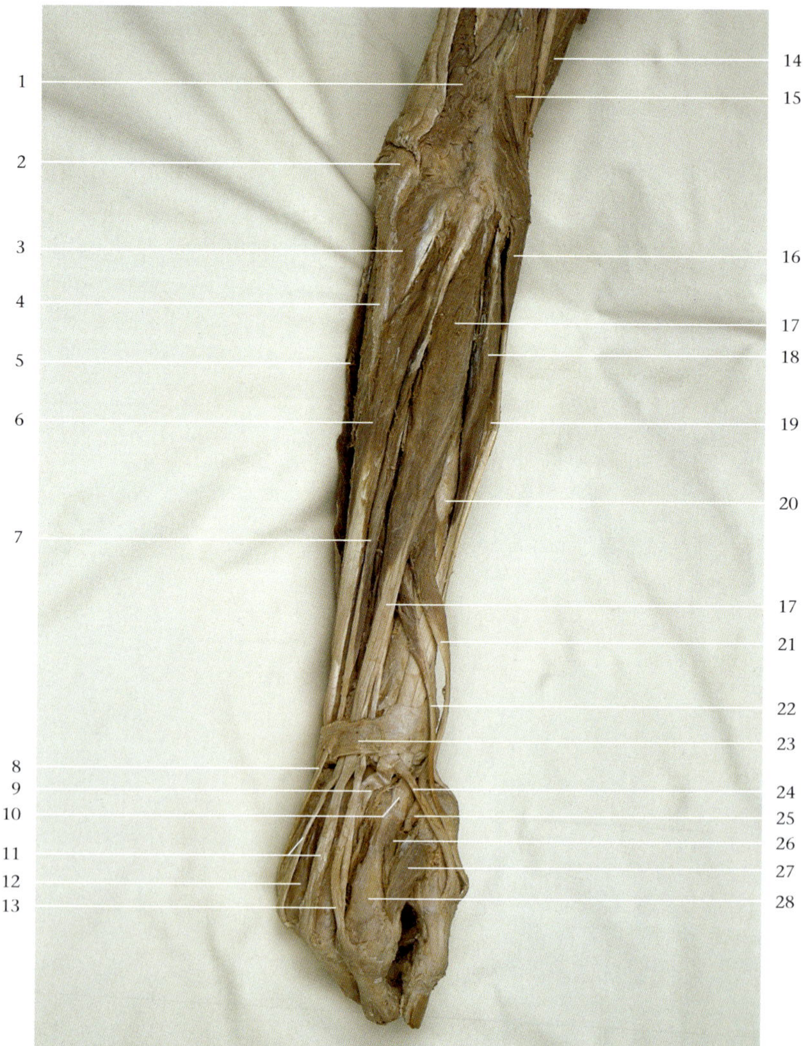

1 Musculus triceps brachii, Caput mediale
2 Ulna, Olecranon, Kontur durch die Weichteildecke sichtbar
3 Musculus anconeus
4 Ulna
5 Musculus flexor carpi ulnaris
6 Musculus extensor carpi ulnaris
7 Musculus extensor digiti minimi
8 Musculus extensor digiti minimi, Tendo
9 Musculus extensor carpi radialis brevis, Tendo
10 Musculus extensor carpi radialis longus, Tendo
11 Musculus extensor digitorum, Tendines
12 Musculus interosseus dorsalis III
13 Musculus extensor indicis, Tendo
14 Musculus biceps brachii
15 Musculus brachialis
16 Musculus brachioradialis
17 Musculus extensor digitorum
18 Musculus extensor carpi radialis brevis
19 Musculus extensor carpi radialis longus
20 Radius
21 Musculus abductor pollicis longus
22 Musculus extensor pollicis brevis
23 Retinaculum musculorum extensorum
24 Musculus extensor pollicis longus
25 Arteria radialis auf dem Handrücken
26 Musculus interosseus dorsalis II
27 Musculus interosseus dorsalis I
28 Os metacarpale II

37:20

2.5 Ellenbogen und Unterarm der rechten Seite von dorsal

Subcutis und allgemeine Körperfaszie abgetragen • Muskeln der Extensorenloge und Retinaculum musculorum extensorum

1 Musculus triceps brachii, Caput mediale
2 Ulna, Olecranon
3 Musculus anconeus
4 Musculus flexor carpi ulnaris
5 Musculus extensor carpi ulnaris
6 Musculus extensor digiti minimi
7 Retinaculum musculorum extensorum
8 Musculus extensor digitorum, Tendines
9 Musculus brachialis
10 Musculus brachioradialis
11 Musculus extensor carpi radialis longus
12 Musculus extensor carpi radialis brevis
13 Musculus extensor digitorum
14 Radius
15 Musculus abductor pollicis longus
16 Musculus extensor pollicis brevis
17 Musculus extensor carpi radialis brevis, Tendo
18 Musculus extensor carpi radialis longus, Tendo
19 Musculus extensor pollicis longus, Tendo
20 Os metacarpale I, Basis

38:40

2.5 Rechter Unterarm von dorsal

Muskeln der oberflächlichen Extensorenloge auseinander gedrängt • Muskeln der tiefen Extensorenloge • Nervus radialis, Ramus profundus

1 Musculus extensor carpi ulnaris
2 Musculus flexor digitorum profundus
3 Musculus flexor carpi ulnaris
4 Musculus extensor carpi ulnaris, Tendo
5 Ulna, Processus styloideus
6 Retinaculum musculorum extensorum
7 Musculus extensor digiti minimi, Tendo
8 Musculus supinator
9 Nervus radialis, Ramus profundus
10 Musculus extensor carpi radialis brevis
11 Radius
12 Musculus extensor digitorum, nach radial verlagert
13 Musculus extensor digiti minimi
14 Musculus abductor pollicis longus
15 Musculus extensor pollicis brevis
16 Musculus extensor pollicis longus
17 Musculus extensor indicis
18 Musculus extensor digitorum, Tendines
19 Musculus extensor carpi radialis brevis, Tendo
20 Arteria radialis
21 Musculus extensor pollicis brevis, Tendo
22 Musculus extensor pollicis longus, Tendo
23 Musculus extensor indicis, Tendo

38:40

2.5 Distaler Unterarm und Hand der rechten Seite von dorsal

Subcutis und allgemeine Körperfaszie abgetragen • Sehnen der Extensoren und Retinaculum musculorum extensorum

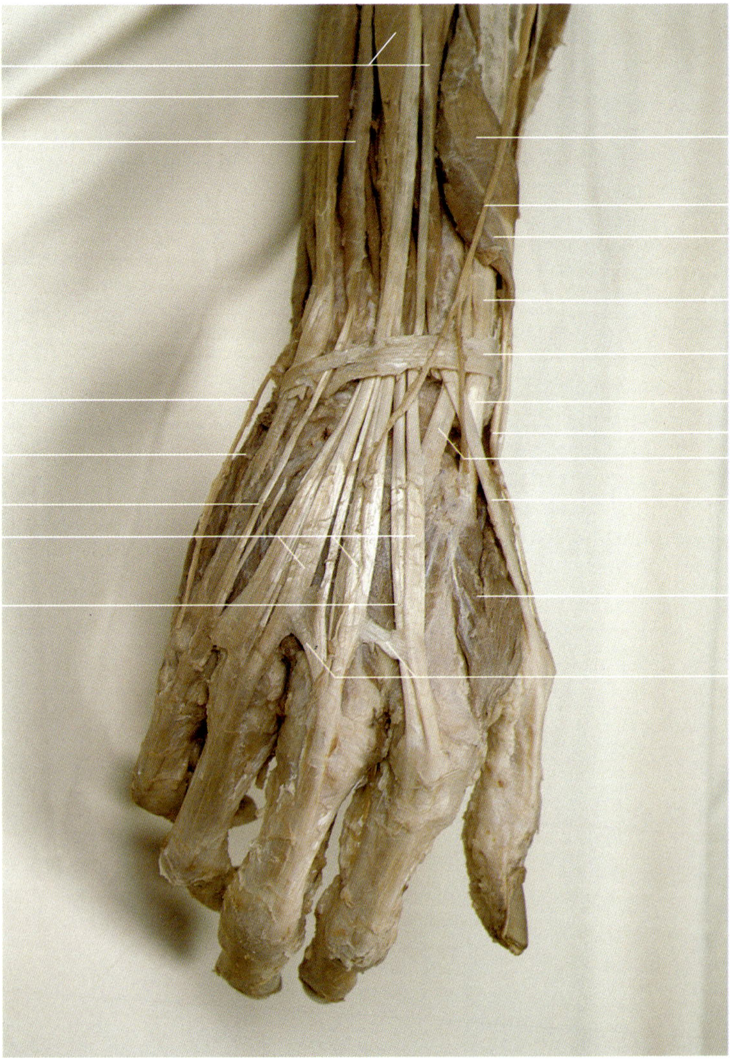

1 Musculus extensor digitorum
2 Musculus extensor carpi ulnaris
3 Musculus extensor digiti minimi
4 Nervus ulnaris, Ramus dorsalis (epifaszial)
5 Musculus interosseus dorsalis IV
6 Musculus extensor digiti minimi, Tendo
7 Musculus extensor digitorum, Tendines
8 Musculus extensor indicis, Tendo
9 Musculus abductor pollicis longus
10 Nervus radialis, Ramus superficialis (epifaszial)
11 Musculus extensor pollicis brevis
12 Radius
13 Retinaculum musculorum extensorum
14 Musculus extensor carpi radialis longus, Tendo
15 Musculus abductor pollicis longus und Musculus extensor pollicis brevis, Tendines
16 Musculus extensor carpi radialis brevis, Tendo
17 Musculus extensor pollicis longus, Tendo
18 Musculus interosseus dorsalis I
19 Connexus intertendinei

41:50

2.5 Distaler Unterarm und Hand der rechten Seite von dorsal

Subcutis und allgemeine Körperfaszie abgetragen • Sehnen der Extensoren und Retinaculum musculorum extensorum

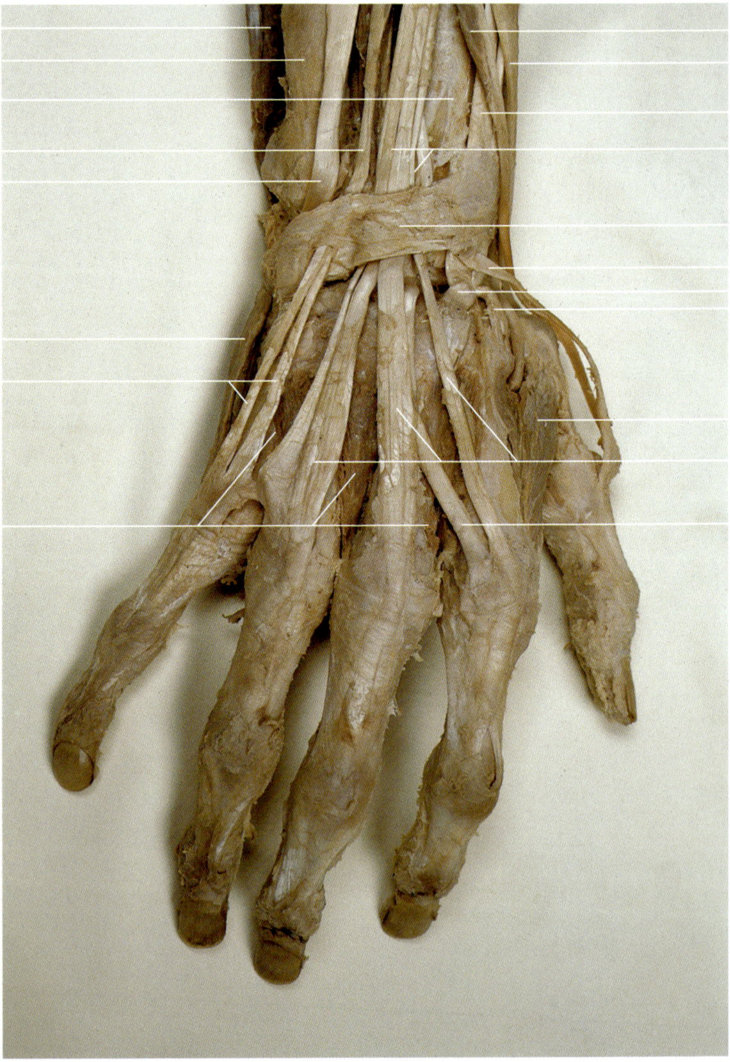

1 Musculus flexor carpi ulnaris
2 Ulna
3 Radius
4 Musculus extensor digiti minimi, Tendo
5 Musculus extensor carpi ulnaris, Tendo
6 Musculus abductor digiti minimi
7 Musculus extensor digiti minimi, Tendines
8 Musculi interossei dorsales II, III und IV
9 Musculus extensor pollicis brevis
10 Musculus abductor pollicis longus, Tendo
11 Musculus extensor carpi radialis brevis, Tendo
12 Musculus extensor digitorum, Tendines
13 Retinaculum musculorum extensorum
14 Musculus extensor pollicis longus, Tendo
15 Musculus extensor carpi radialis longus, Tendo
16 Musculus interosseus dorsalis I
17 Musculus extensor indicis, Tendo

42:15

2.5 Distaler Unterarm und Hand der rechten Seite von radial

Subcutis und allgemeine Körperfaszie abgetragen • Sehnen der Extensoren und Flexoren • Verlauf der Arteria radialis

1 Musculus brachioradialis
2 Arteria radialis
3 Musculus flexor pollicis longus
4 Radius
5 Nervus radialis, Ramus superficialis
6 Musculus abductor pollicis longus
7 Musculus extensor pollicis brevis, Tendo
8 Musculus extensor carpi radialis longus, Tendo
9 Os metacarpale I, Basis
10 Arteria radialis in der Tabatière
11 Musculus extensor pollicis longus, Tendo
12 Musculus interosseus dorsalis I
13 Musculus flexor digitorum superficialis, Tendo
14 Musculus flexor carpi radialis
15 Musculus flexor digitorum superficialis
16 Musculus flexor digitorum profundus
17 Musculus abductor pollicis brevis

3 Bewegungsapparat – Rumpf

00:30

3.1 Rumpf von dorsal

Cutis gelöst und nach lateral gelegt • Fettgewebe der Subcutis

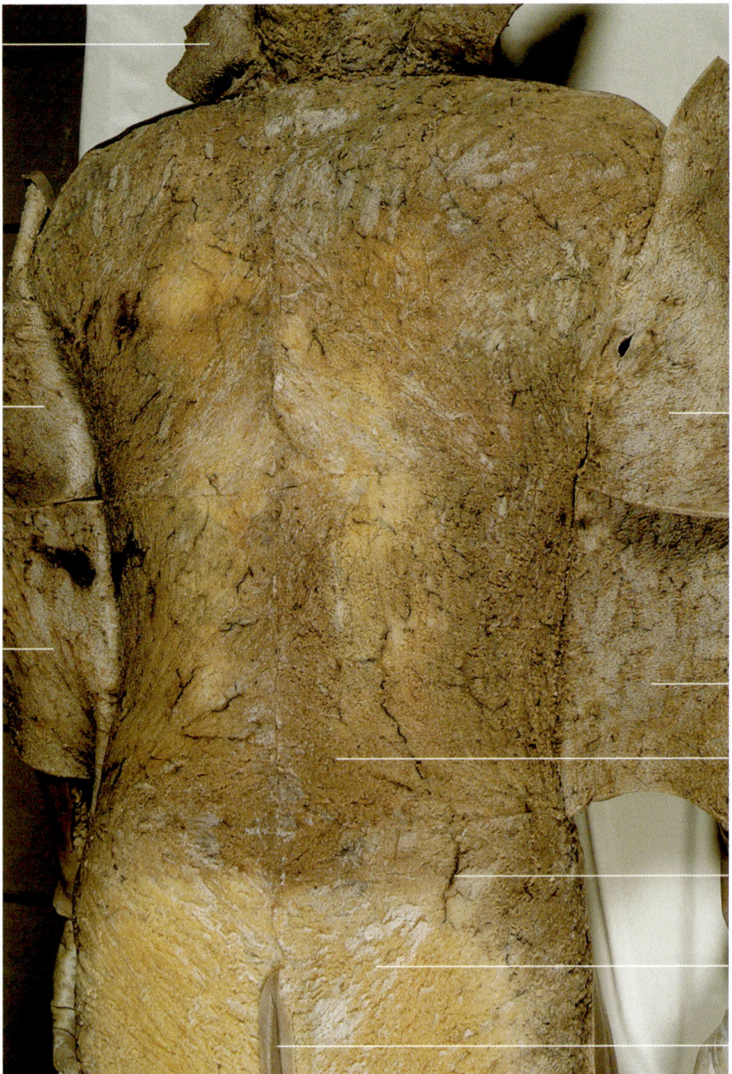

1 Cutis, gelöst und nach lateral gelegt
2 Subkutanes Fettgewebe im Bereich der Lendenlordose, eingeblutet
3 Vene in der Subcutis
4 Subkutanes Fettgewebe im Bereich der Regio glutealis, wo die Leiche auflag, blutfreies gelbes Fettgewebe
5 Rima ani

00:30

3.1 Rumpf von dorsal

Cutis , Subcutis und oberflächliche Körperfaszie entfernt • oberflächliche Rückenmuskulatur

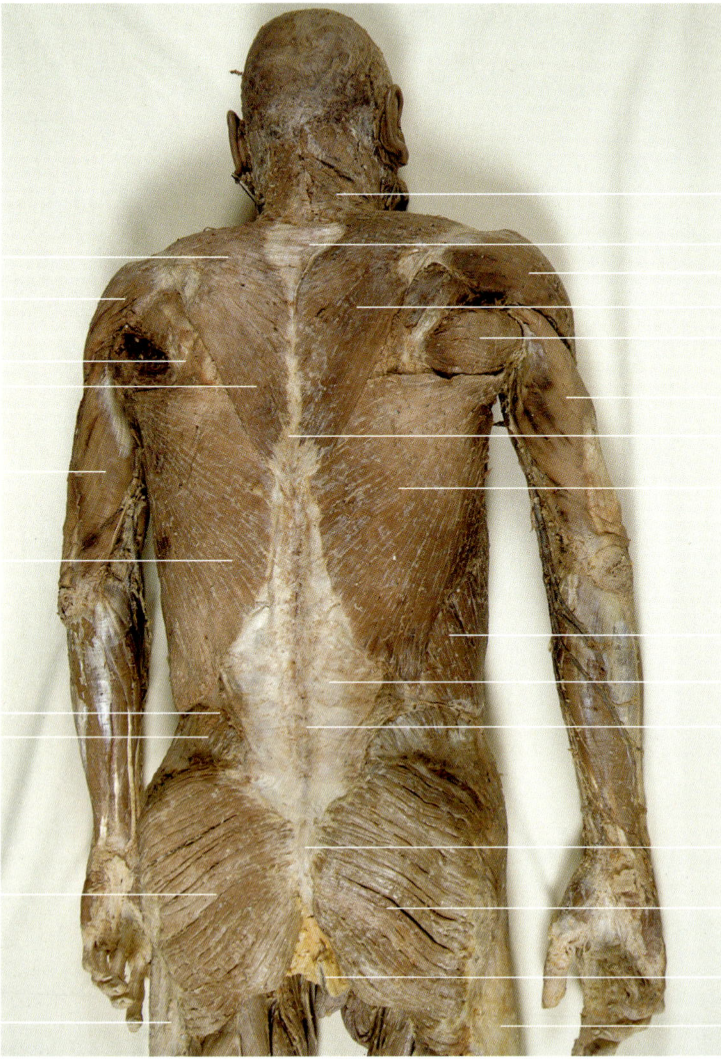

1 Musculus trapezius, links, Pars transversa
2 Musculus deltoideus, links
3 Fascia infraspinata
4 Musculus trapezius, links, Pars ascendens
5 Musculus triceps brachii, Caput mediale, links
6 Musculus latissimus dorsi, links
7 Trigonum lumbale
8 Musculus gluteus medius, links
9 Musculus gluteus maximus, links
10 Fascia lata, Tractus iliotibialis, links
11 Musculus trapezius, rechts, Pars descendens
12 Musculus trapezius, Sehnenspiegel
13 Musculus deltoideus, rechts
14 Musculus trapezius, rechts, Pars ascendens
15 Musculus teres major, rechts
16 Musculus triceps brachii, Caput longum, rechts
17 Vertebra thoracica, Processus spinosus
18 Musculus latissimus dorsi, rechts
19 Musculus obliquus externus abdominis, rechts
20 Fascia thoracolumbalis, Lamina superficialis
21 Vertebra lumbalis, Processus spinosus
22 Os sacrum
23 Musculus gluteus maximus, rechts
24 Rima ani im subkutanen Fettgewebe der Fossa ischioanalis
25 Fascia lata, Tractus iliotibialis, rechts

01:50

3.1 Rumpf von dorsal

Cutis, Subcutis und oberflächliche Körperfaszie entfernt • oberflächliche Rückenmuskulatur an der Wirbelsäule gelöst und nach lateral gelegt • Musculi rhomboidei und autochthone Rückenmuskulatur in situ

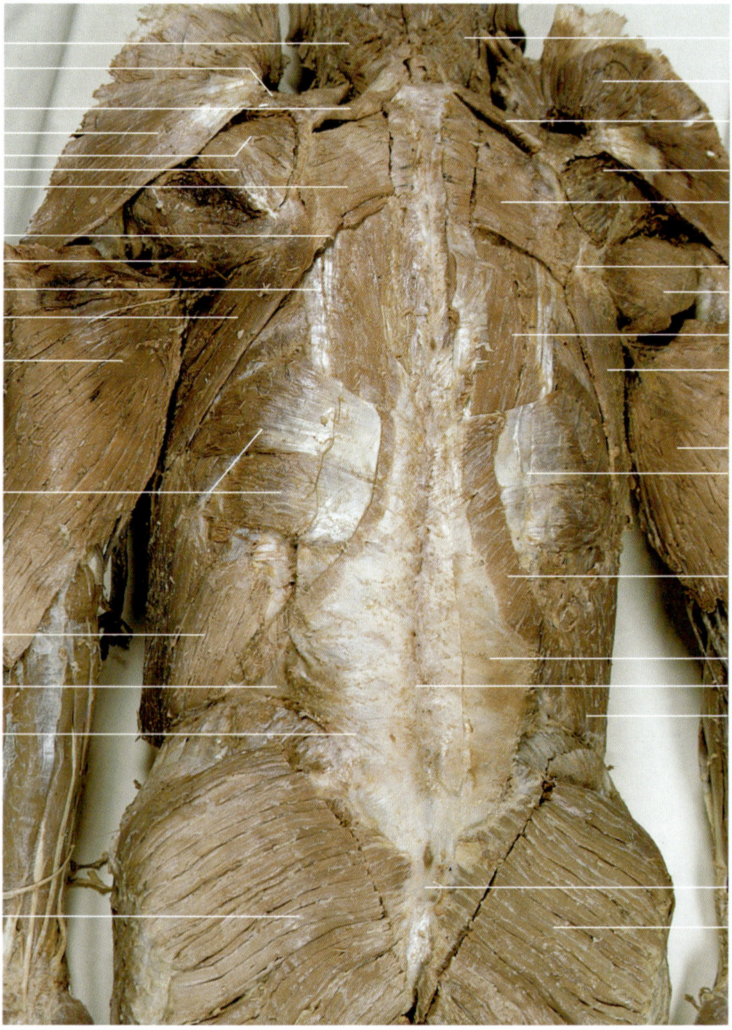

1 Musculus splenius capitis, links
2 Scapula, links, Spina scapulae
3 Musculus rhomboideus minor, links
4 Musculus trapezius, links, an den Processus spinosi gelöst und nach lateral gelegt
5 Musculus infraspinatus, links
6 Musculus teres minor, links
7 Musculus rhomboideus major, links, eingeschnitten
8 Scapula, links, Angulus inferior
9 Musculus teres major, links
10 Musculus iliocostalis thoracis, links, Tendo
11 Musculus serratus anterior, links
12 Musculus latissimus dorsi, links, an der Fascia thoracolumbalis gelöst und nach lateral gelegt
13 Musculus serratus posterior inferior, links, Muskelbäuche
14 Musculus obliquus externus abdominis, links
15 Trigonum lumbale, links
16 Fascia thoracolumbalis der linken Seite, Lamina superficialis
17 Musculus gluteus maximus, links, eingeschnitten
18 Musculus splenius capitis, rechts
19 Musculus trapezius, rechts, an den Processus spinosi gelöst und nach lateral gelegt
20 Musculus rhomboideus minor, rechts
21 Musculus infraspinatus, rechts
22 Musculus rhomboideus major, rechts, eingeschnitten
23 Scapula, rechts, Angulus inferior
24 Musculus teres major, rechts
25 Musculus longissimus thoracis, rechts
26 Musculus serratus anterior, rechts
27 Musculus latissimus dorsi, rechts, an der Fascia thoracolumbalis gelöst und nach lateral gelegt
28 Musculus serratus posterior inferior, rechts, Tendo
29 Musculus latissimus dorsi, rechts, Ursprung an der Fascia thoracolumbalis
30 Fascia thoracolumbalis der rechten Seite, Lamina superficialis
31 Vertebra lumbalis, Processus spinosus
32 Musculus obliquus externus abdominis, rechts
33 Os sacrum
34 Musculus gluteus maximus, rechts, eingeschnitten

3 Bewegungsapparat – Rumpf

01:50

3.1 Rumpf von dorsal

Cutis, Subcutis und oberflächliche Körperfaszie entfernt • oberflächliche Rückenmuskulatur an der Wirbelsäule gelöst und nach lateral gelegt • Musculi serrati posteriores und autochthone Rückenmuskulatur in situ

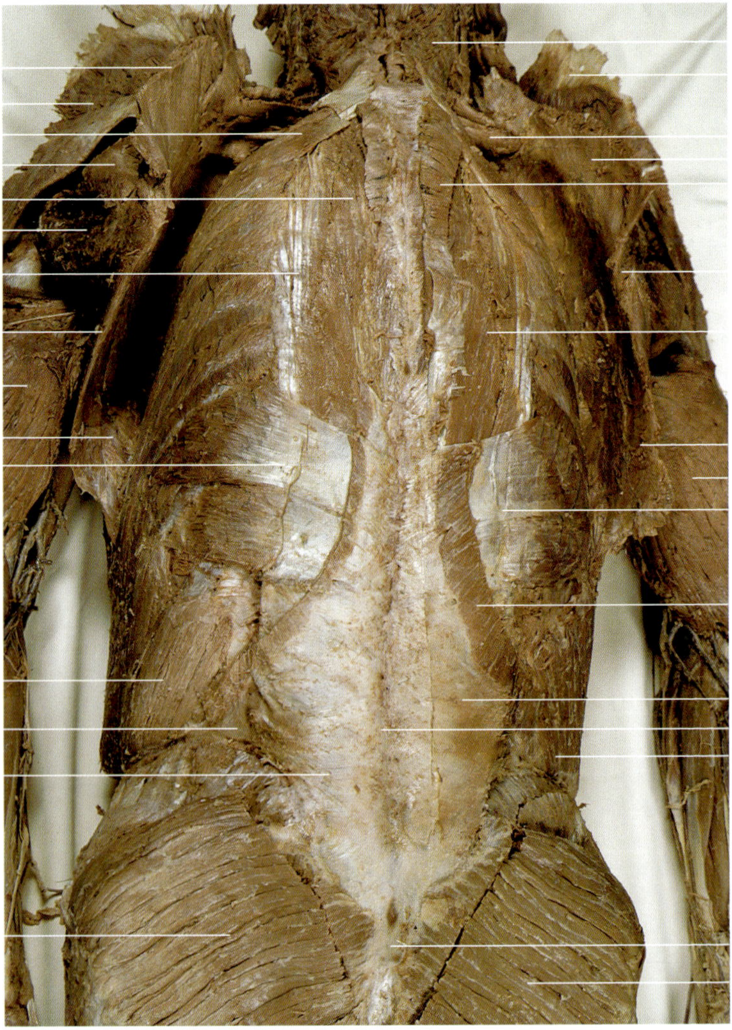

1 Musculus rhomboideus major, links, an den Processus spinosi abgelöst und nach lateral gelegt
2 Musculus trapezius, links, an den Processus spinosi abgelöst und nach lateral gelegt
3 Musculus serratus posterior superior, links, in situ
4 Musculus infraspinatus, links
5 Musculus longissimus cervicis, links
6 Musculus teres major, links
7 Musculus iliocostalis thoracis, links, Tendo
8 Musculus serratus anterior, links
9 Musculus latissimus dorsi, links, an der Fascia thoracolumbalis gelöst und nach lateral gelegt
10 Musculus serratus posterior inferior, links
11 Musculus obliquus externus abdominis, links
12 Trigonum lumbale, links
13 Fascia thoracolumbalis der linken Seite, Lamina superficialis
14 Musculus gluteus maximus, links, eingeschnitten
15 Musculus splenius capitis, rechts
16 Musculus trapezius, rechts, an den Processus spinosi abgelöst und nach lateral gelegt
17 Musculus rhomboideus minor, rechts, in situ
18 Musculus rhomboideus major, rechts, eingeschnitten und nach lateral gelegt
19 Musculus rhomboideus major, Ursprung an den Processus spinosi
20 Scapula, rechts, Angulus inferior
21 Musculus longissimus thoracis, rechts
22 Musculus serratus anterior, rechts
23 Musculus latissimus dorsi, rechts, an der Fascia thoracolumbalis gelöst und nach lateral gelegt
24 Musculus serratus posterior inferior, rechts, Tendo
25 Musculus latissimus dorsi, rechts, Ursprung an der Fascia thoracolumbalis
26 Fascia thoracolumbalis der rechten Seite, Lamina superficialis
27 Vertebra lumbalis, Processus spinosus
28 Musculus obliquus externus abdominis, rechts
29 Os sacrum
30 Musculus gluteus maximus, rechts, eingeschnitten

3 Bewegungsapparat – Rumpf

02:20

3.1 Rumpf von dorsal

Cutis, Subcutis und oberflächliche Körperfaszie entfernt • oberflächliche Rückenmuskulatur und oberflächliches Blatt der Fascia thoracolumbalis der linken Seite an der Wirbelsäule gelöst und nach lateral gelegt

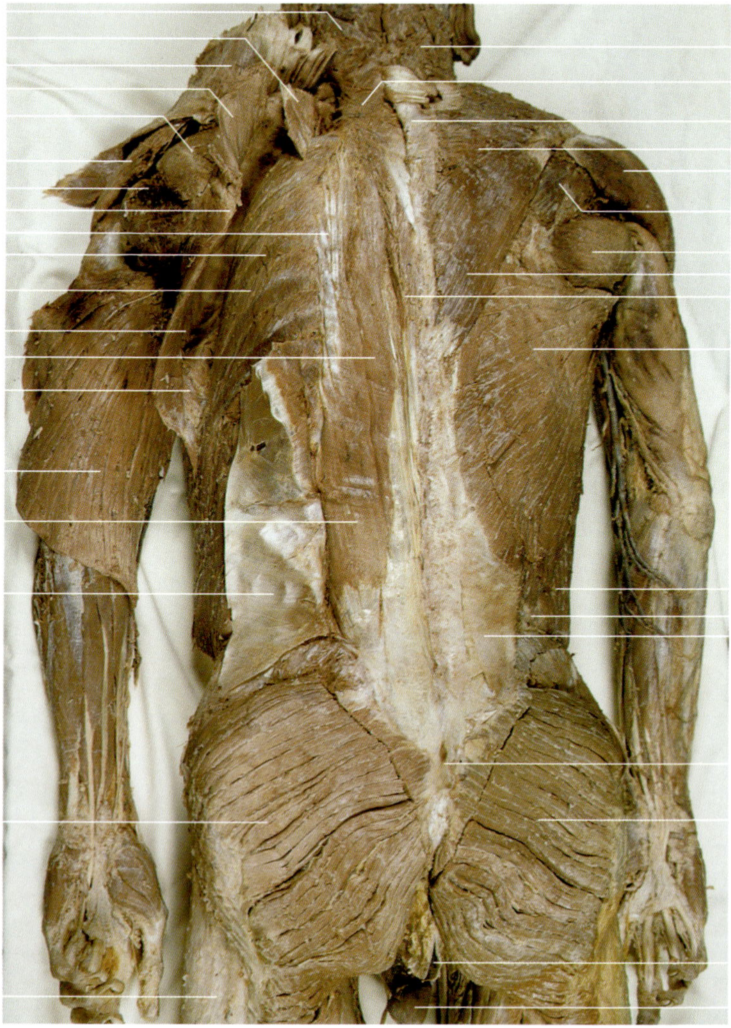

1 Musculus splenius capitis, links
2 Musculus serratus posterior superior, links, an den Processus spinosi gelöst und nach lateral gelegt
3 Musculus trapezius, links, an den Processus spinosi gelöst und nach lateral gelegt
4 Musculi rhomboidei, links, an den Processus spinosi gelöst und nach lateral gelegt
5 Musculus infraspinatus, links
6 Musculus deltoideus, links
7 Musculus teres major, links, mit Einblutungen
8 Scapula, links, Angulus inferior
9 Musculus iliocostalis thoracis, links, Tendines
10 Costa
11 Musculus intercostalis externus, links
12 Musculus serratus anterior, links
13 Musculus longissimus thoracis
14 Musculus latissimus dorsi, links, an der Fascia thoracolumbalis gelöst und nach lateral gelegt
15 Musculus iliocostalis lumborum
16 Fascia thoracolumbalis der linken Seite, Lamina superficialis, an den Processus spinosi gelöst und nach lateral gelegt
17 Musculus gluteus maximus, links
18 Fascia lata, Tractus iliotibialis, links
19 Musculus trapezius, rechts, Pars descendens
20 Musculus splenius cervicis, links
21 Musculus trapezius, rechts, Sehnenspiegel
22 Musculus trapezius, rechts, Pars transversa
23 Musculus deltoideus, rechts
24 Musculus infraspinatus, rechts
25 Musculus teres major, rechts
26 Musculus trapezius, rechts, Pars ascendens
27 Musculus spinalis thoracis, links
28 Musculus latissimus dorsi, rechts
29 Musculus obliquus externus abdominis, rechts
30 Trigonum lumbale, rechts
31 Fascia thoracolumbalis der rechten Seite, Lamina superficialis, in situ
32 Os sacrum
33 Musculus gluteus maximus, rechts
34 Rima ani
35 Penis, Glans penis

3 Bewegungsapparat – Rumpf

03:30

3.1 Rumpf von dorsal

Rückenmuskulatur über der Wirbelsäule entfernt • Wirbelsäule von dorsal freigelegt

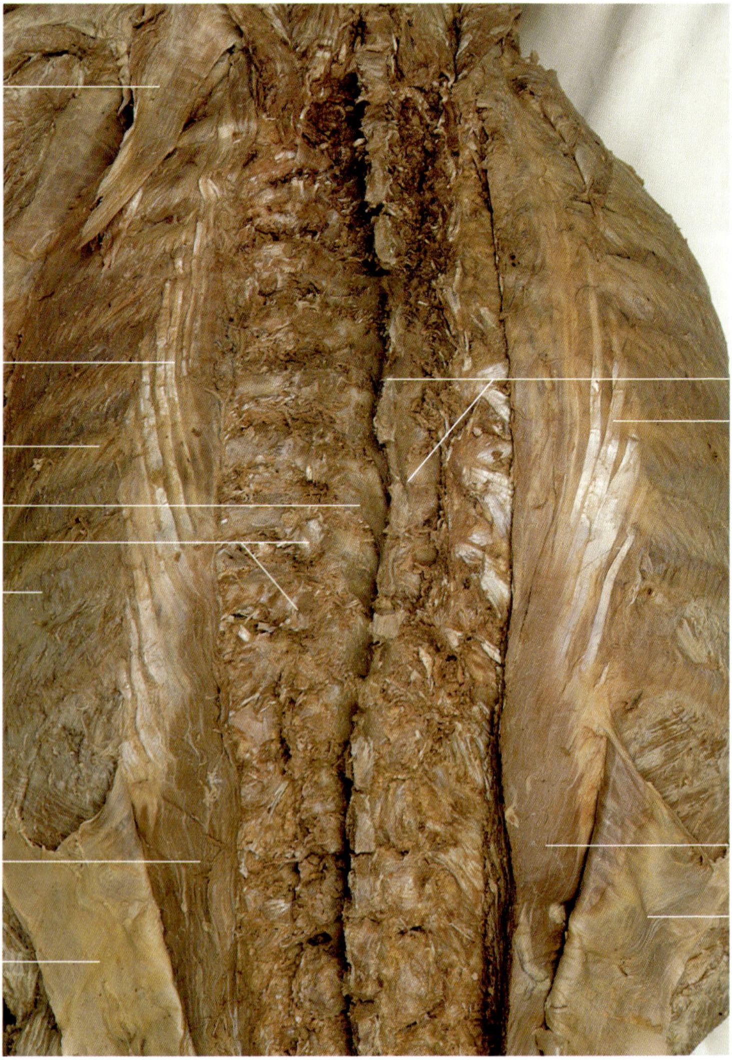

1 Musculus splenius capitis, links, gelöst und nach kaudal gelegt
2 Musculus iliocostalis thoracis, links, Tendines
3 Musculus intercostalis externus, links
4 Vertebra thoracica, Lamina arcus vertebrae
5 Vertebrae thoracicae, Processus transversi
6 Costa
7 Musculus iliocostalis lumborum, links, Muskelbauch
8 Fascia thoracolumbalis, Lamina superficialis, links, an den Processus spinosi gelöst und nach lateral gelegt
9 Vertebrae thoracicae, Processus spinosi
10 Musculus iliocostalis thoracis, rechts, Tendines
11 Musculus iliocostalis lumborum, rechts, Muskelbauch
12 Musculus serratus posterior inferior, rechts, mit der Fascia thoracolumbalis, Lamina superficialis gelöst und nach lateral gelegt

03:45

3.2 Rumpf von dorsal

Wirbelkanal durch Abtragen der Wirbelbögen eröffnet • Epiduralraum in situ

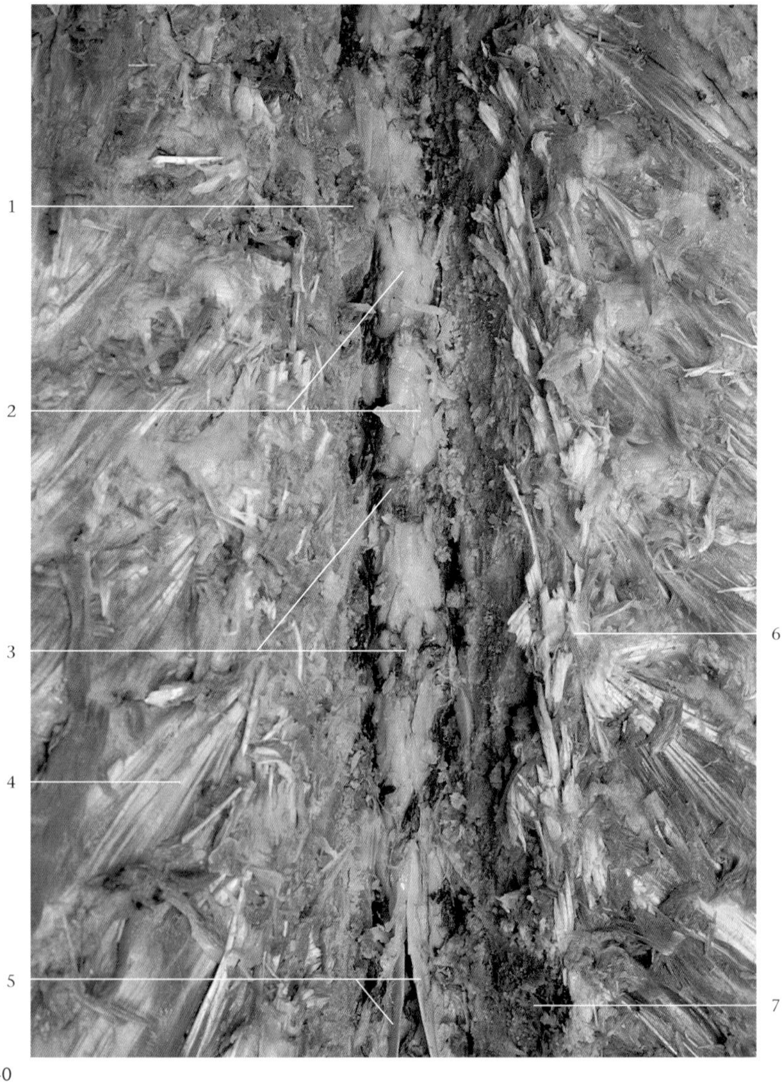

1 Vertebra thoracica, Lamina arcus vertebrae, Anschnitt
2 Fettgewebe im Spatium epidurale
3 Plexus venosus vertebralis internus posterior
4 Musculus levator costarum brevis, links
5 Dura mater spinalis, eingeschnitten, Schnittkanten
6 Vertebra thoracica, Processus transversus
7 Substantia spongiosa, eröffnet, wo die Lamina arcus vertebrae abgesetzt wurde

03:45

3.2 Rumpf von dorsal

Wirbelkanal durch Abtragen der Wirbelbögen eröffnet • Epiduralraum ausgeräumt • Dura mater und Arachnoidea mater spinalis in der Mitte gespalten und nach lateral gehalten • Rückenmark in situ • Spinalnerven und Grenzstrang

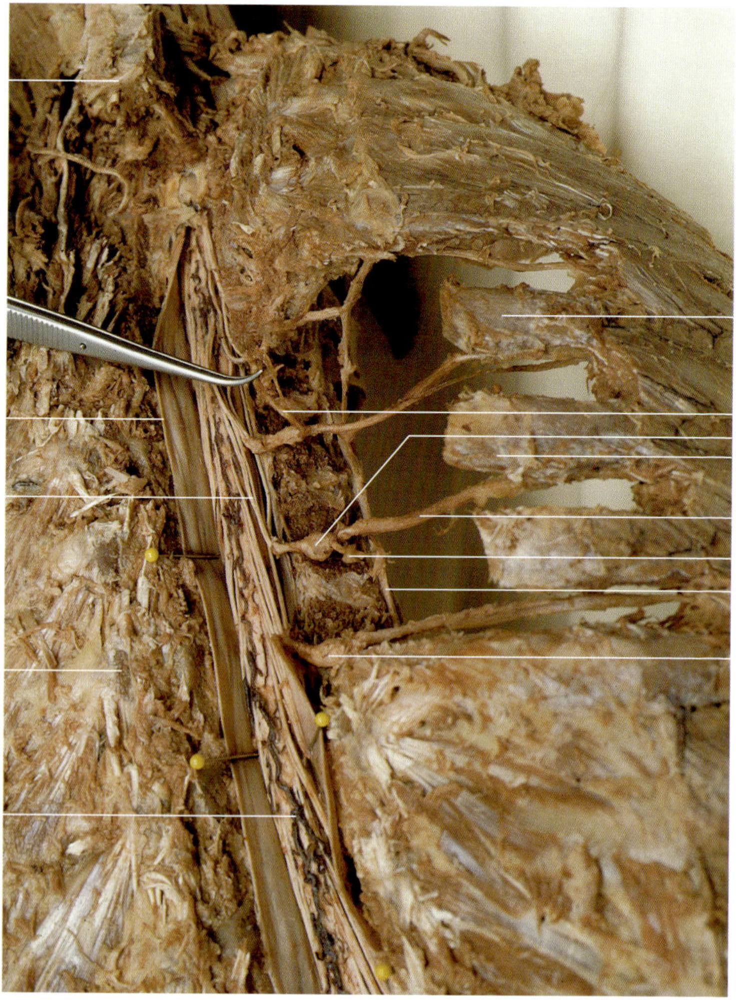

1 Vertebra cervicalis, Processus spinosus
2 Dura mater spinalis, Schnittkante
3 Nervus spinalis, Radix posterior
4 Vertebra thoracica, Processus transversus
5 Vena spinalis posterior, in der Pia mater spinalis
6 Costa
7 Nervus spinalis, Ramus dorsalis
8 Nervus spinalis, Ganglion sensorium
9 Nervus spinalis, Ramus ventralis (Nervus intercostalis)
10 Nervus spinalis, Ramus communicans
11 Truncus sympathicus

03:45

3.2 Rumpf von dorsal

Wirbelkanal durch Abtragen der Wirbelbögen eröffnet • Epiduralraum ausgeräumt • Dura mater und Arachnoidea mater spinalis in der Mitte gespalten und nach lateral gehalten • Rückenmark in situ

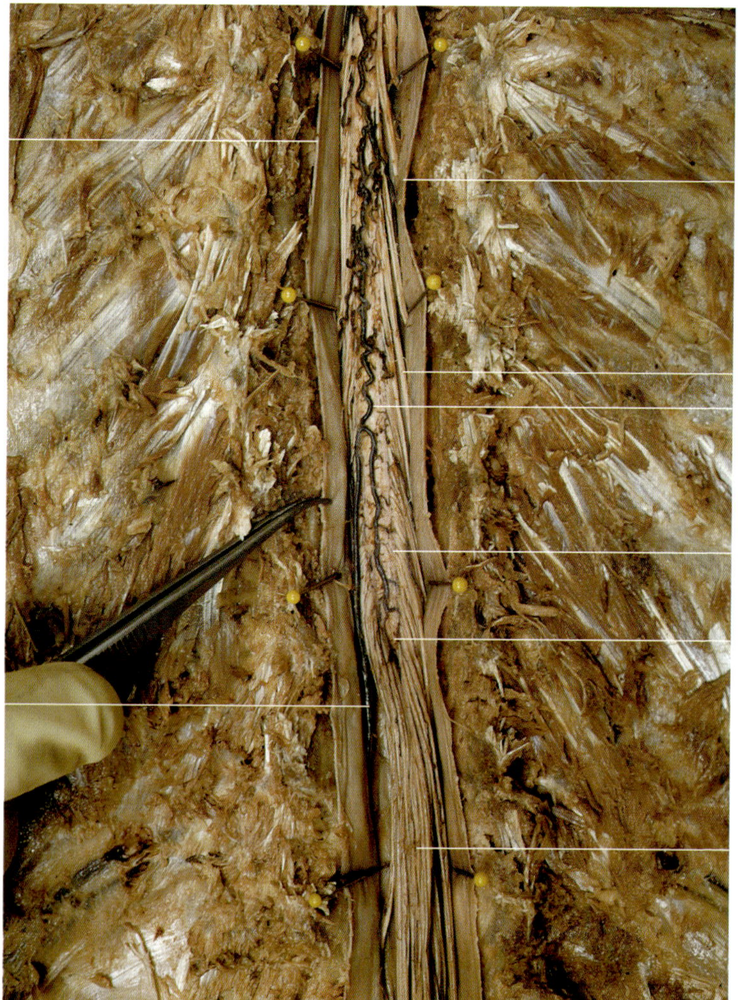

1 Dura mater spinalis, Schnittkante
2 Verbindungsvene zum Plexus venosus vertebralis internus
3 Austrittsstelle der Radices nervi spinales durch die Dura mater spinalis
4 Nervus spinalis, Radix dorsalis
5 Vena spinalis posterior, in der Pia mater spinalis
6 Medulla spinalis
7 Conus medullaris
8 Cauda equina

03:45

3.2 Rumpf von dorsal

Wirbelkanal durch Abtragen der Wirbelbögen eröffnet • Epiduralraum ausgeräumt • Dura mater und Arachnoidea mater spinalis in der Mitte gespalten • kaudales Ende des Rückenmarks und Cauda equina in situ

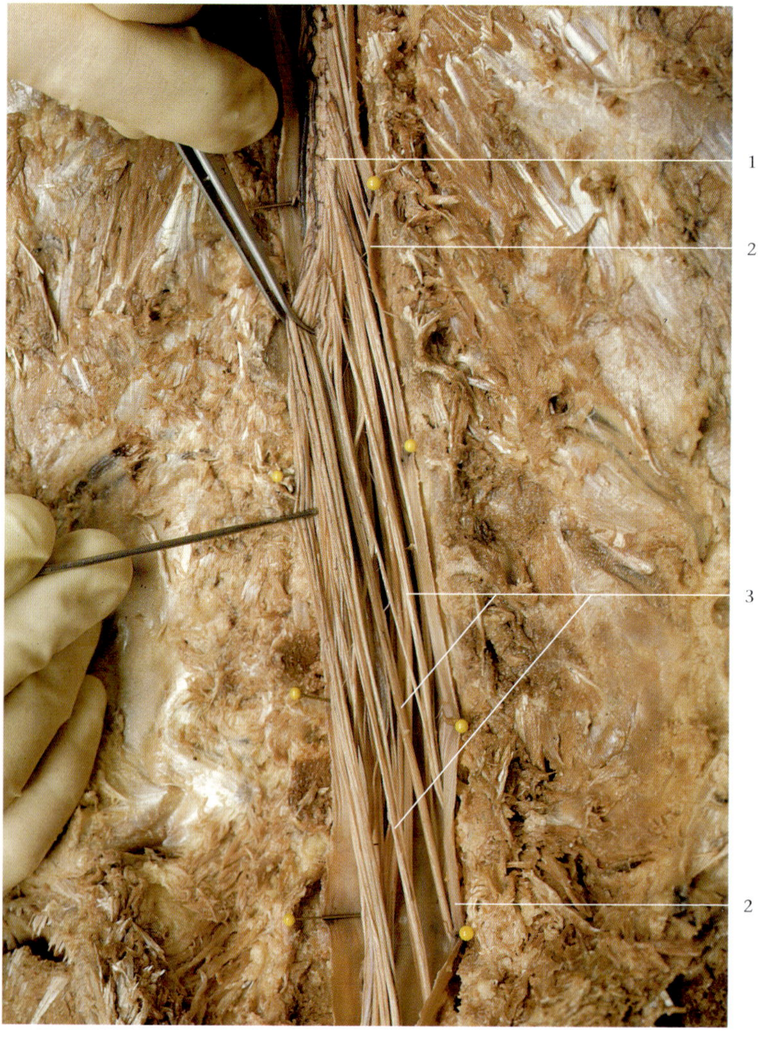

1 Medulla spinalis
2 Dura mater spinalis, Schnittkante
3 Nervi spinales, Radices dorsales und ventrales

06:35

3.3 Rumpf von ventral und lateral rechts

Cutis gelöst und nach lateral gelegt • Fettgewebe der Subcutis

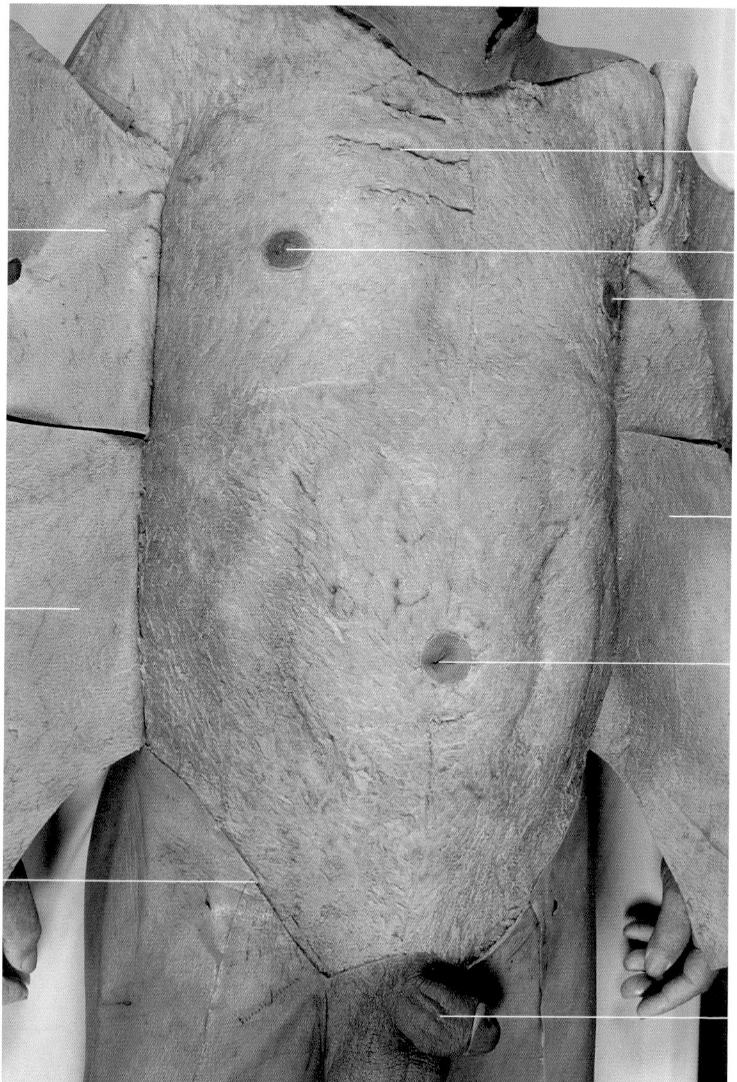

1 Hautlappen, nach lateral gelegt
2 Cutis, Schnittkante
3 Suchschnitte im subkutanen Fettgewebe zur Auffindung der Rami cutanei anteriores der Nervi intercostales
4 Papilla mammaria, rechts
5 Papilla mammaria, links
6 Umbilicus
7 Penis

06:35

3.3 Thorax von ventral

Cutis und Subcutis abgetragen • oberflächliche Körperfaszie auf dem Musculus pectoralis major • Hautnerven

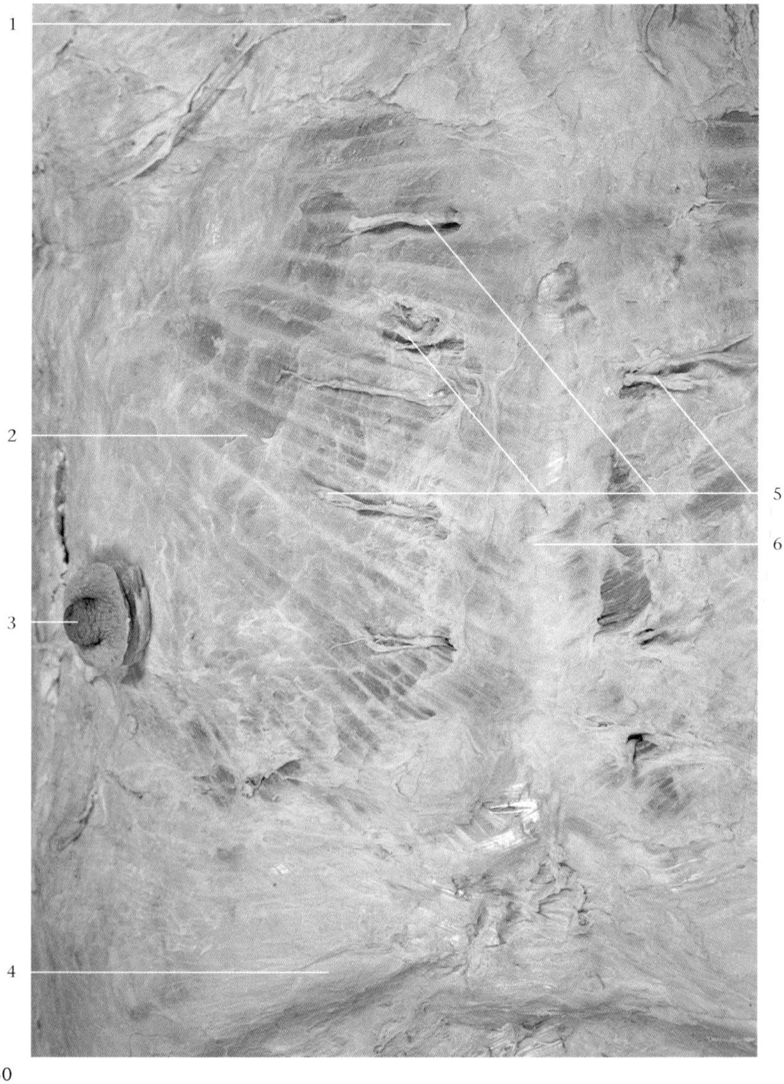

1 Platysma
2 Oberflächliche Körperfaszie, darunter der Musculus pectoralis major
3 Papilla mammaria, rechts
4 Arcus costalis, rechts, Kontur durch die Weichteildecke sichtbar
5 Nervi intercostales, Rami cutanei anteriores
6 Sternum, Corpus sterni

06:35

3.3 Thorax von lateral rechts

Cutis, Subcutis und oberflächliche Körperfaszie abgetragen • Musculi intercostales externi und Membrana intercostalis externa teilweise entfernt

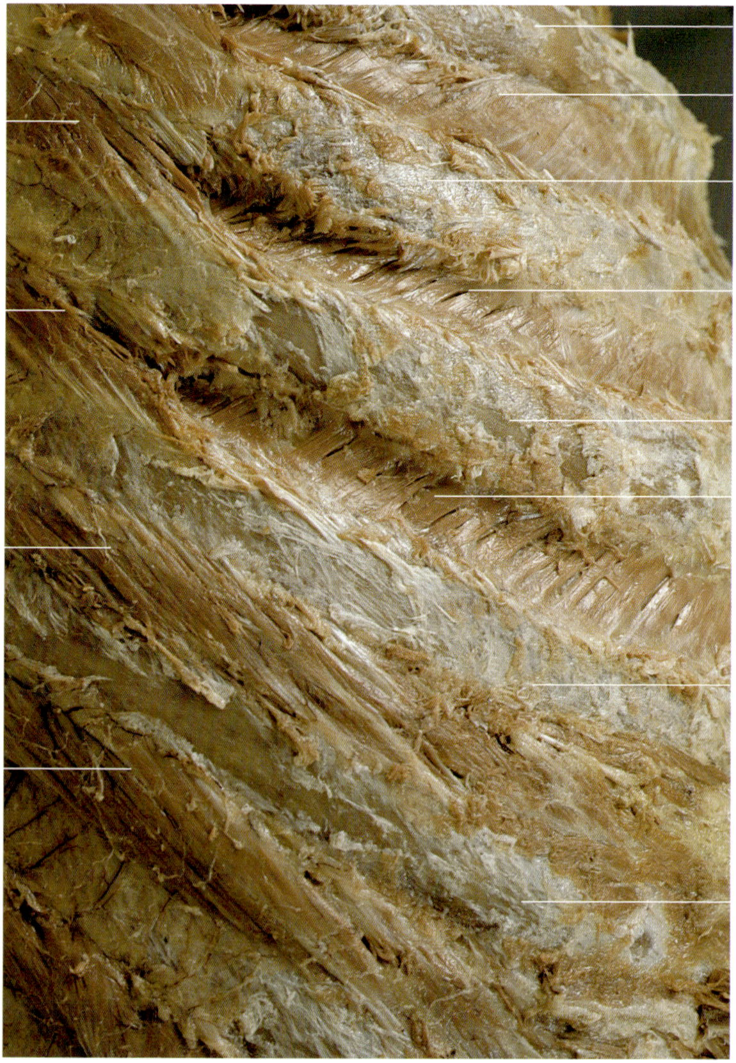

1 Musculus intercostalis externus
2 Costa
3 Musculus intercostalis internus

07:25

3.3 Rumpf von lateral links

Cutis, Subcutis und oberflächliche Körperfaszie abgetragen • Musculus obliquus externus abdominis • Rektusscheide

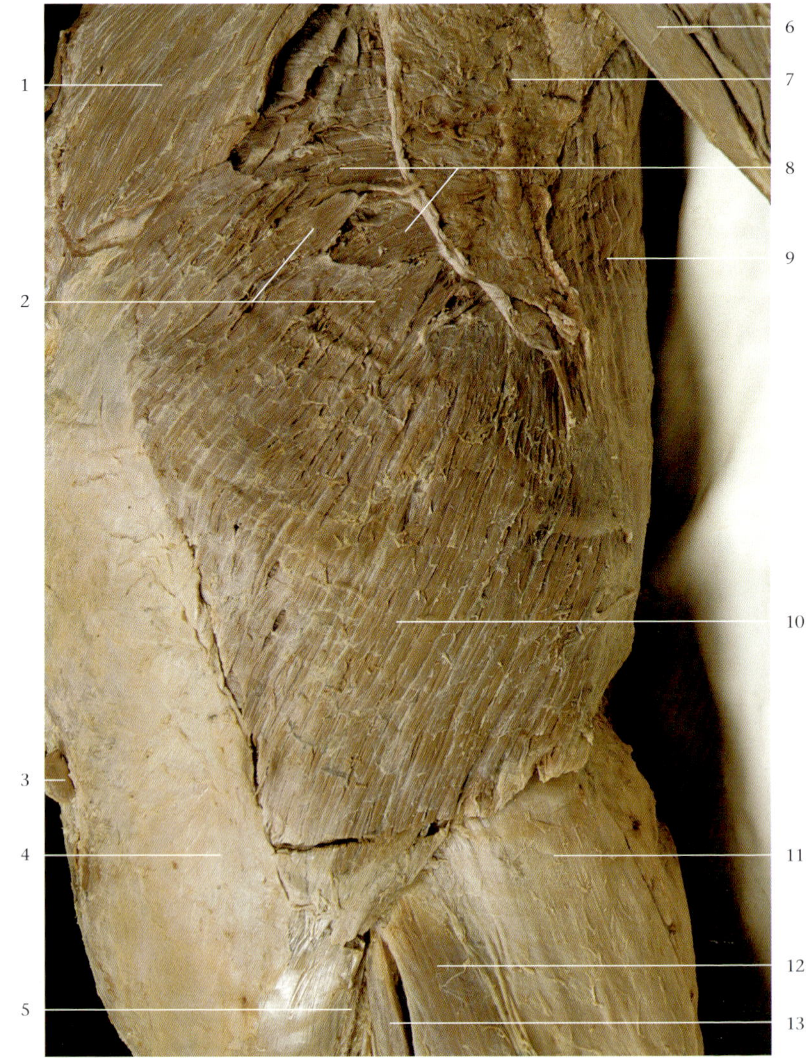

1 Musculus pectoralis major, Pars sternocostalis
2 Musculus obliquus externus abdominis, Ursprungszacken
3 Umbilicus
4 Vagina musculi recti abdominis, Lamina anterior
5 Ligamentum inguinale
6 Musculus biceps brachii, Caput longum
7 Subkutanes Fettgewebe, aus dem der Nervus thoracicus longus noch freizupräparieren ist
8 Musculus serratus anterior, Ursprungszacken
9 Musculus latissimus dorsi
10 Musculus obliquus externus abdominis
11 Fascia lata, Tractus iliotibialis
12 Musculus tensor fasciae latae
13 Musculus sartorius

07:25

3.3 Rumpf von lateral links

Musculus obliquus externus abdominis medial gelöst und nach lateral gelegt • Musculus obliquus internus abdominis in situ

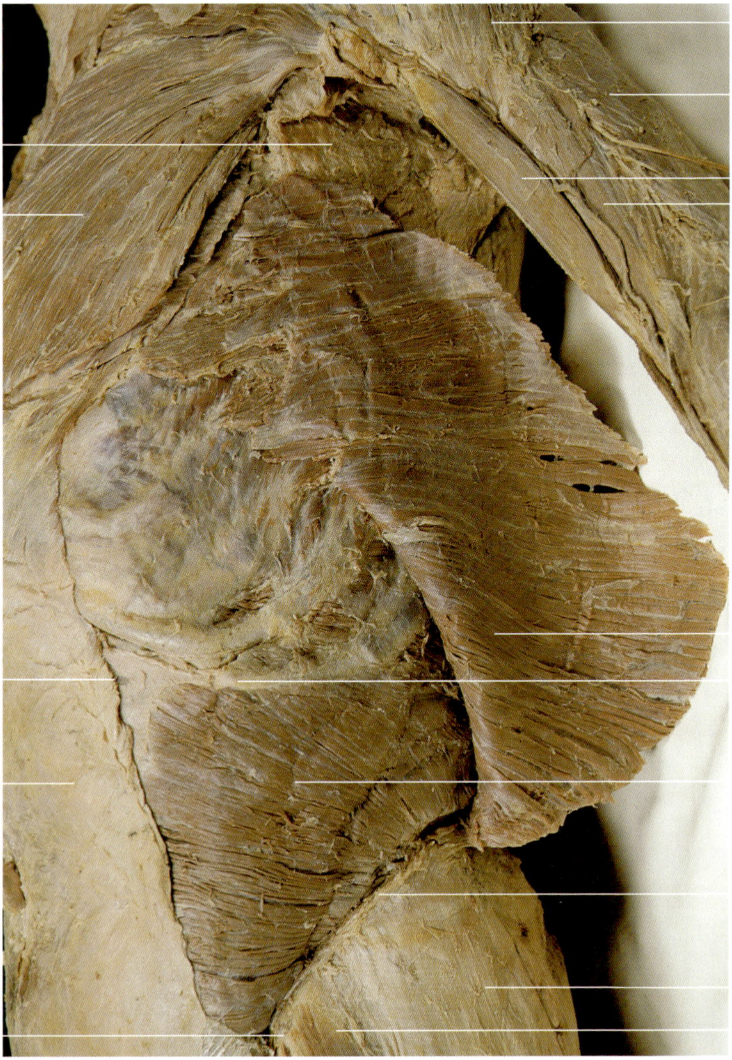

1 Subkutanes Fettgewebe, aus dem der Nervus thoracicus longus noch freizupräparieren ist
2 Musculus pectoralis major, Pars sternocostalis
3 Vagina musculi recti abdominis, Lamina-anterior-Schnittkante, an der der Musculus obliquus externus abdominis abgelöst wurde
4 Vagina musculi recti abdominis, Lamina anterior
5 Spina iliaca anterior superior
6 Musculus deltoideus
7 Musculus triceps brachii, Caput laterale
8 Musculus biceps brachii, Caput longum
9 Musculus brachialis
10 Musculus obliquus externus abdominis, von seiner Aponeurose, der Vagina musculi recti abdominis, Lamina anterior, gelöst und nach lateral gelegt
11 Cartilago costalis X, Arcus costalis
12 Musculus obliquus internus abdominis
13 Crista iliaca
14 Fascia lata, Tractus iliotibialis
15 Musculus tensor fasciae latae

07:25

3.3 Rumpf von lateral links

Musculus obliquus externus abdominis und Musculus obliquus internus abdominis gelöst und nach lateral gelegt • Musculus transversus abdominis in situ

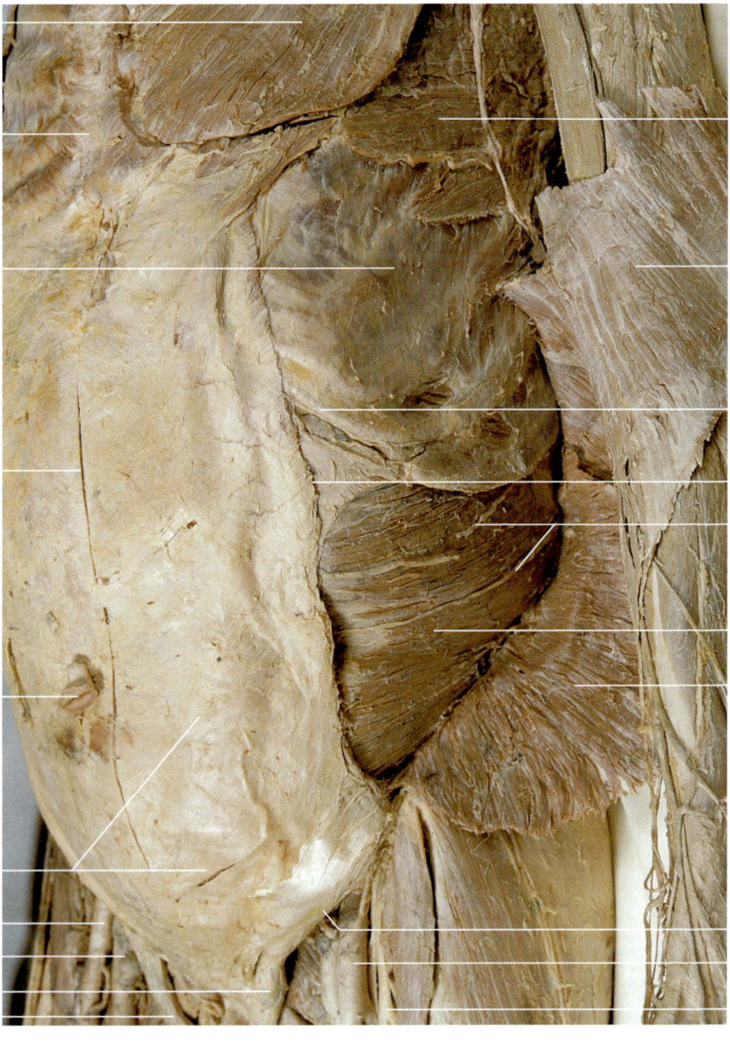

1 Musculus pectoralis major, Pars sternocostalis
2 Sternum, Corpus sterni
3 Musculus intercostalis externus
4 Vagina musculi recti abdominis, Lamina anterior, Einschnitt
5 Umbilicus
6 Vagina musculi recti abdominis, Lamina anterior
7 Arteria femoralis, rechts
8 Vena femoralis, rechts
9 Funiculus spermaticus, links
10 Funiculus spermaticus, rechts
11 Musculus serratus anterior, Ursprungszacken
12 Musculus obliquus externus abdominis, von seiner Aponeurose, der Vagina musculi recti abdominis, Lamina anterior, gelöst und nach lateral gelegt
13 Costa IX, Arcus costalis
14 Vagina musculi recti abdominis, Lamina-anterior-Schnittkante, an der die Musculi obliquii abdominis abgelöst wurden
15 Nervi intercostales
16 Musculus transversus abdominis
17 Musculus obliquus internus abdominis, von seiner Aponeurose, der Vagina musculi recti abdominis, gelöst und nach kaudal gelegt
18 Ligamentum inguinale
19 Arteria femoralis, links
20 Nervus femoralis, links

08:30

3.3 Rumpf von lateral links

Rektusscheide eröffnet • Musculus rectus abdominis in situ

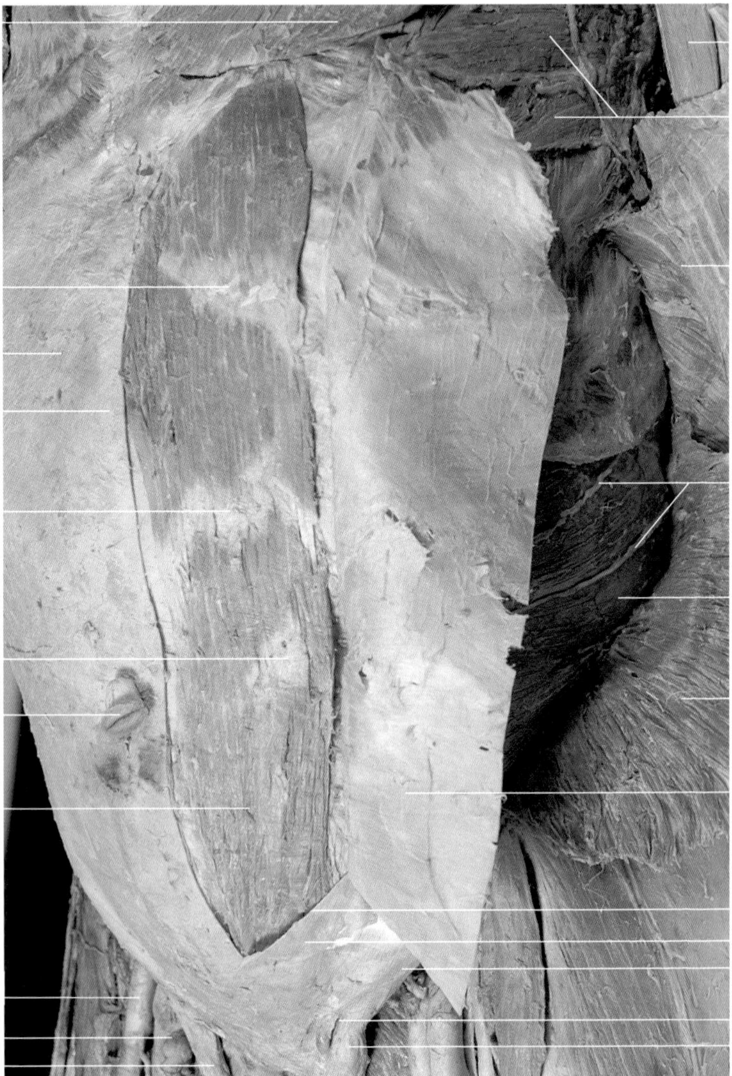

1 Musculus pectoralis major
2 Musculus rectus abdominis, Intersectio tendinea
3 Vagina musculi recti abdominis, Lamina anterior, rechts, in situ
4 Linea alba
5 Umbilicus
6 Musculus rectus abdominis
7 Arteria femoralis, rechts
8 Vena femoralis, rechts
9 Funiculus spermaticus, rechts
10 Musculus biceps brachii, Caput breve
11 Musculus serratus anterior, Ursprungszacken
12 Musculus obliquus externus abdominis, nach lateral gelegt
13 Nervi intercostales
14 Musculus transversus abdominis
15 Musculus obliquus internus abdominis, nach lateral und kaudal gelegt
16 Vagina musculi recti abdominis, Lamina anterior, seitlich der Linea alba gelöst und nach lateral gelegt
17 Vagina musculi recti abdominis, Lamina anterior, Schnittkante
18 Vagina musculi recti abdominis, Lamina anterior, links, in situ
19 Ligamentum inguinale
20 Anulus inguinalis superficialis
21 Funiculus spermaticus, links

09:40

3.3 Rumpf von lateral links

Rektusscheide eröffnet • Musculus rectus abdominis in Höhe des Bauchnabels horizontal gespalten und nach kranial bzw. kaudal gelegt • tiefes Blatt der Rektusscheide

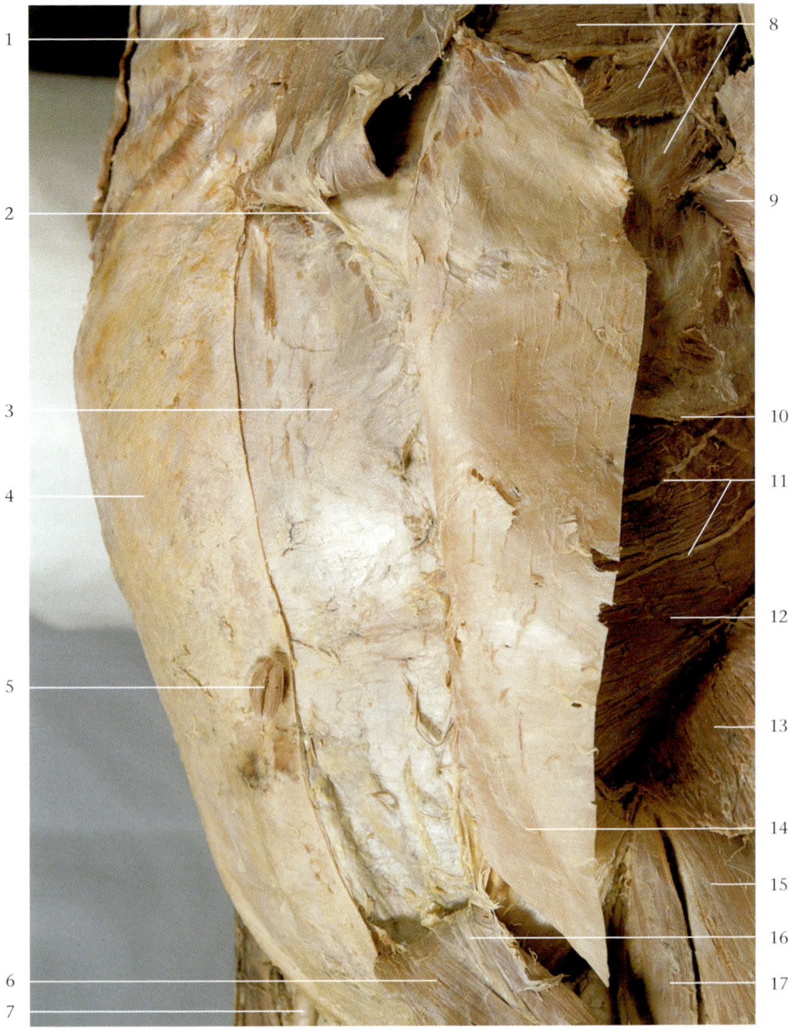

1 Musculus rectus abdominis, horizontal gespalten und nach kranial gelegt
2 Arteria epigastrica superior
3 Vagina musculi recti abdominis, Lamina posterior
4 Vagina musculi recti abdominis, Lamina anterior der rechten Seite
5 Umbilicus
6 Musculus rectus abdominis, horizontal gespalten und nach kaudal gelegt
7 Arteria femoralis, rechts
8 Musculus serratus anterior
9 Musculus obliquus externus abdominis, nach lateral gelegt
10 Costa X, Arcus costalis
11 Nervi intercostales
12 Musculus transversus abdominis
13 Musculus obliquus internus abdominis, nach lateral und kaudal gelegt
14 Vagina musculi recti abdominis, Lamina anterior, seitlich der Linea alba gelöst und nach lateral gelegt
15 Musculus tensor fasciae latae
16 Arteria epigastrica inferior
17 Musculus sartorius

09:40

3.3 Rumpf von lateral links

Linker Rippenbogen • Rektusscheide eröffnet • Musculus rectus abdominis horizontal gespalten und nach kranial gelegt

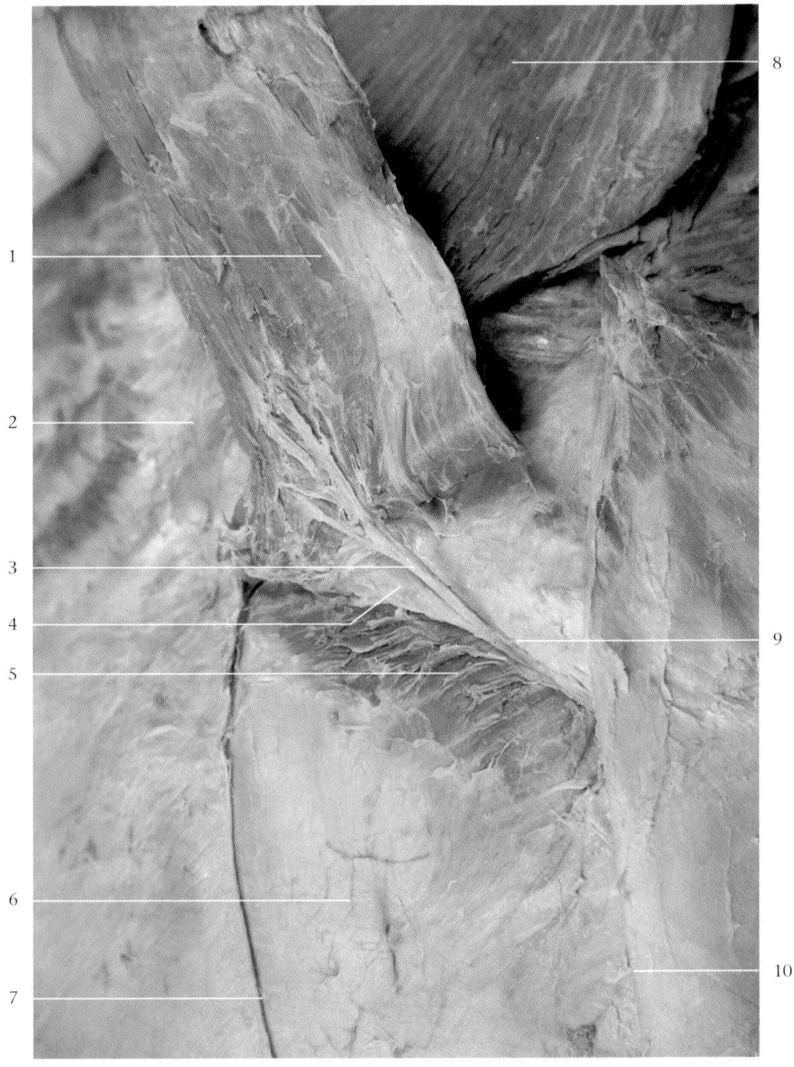

1 Musculus rectus abdominis, nach kranial gelegt
2 Sternum
3 Arteria epigastrica superior
4 Diaphragma, Trigonum sternocostale
5 Musculus transversus abdominis
6 Vagina musculi recti abdominis, Lamina posterior
7 Vagina musculi recti abdominis, Lamina anterior, mediale Schnittkante lateral der Linea alba
8 Musculus pectoralis major
9 Arcus costalis
10 Vagina musculi recti abdominis, Lamina anterior, laterale Schnittkante

09:40

3.3 Rumpf von lateral links

Regio inguinalis • Rektusscheide eröffnet • Musculus rectus abdominis horizontal gespalten und nach kaudal gelegt

1 Umbilicus
2 Vagina musculi recti abdominis, Lamina anterior, Schnittkante lateral der Linea alba
3 Linea arcuata
4 Fascia transversalis
5 Vagina musculi recti abdominis, Lamina posterior
6 Vagina musculi recti abdominis, Lamina anterior, seitlich der Linea alba gelöst und nach lateral geklappt
7 Musculus obliquus externus abdominis, Aponeurosis
8 Ligamentum inguinale
9 Arteria epigastrica inferior
10 Funiculus spermaticus
11 Vena femoralis
12 Nervus femoralis
13 Arteria femoralis
14 Arteria profunda femoris
15 Musculus rectus abdominis, nach kaudal gelegt

Vergleiche Kapitel 7; 14:20

3.4 Weibliches Becken, rechte Seite von ventral und kranial

Bindegewebe des retro- und subperitonealen Raums entfernt • Anulus inguinalis profundus

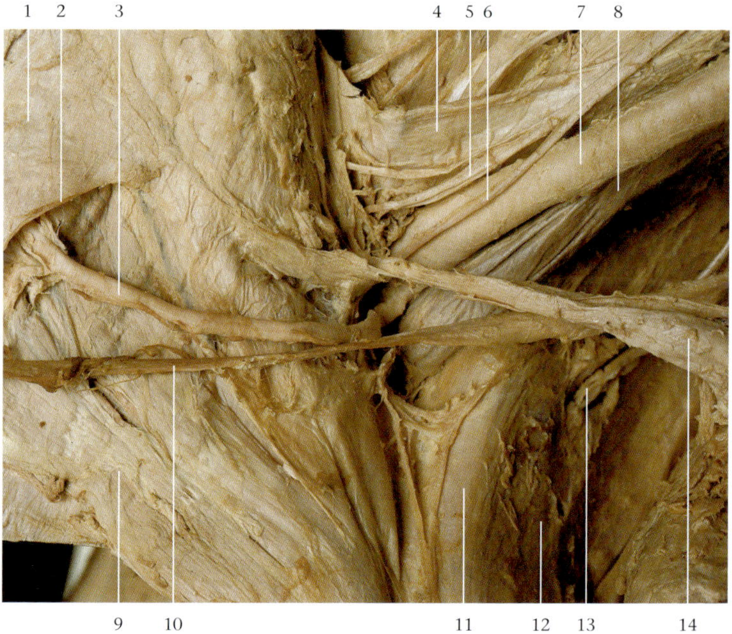

1 Vagina musculi recti abdominis, Lamina posterior
2 Vagina musculi recti abdominis, Lamina posterior, Linea arcuata
3 Arteria epigastrica inferior
4 Arcus iliopectineus
5 Nervus genitofemoralis, Ramus femoralis
6 Nervus genitofemoralis, Ramus genitalis
7 Arteria iliaca externa
8 Vena iliaca externa
9 Musculus rectus abdominis
10 Arteria umbilicalis, obliteriert, aus der Plica umbilicalis medialis freipräpariert
11 Os pubis, Ramus superior
12 Musculus obturatorius internus
13 Canalis obturatorius
14 Ligamentum teres uteri

12:10

3.4 Rumpf und Oberschenkel von lateral links

Regio inguinalis einer männlichen Leiche • Leistenband, Samenstrang und Trigonum femorale

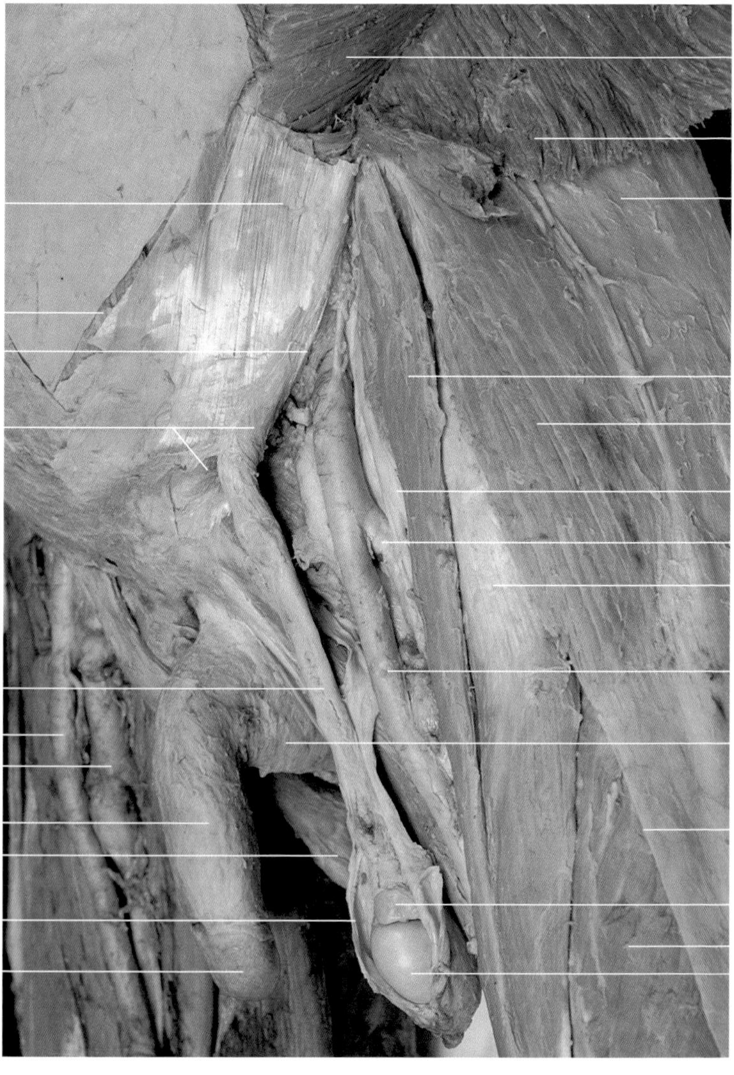

1 Musculus obliquus externus abdominis, Aponeurosis
2 Vagina musculi recti abdominis, Lamina anterior, klaffender Einschnitt
3 Ligamentum inguinale
4 Anulus inguinalis superficialis
5 Funiculus spermaticus, links
6 Arteria femoralis, rechts
7 Vena femoralis, rechts
8 Penis, Corpus penis
9 Funiculus spermaticus, rechts
10 Hodenhüllen
11 Penis, Glans penis
12 Musculus transversus abdominis
13 Musculus obliquus internus abdominis, nach kaudal gelegt
14 Fascia lata, Tractus iliotibialis
15 Musculus sartorius, links
16 Musculus tensor fasciae latae, links
17 Nervus femoralis, links
18 Arteria profunda femoris, links
19 Musculus rectus femoris, links
20 Arteria femoralis, links
21 Musculus bulbospongiosus, auf dem Corpus spongiosum penis
22 Künstlich aus der Fascia lata begrenzte ventrale Kante des Tractus iliotibialis
23 Epididymis
24 Musculus vastus lateralis, links
25 Testis, links

12:50

3.4 Regio inguinalis einer männlichen Leiche

Aponeurose des Musculus rectus abdominis eingeschnitten und mit Pinzetten nach lateral gehalten • eröffneter Leistenkanal

1 Vagina musculi recti abdominis, Lamina anterior
2 Musculus obliquus internus abdominis, Schnittkante
3 Musculus transversus abdominis, Aponeurosis
4 Funiculus spermaticus, links, im eröffneten Canalis inguinalis
5 Anulus inguinalis superficialis
6 Musculus obliquus internus abdominis, Aponeurosis, Schnittkante
7 Funiculus spermaticus, links
8 Ligamentum reflexum
9 Penis
10 Funiculus spermaticus, rechts
11 Musculus transversus abdominis
12 Musculus obliquus internus abdominis, seitlich der Rektusscheide gelöst und nach lateral gelegt
13 Spina iliaca anterior superior
14 Musculus tensor fasciae latae
15 Nervus ilioinguinalis
16 Musculus obliquus externus abdominis, Aponeurose, hier noch lateral der Vagina musculi recti abdominis, Lamina anterior
17 Musculus sartorius
18 Nervus femoralis
19 Arteria profunda femoris
20 Arteria femoralis
21 Musculus pectineus
22 Musculus adductor longus
23 Nervus dorsalis Musculus gracilis
24 Musculus ischiocavernosus
25 Musculus bulbospongiosus, auf dem Corpus spongiosum penis

13:40

4.1 Linkes Hüftgelenk von ventral

Gelenkkapsel eröffnet • Musculi obturatorii erhalten

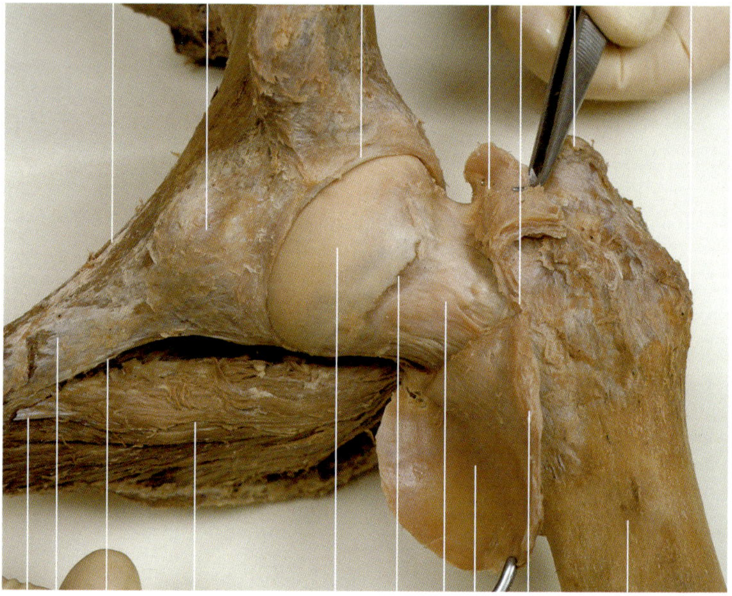

1 Teil der Linea terminalis
2 Eminentia iliopubica
3 Labrum acetabuli
4 Capsula articularis, eingeschnitten und nach lateral gehalten
5 Capsula articularis, Einschnitt
6 Femur, Trochanter major, proximaler Teil
7 Femur, Trochanter major, distaler Teil
8 Canalis obturatorius
9 Os pubis, Ramus superior
10 Crista obturatoria
11 Musculus obturatorius externus
12 Femur, Caput femoris, Gelenkknorpel
13 Ehemalige Epiphysenfuge, jetzt verknöchert
14 Femur, Collum femoris
15 Capsula articularis mit Ligamentum iliofemorale, Stratum synoviale
16 Capsula articularis mit Ligamentum iliofemorale, Schnittkante
17 Femur, Corpus femoris

4 Bewegungsapparat – Untere Extremität

15:40

4.1 Linkes Hüftgelenk von kaudal und lateral

Femur abduziert • Knochenpräparat • Musculi obturatorii erhalten

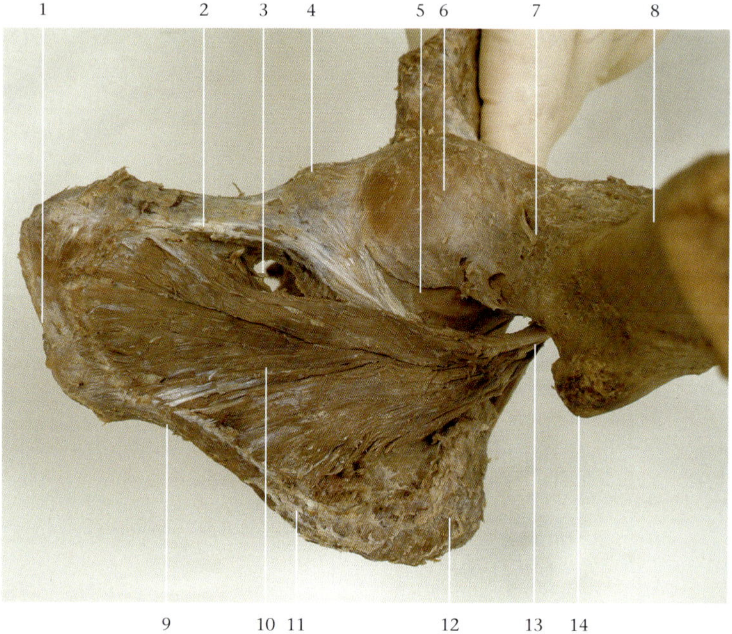

1 Symphysis pubica
2 Os pubis, Ramus superior, Crista obturatoria
3 Canalis obturatorius
4 Eminentia iliopubica
5 Capsula articularis, Einschnitt
6 Caput femoris, Kontur durch die Kapselligamente sichtbar
7 Femur, Collum femoris, Kontur durch die Kapselligamente sichtbar
8 Femur, Diaphysis
9 Os pubis, Ramus inferior
10 Musculus obturatorius externus
11 Os ischii, Ramus ossis ischii
12 Os ischii, Tuber ischiadicum
13 Musculus obturatorius externus, Tendo
14 Femur, Trochanter minor

16:35

4.1 Os coxae und Femur der linken Seite von dorsal

Hüftgelenk leicht gebeugt • Knochenpräparat • Gelenkkapsel entfernt • Musculi obturatorii erhalten

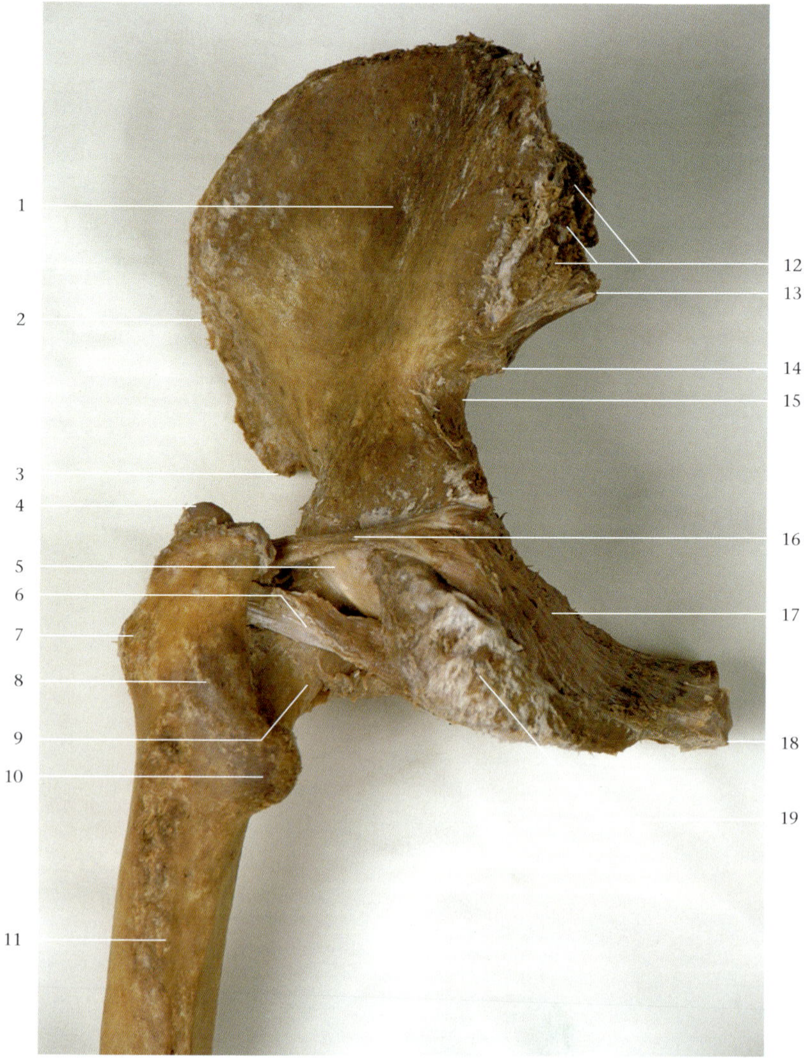

1 Os ilium, Facies glutea
2 Os ilium, Crista iliaca
3 Os ilium, Spina iliaca anterior superior
4 Femur, Trochanter major, proximaler Teil
5 Femur, Caput femoris, nach Entfernung der Gelenkkapsel sichtbar
6 Musculus obturatorius externus, Tendo
7 Femur, Trochanter major, distaler Teil
8 Femur, Crista intertrochanterica
9 Femur, Collum femoris
10 Femur, Trochanter minor
11 Femur, Tuberositas glutea
12 Os ilium, Tuberositas iliaca
13 Os ilium, Spina iliaca posterior superior
14 Os ilium, Spina iliaca posterior inferior
15 Os ischii, Incisura ischiadica major
16 Musculus obturatorius internus, Tendo
17 Musculus obturatorius internus
18 Os pubis, Facies symphysialis
19 Os ischii, Tuber ischiadicum

17:25

4.1 Rechtes Kniegelenk von lateral

Knochenpräparat • Gelenkkapsel entfernt

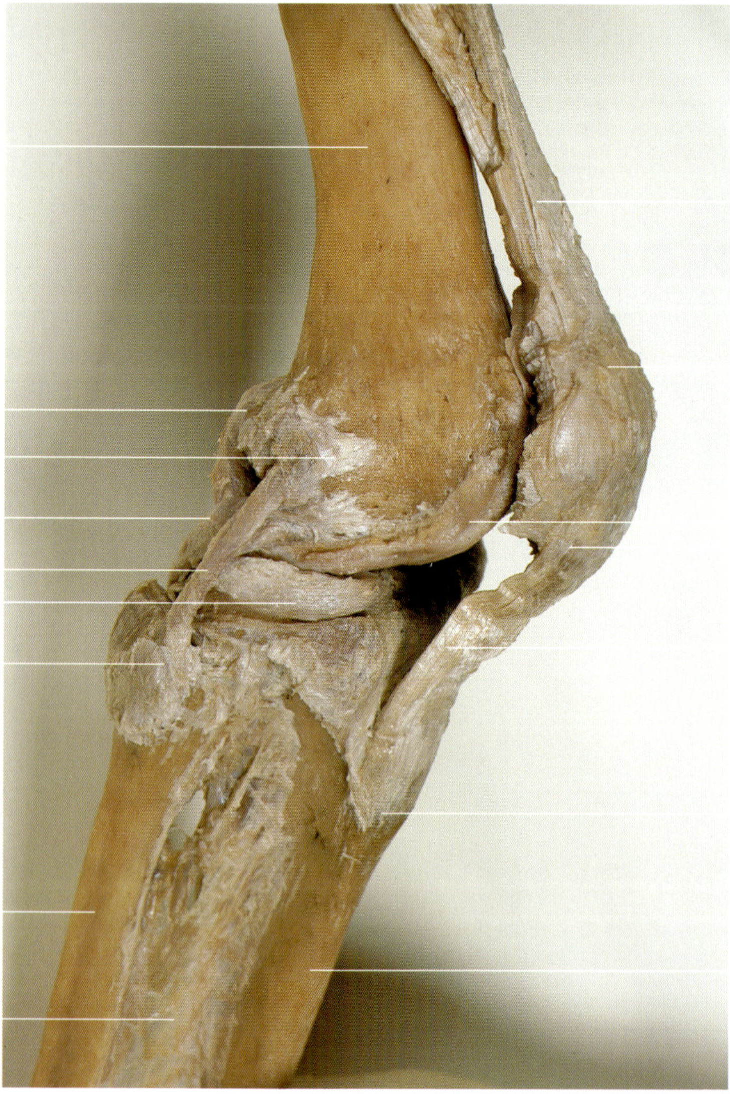

1 Femur, Corpus femoris
2 Femur, Condylus lateralis
3 Femur, Epicondylus lateralis
4 Musculus popliteus, Tendo
5 Ligamentum collaterale fibulare
6 Meniscus lateralis
7 Fibula, Caput fibulae
8 Fibula
9 Membrana interossea cruris
10 Musculus quadriceps femoris, Tendo
11 Patella, Basis patellae
12 Femur, Condylus lateralis, Gelenkknorpel
13 Patella, Apex patellae
14 Ligamentum patellae
15 Tibia, Tuberositas tibiae
16 Tibia

17:25

4.1 Rechtes Kniegelenk von medial

Kniegelenk leicht gebeugt • Knochenpräparat • Gelenkkapsel entfernt

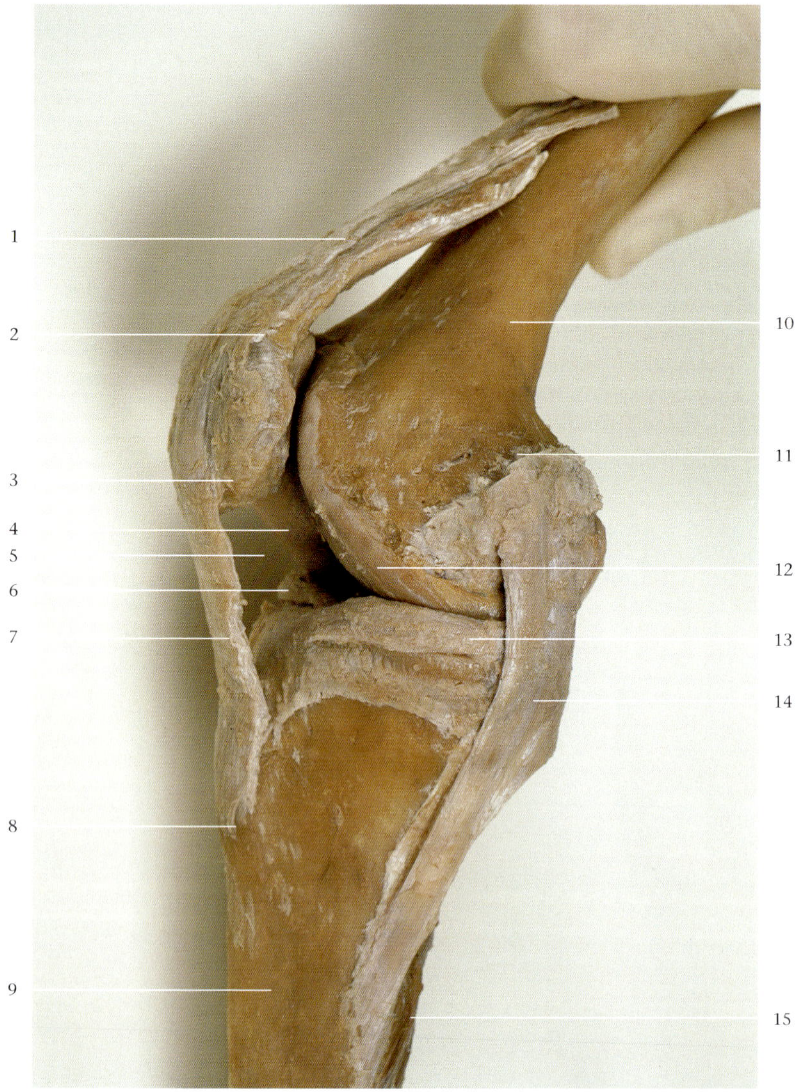

1 Musculus quadriceps femoris, Tendo
2 Patella, Basis patellae
3 Patella, Apex patellae
4 Femur, Condylus lateralis
5 Hohlraum, entstanden durch die Entfernung des Corpus adiposum infrapatellare
6 Meniscus lateralis
7 Ligamentum patellae
8 Tibia, Tuberositas tibiae
9 Tibia
10 Femur
11 Femur, Epicondylus medialis, Cartilago
12 Femur, Condylus medialis
13 Meniscus medialis
14 Ligamentum collaterale tibiale
15 Musculus popliteus

18:10

4.1 Rechtes Kniegelenk von dorsal

Knochenpräparat • Gelenkkapsel entfernt • Musculus popliteus erhalten

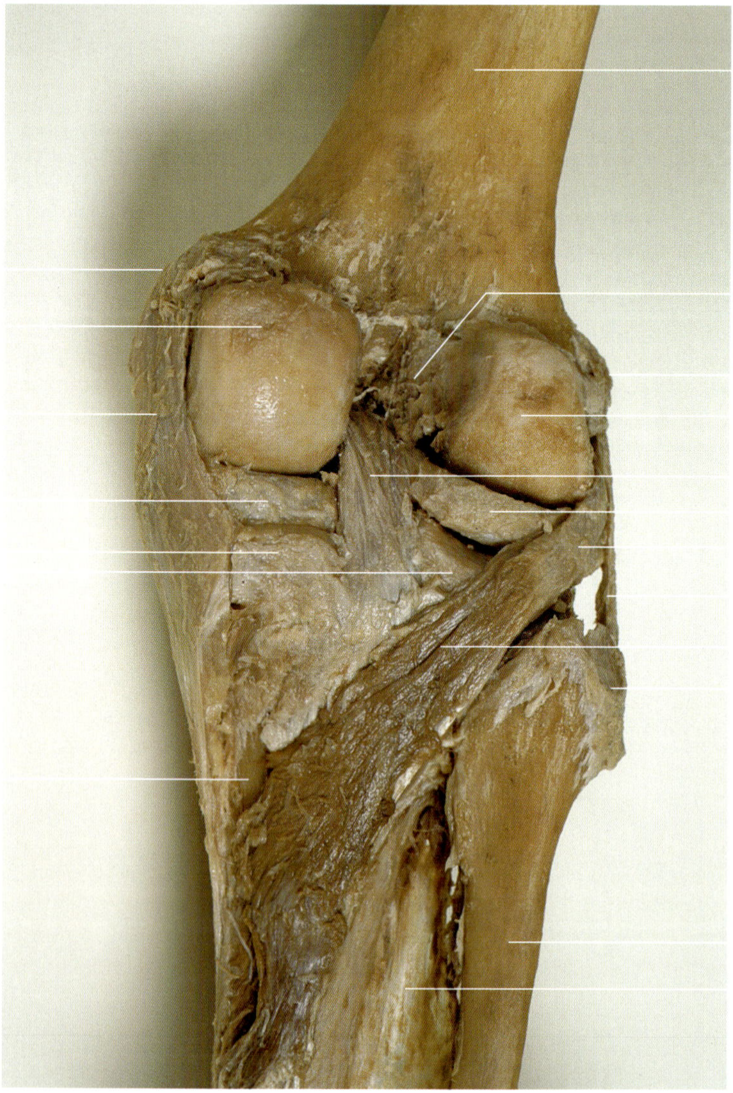

1 Femur, Epicondylus medialis
2 Femur, Condylus medialis, Knorpeldefekt
3 Ligamentum collaterale tibiale
4 Meniscus medialis
5 Tibia, Condylus medialis
6 Tibia, Condylus lateralis
7 Tibia
8 Femur
9 Femur, Fossa intercondylaris
10 Femur, Epicondylus lateralis
11 Femur, Condylus lateralis
12 Ligamentum cruciatum posterius
13 Meniscus lateralis
14 Musculus popliteus, Tendo
15 Ligamentum collaterale fibulare
16 Musculus popliteus
17 Fibula, Caput fibulae
18 Fibula
19 Membrana interossea cruris

19:05

4.1 Rechtes Kniegelenk von lateral

Kniegelenk gebeugt • Knochenpräparat • Gelenkkapsel entfernt • Musculus popliteus erhalten

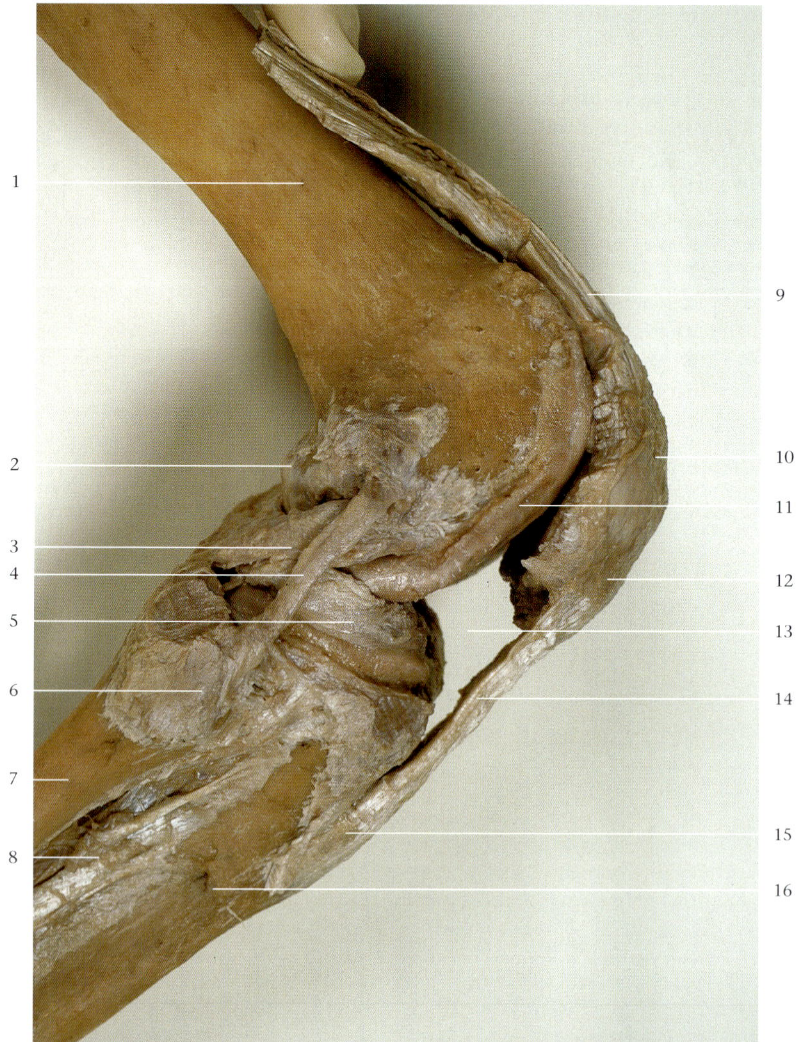

1 Femur
2 Femur, Condylus lateralis
3 Musculus popliteus, Tendo
4 Ligamentum collaterale fibulare
5 Meniscus lateralis
6 Fibula, Caput fibulae
7 Fibula
8 Membrana interossea cruris
9 Musculus quadriceps femoris, Tendo
10 Patella, Basis patellae
11 Femur, Condylus lateralis, Gelenkknorpel
12 Patella, Apex patellae
13 Hohlraum, entstanden durch die Entfernung des Corpus adiposum infrapatellare
14 Ligamentum patellae
15 Tibia, Tuberositas tibiae
16 Tibia

19:20

4.1 Rechtes Kniegelenk von ventral

Kniegelenk in Beugestellung • Gelenkkapsel entfernt • Sehne des Musculus quadriceps femoris durchtrennt • Patella nach distal gelegt • Kreuzbänder

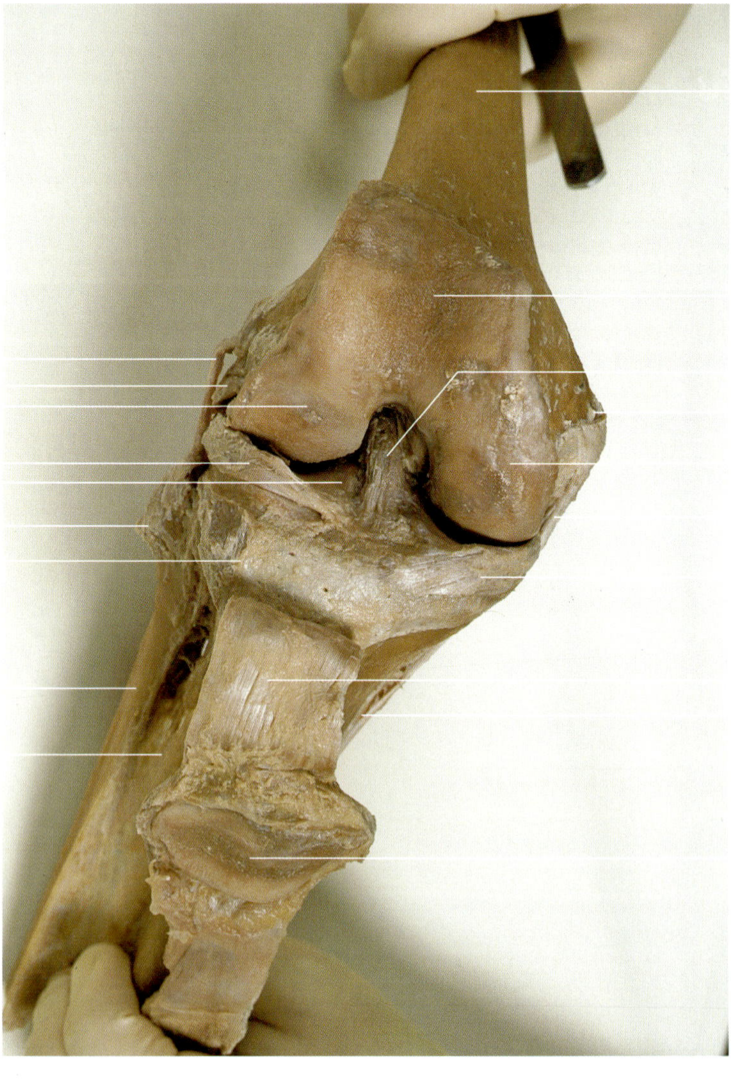

1 Ligamentum collaterale fibulare
2 Femur, Epicondylus lateralis
3 Femur, Condylus lateralis
4 Meniscus lateralis
5 Ligamentum cruciatum posterius
6 Fibula, Caput fibulae
7 Tibia, Condylus lateralis
8 Fibula
9 Membrana interossea cruris
10 Femur
11 Femur, Facies patellaris
12 Ligamentum cruciatum anterius
13 Femur, Epicondylus medialis
14 Femur, Condylus medialis
15 Ligamentum collaterale tibiale
16 Meniscus medialis
17 Ligamentum patellae, nach distal gelegt
18 Tibia
19 Patella, Facies articularis, nach distal gelegt

19:35

4.1 Rechter Fuß von lateral

Knochenpräparat mit Bändern • Sehne des Musculus peroneus longus erhalten

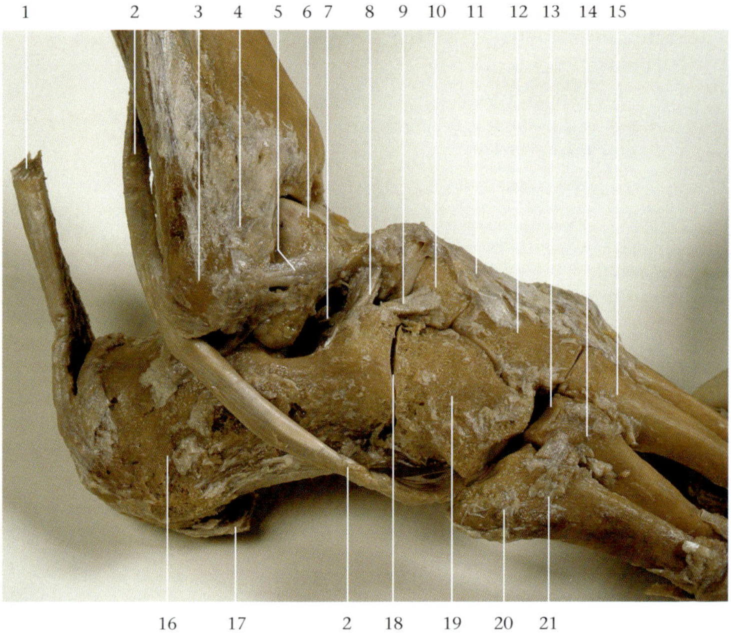

1 Tendo calcaneus
2 Musculus peroneus longus, Tendo
3 Fibula, Malleolus lateralis
4 Ligamentum tibiofibulare anterius
5 Ligamentum talofibulare anterius
6 Talus, Trochlea
7 Ligamentum talocalcaneum interosseum im Sinus tarsi
8 Ligamentum talocalcaneum laterale
9 Ligamentum bifurcatum
10 Os naviculare
11 Ligamenta cuneonavicularia dorsalia
12 Os cuneiforme laterale
13 Articulationes tarsometatarsales
14 Os metatarsale III
15 Os metatarsale IV
16 Calcaneus
17 Aponeurosis plantaris, Ansatz am Calcaneus
18 Articulatio tarsi transversa
19 Os cuboideum
20 Os metatarsale V, Tuberositas
21 Os metatarsale V, Basis

20:20

4.1 Distaler Unterschenkel, Fuß der rechten Seite von ventral

Oberes Sprunggelenk • Gelenkkapsel des oberen Sprunggelenks entfernt • Fußrücken

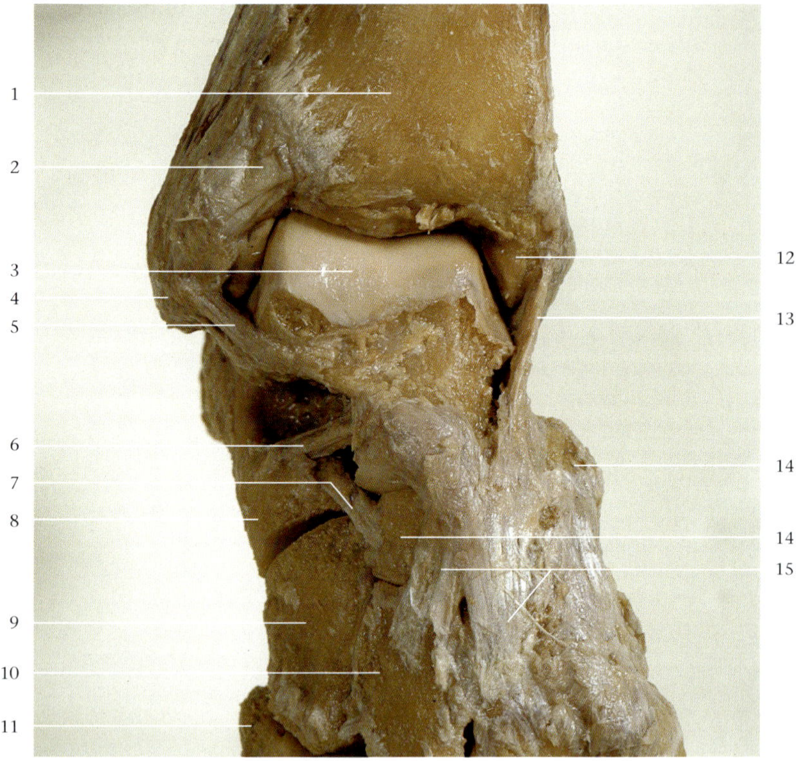

1 Tibia
2 Ligamentum tibiofibulare anterius
3 Talus, Trochlea tali, Cartilago
4 Fibula, Malleolus lateralis
5 Ligamentum talofibulare anterius
6 Ligamentum talocalcaneum laterale
7 Ligamentum bifurcatum, Pars calcaneonaviculare
8 Calcaneus
9 Os cuboideum
10 Os cuneiforme laterale
11 Os metatarsale V, Tuberositas
12 Tibia, Malleolus medialis
13 Ligamentum deltoideum (auch Ligamentum collaterale tibiale), Pars tibiotalaris anterior
14 Os naviculare
15 Ligamenta cuneonavicularia dorsalia

20:20

4.1 Rechter Fuß von medial und plantar

Knochenpräparat • Sehnen des Musculus tibialis posterior und Musculus peroneus longus erhalten

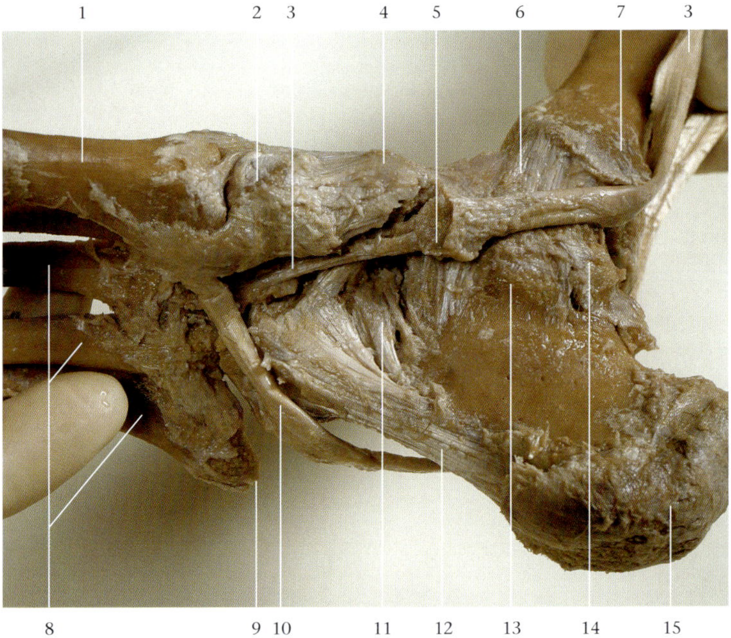

1 Os metatarsale I
2 Os cuneiforme mediale
3 Musculus tibialis posterior, Tendo
4 Os naviculare
5 Musculus tibialis posterior, Tendo, Verdickung
6 Ligamentum deltoideum (Ligamentum collaterale tibiale)
7 Tibia, Malleolus medialis
8 Ossa metatarsalia II, III, V
9 Os metatarsale V, Tuberositas
10 Musculus peroneus longus, Tendo
11 Ligamentum calcaneonaviculare plantare (Pfannenband)
12 Ligamentum plantare longum
13 Calcaneus, Sustentaculum tali
14 Talus
15 Calcaneus

21:40

4.2 Oberschenkel und Hüfte von ventral und lateral links

Subkutanes Fettgewebe entfernt • epifaszial verlaufende Strukturen • allgemeine Körperfaszie

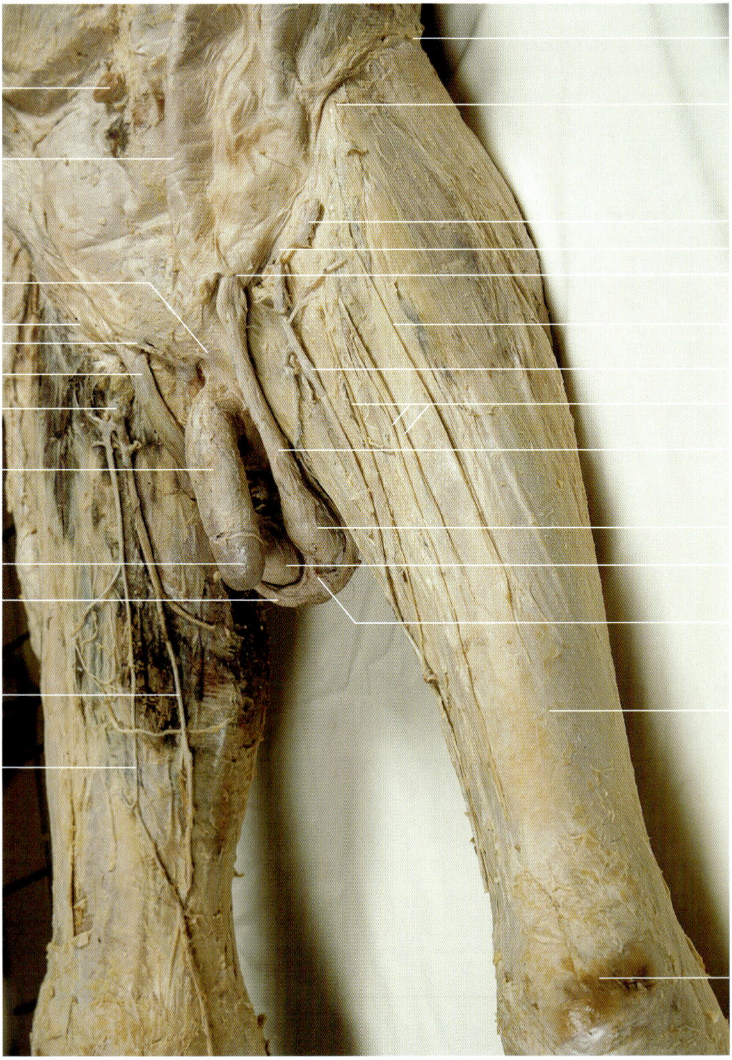

1 Umbilicus
2 Vagina musculi recti abdominis, Lamina anterior
3 Symphysis pubica
4 Ligamentum inguinale, rechts
5 Anulus inguinalis superficialis, rechts
6 Funiculus spermaticus, rechts
7 Vena saphena magna, rechts, „Venenstern“
8 Penis, Corpus penis
9 Penis, Glans penis
10 Scrotalhaut, Anschnitt
11 Vena saphena magna, rechts
12 Vena saphena accessoria, rechts
13 Crista iliaca, links
14 Spina iliaca anterior superior, links
15 Nodus lymphaticus inguinalis superficialis, links
16 Ligamentum inguinale, links
17 Anulus inguinalis superficialis, links
18 Nervus cutaneus femoris lateralis, links
19 Vena saphena magna, links
20 Nervus femoralis, links, Rami cutanei anteriores
21 Funiculus spermaticus, links
22 Testis, links, in den Hodenhüllen
23 Testis, rechts, in den Hodenhüllen
24 Bindegewebe des Scrotums
25 Fascia lata, links
26 Patella, links

21:40

4.2 Linke Leistenregion von ventral und lateral

Subkutanes Fettgewebe entfernt • epifaszial gelegene Strukturen • allgemeine Körperfaszie • äußerer Leistenring

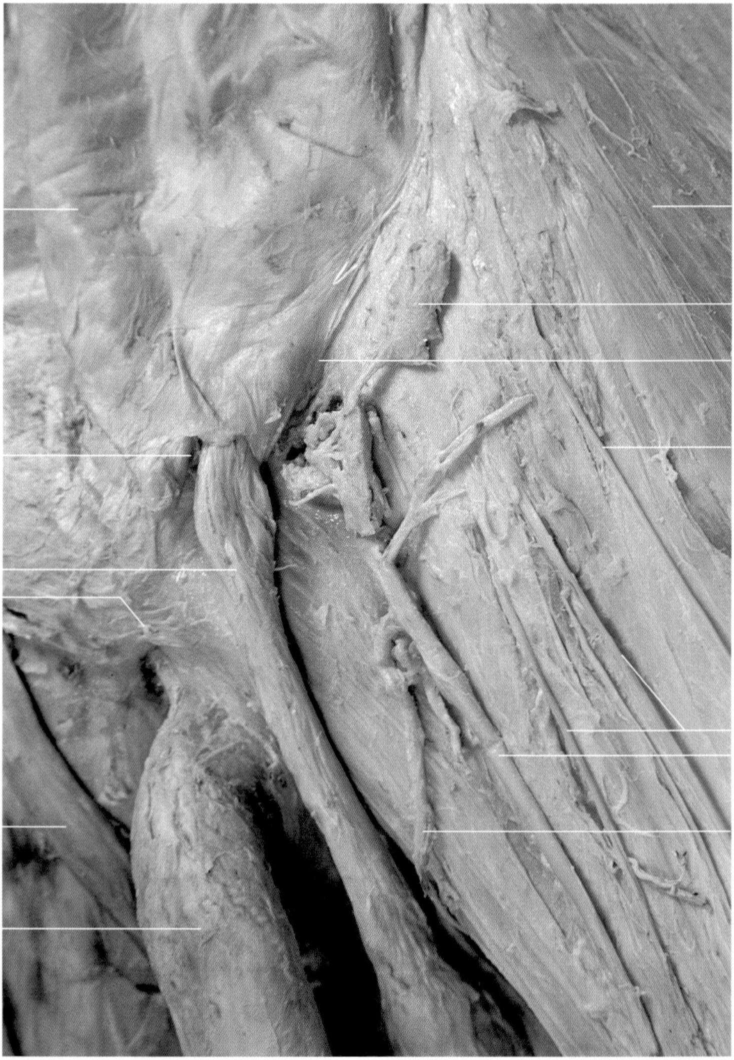

1 Vagina musculi recti abdominis, Lamina anterior
2 Anulus inguinalis superficialis
3 Funiculus spermaticus, links
4 Symphysis pubica
5 Funiculus spermaticus, rechts
6 Penis, Corpus penis
7 Musculus tensor fasciae latae
8 Nodus lymphaticus inguinalis superficialis
9 Ligamentum inguinale
10 Nervus cutaneus femoris lateralis
11 Nervus femoralis, Rami cutanei anteriores
12 Vena saphena magna
13 Vena saphena accessoria

23:55

4.2 Linke Leistenregion von ventral

Allgemeine Körperfaszie über dem Trigonum femorale entfernt • Blutgefäße und Nerven

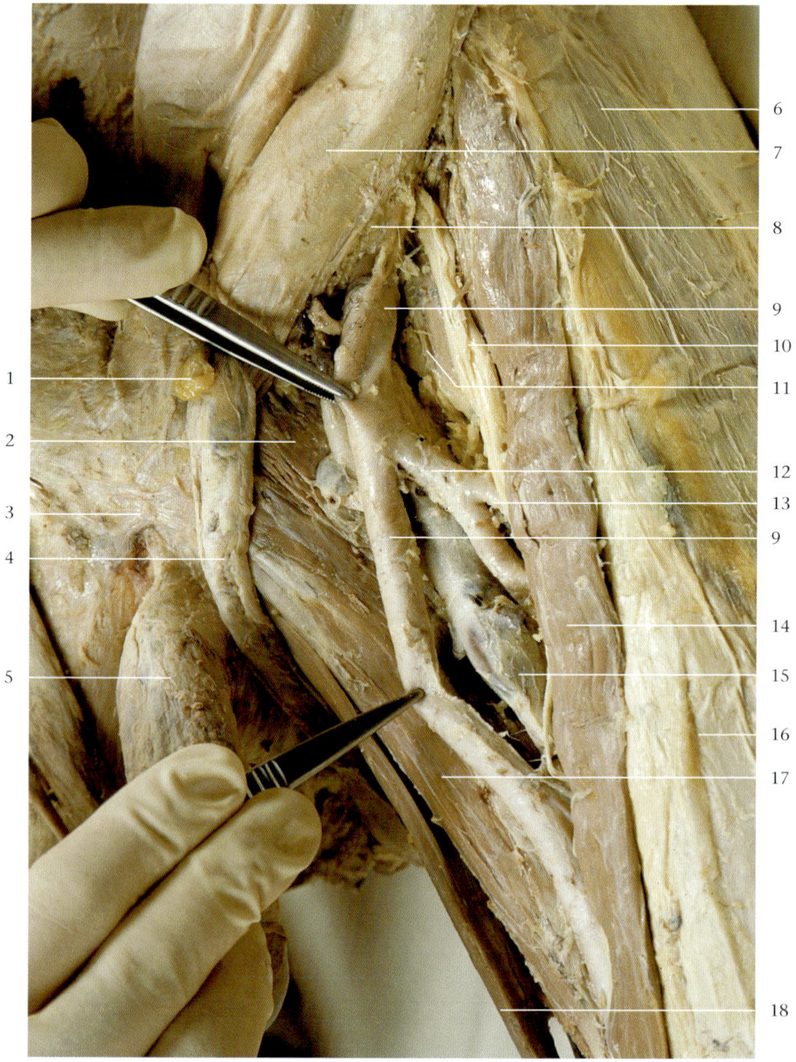

1 Fettgewebe im Anulus inguinalis superficialis
2 Musculus pectineus
3 Ligamentum pubicum inferius
4 Funiculus spermaticus
5 Penis, Corpus penis
6 Musculus tensor fasciae latae, durch die Fascia lata erkennbar
7 Musculus obliquus externus abdominis, Aponeurosis, den Leistenkanal bedeckend
8 Ligamentum inguinale
9 Arteria femoralis
10 Nervus femoralis
11 Musculus iliopsoas
12 Arteria profunda femoris
13 Arteria circumflexa femoris lateralis
14 Musculus sartorius
15 Vena femoralis
16 Fascia lata
17 Musculus adductor longus
18 Musculus gracilis

24:50

4.2 Oberschenkel und Hüfte von ventral und lateral links

Allgemeine Körperfaszie entfernt • oberflächliches Muskelrelief

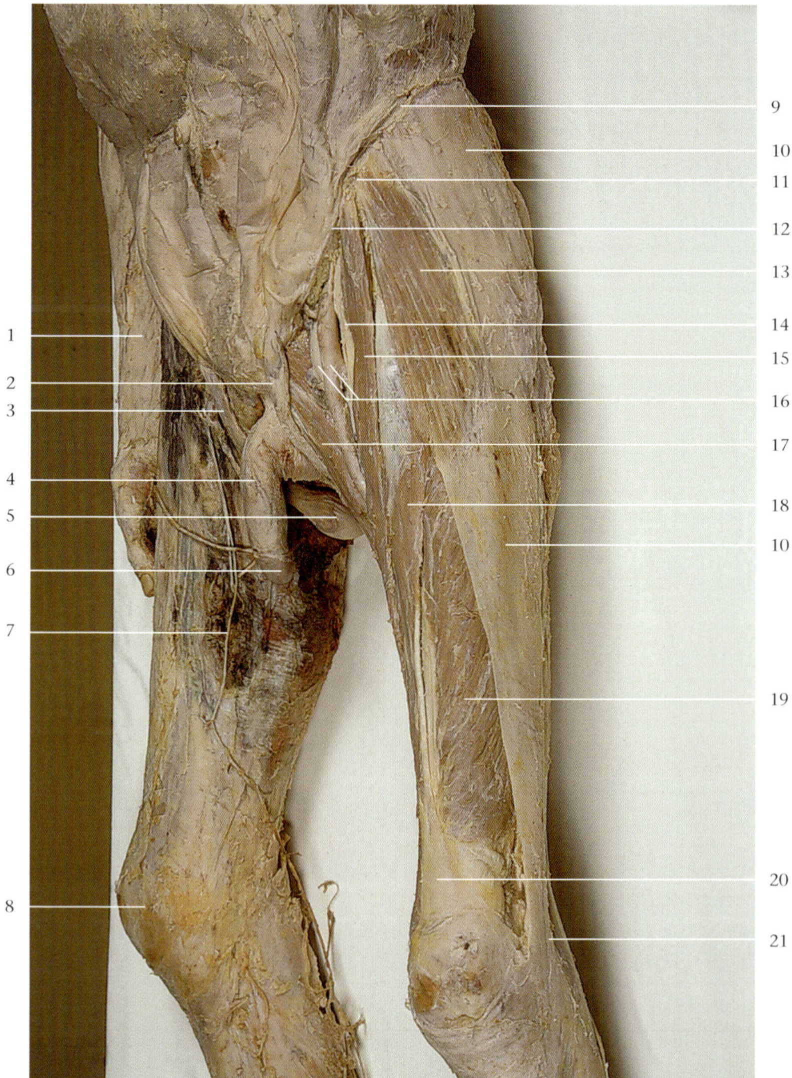

1 Arm, rechts
2 Funiculus spermaticus, links
3 Funiculus spermaticus, rechts
4 Penis, Corpus penis
5 Testis, rechts, in den Hodenhüllen
6 Penis, Glans penis
7 Vena saphena magna, rechts
8 Patella, rechts
9 Crista iliaca, links
10 Fascia lata, Tractus iliotibialis, links
11 Spina iliaca anterior superior, links
12 Ligamentum inguinale, links
13 Musculus tensor fasciae latae, links
14 Nervus femoralis, links
15 Musculus sartorius, links
16 Arteria und Vena femoralis (Vene medial, Arterie lateral gelegen), links
17 Musculus adductor longus, links
18 Musculus rectus femoris, links
19 Musculus vastus lateralis, links
20 Musculus quadriceps femoris, links, Tendo
21 Fascia lata, Tractus iliotibialis, links, Ansatz am Condylus lateralis der Tibia

25:05

4.2 Oberschenkel und Hüfte von ventral

Allgemeine Körperfaszie, Muskeleigenfaszien und Bindegewebe entfernt • ventral gelegene Muskeln des Oberschenkels

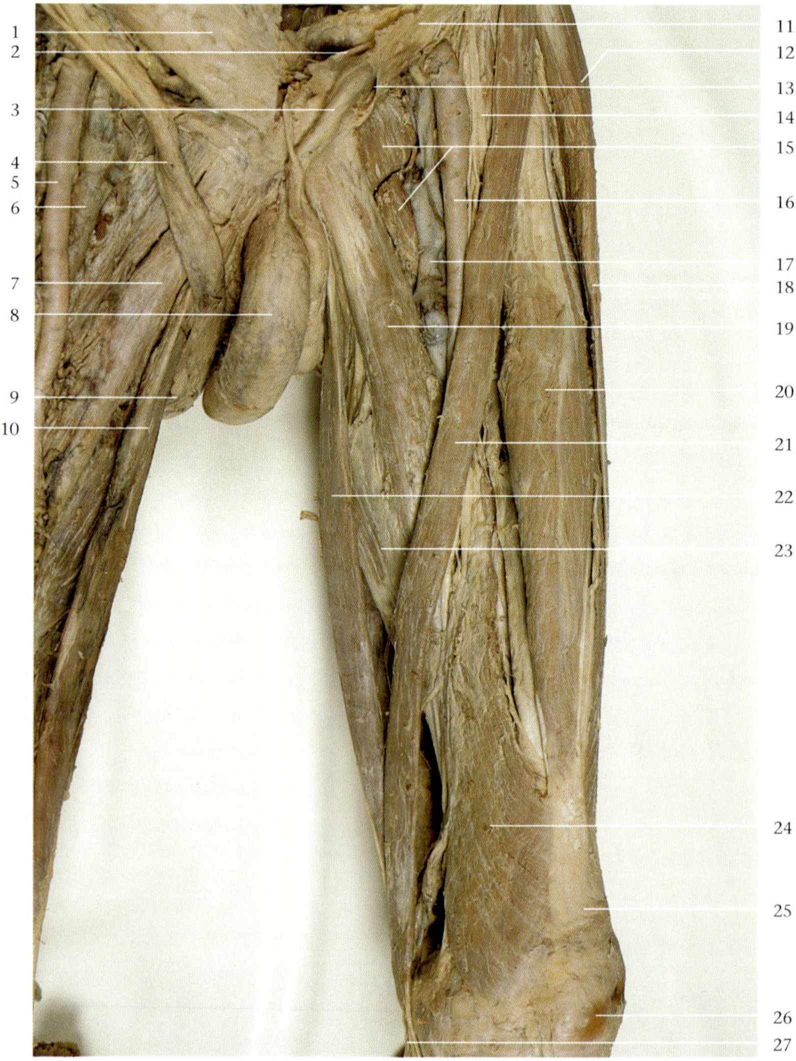

1 Vagina musculi recti abdominis, Lamina anterior
2 Musculus obliquus internus abdominis
3 Funiculus spermaticus, links
4 Funiculus spermaticus, rechts
5 Arteria femoralis, rechts
6 Vena femoralis, rechts
7 Musculus adductor longus, rechts
8 Penis, Corpus penis
9 Testis, rechts, in den Hodenhüllen
10 Musculus gracilis, rechts
11 Musculus obliquus externus abdominis, links
12 Musculus tensor fasciae latae, links
13 Anulus inguinalis superficialis, links
14 Nervus femoralis, links
15 Musculus pectineus, links, eingeschnitten
16 Arteria femoralis, links
17 Vena femoralis, links
18 Fascia lata, Tractus iliotibialis, links
19 Musculus adductor longus, links
20 Musculus rectus femoris, links
21 Musculus sartorius, links
22 Musculus gracilis, links
23 Musculus adductor magnus, links
24 Musculus vastus medialis, links
25 Musculus quadriceps femoris, links, Tendo
26 Patella, links
27 Musculus sartorius, Ansatz im Bereich des Pes anserinus (superficialis)

25:30

4.2 Abdomen, Becken und Hüfte von ventral

Bauchdeckenmuskeln, Eingeweide, Peritoneum und Bindegewebe und Fett entfernt • tiefe Hüftmuskeln • Plexus lumbalis

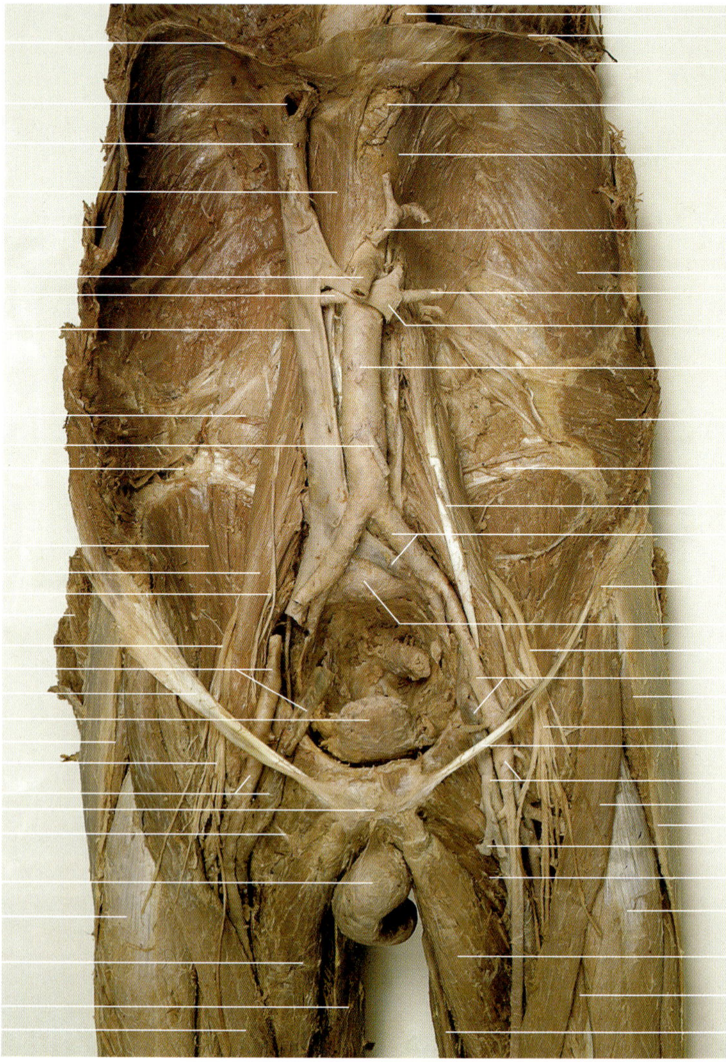

1 Diaphragma, Schnittkante
2 Einmündung einer Vena hepatica in die Vena cava inferior
3 Vena cava inferior
4 Diaphragma, Pars lumbalis, Crus dextrum
5 Recessus costodiaphragmaticus, rechts
6 Arteria mesenterica superior
7 Arteria renalis
8 Musculus quadratus lumborum
9 Arteria mesenterica inferior
10 Crista iliaca
11 Musculus iliacus, rechts
12 Musculus psoas major, rechts
13 Nervus genitofemoralis, rechts
14 Musculus gluteus maximus, rechts
15 Nervus femoralis, rechts
16 Arteria und Vena iliaca externa
17 Ligamentum inguinale
18 Vesica urinaria
19 Musculus tensor fasciae latae
20 Nervus femoralis
21 Arteria und Vena femoralis
22 Symphysis pubica
23 Musculus pectineus
24 Penis, Corpus penis
25 Musculus rectus femoris
26 Musculus adductor longus
27 Musculus gracilis
28 Musculus sartorius
29 Oesophagus, Pars thoracica
30 Diaphragma, Centrum tendineum
31 Oesophagus, Pars abdominalis
32 Diaphragma, Pars lumbalis, Crus sinistrum
33 Truncus coeliacus
34 Diaphragma, Pars costalis
35 Vena renalis
36 Aorta abdominalis
37 Musculus transversus abdominis
38 Musculus psoas minor, Tendo
39 Arteria und Vena iliaca communis, links
40 Spina iliaca anterior superior, links
41 Promontorium
42 Fascia lata, Tractus iliotibialis, Schnittkante
43 Vena saphena magna, links
44 Musculus vastus medialis

25:30

4.2 Leistenregion und Oberschenkel links von ventral

Bauchdeckenmuskeln, Eingeweide, Peritoneum, Bindegewebe und Fett entfernt • tiefe Hüftmuskeln • Plexus lumbalis • Trigonum femorale

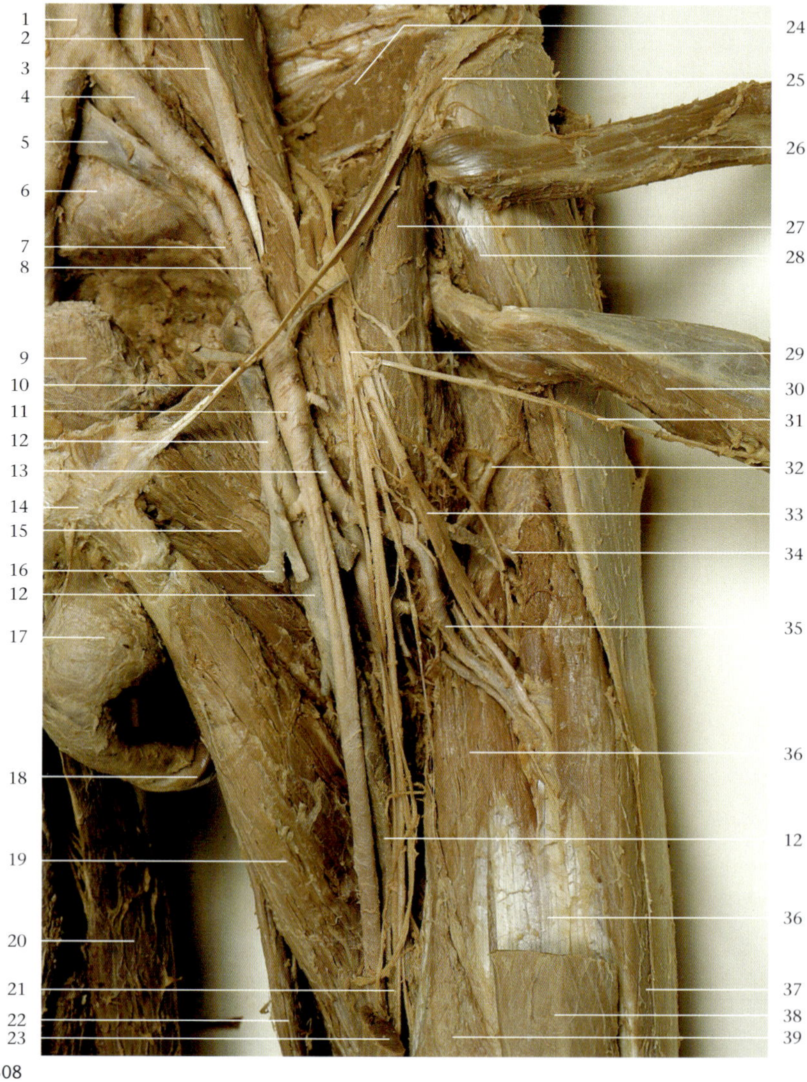

1 Aorta abdominalis
2 Musculus psoas major
3 Musculus psoas minor, Tendo
4 Arteria iliaca communis
5 Vena iliaca communis
6 Columna vertebralis, Promontorium
7 Arteria iliaca interna
8 Arteria iliaca externa
9 Vesica urinaria
10 Ligamentum inguinale
11 Arteria femoralis
12 Vena femoralis
13 Arteria profunda femoris
14 Symphysis pubica
15 Musculus pectineus
16 Vena saphena magna, durchtrennt
17 Penis, Corpus penis
18 Penis, Glans penis
19 Musculus adductor longus
20 Musculus gracilis, rechts
21 Nervus saphenus
22 Musculus gracilis, links
23 Musculus sartorius, Schnittkante
24 Musculus iliacus
25 Spina iliaca anterior superior
26 Musculus sartorius, durchtrennt und nach lateral gelegt
27 Musculus iliopsoas
28 Musculus tensor fasciae latae
29 Nervus femoralis
30 Musculus rectus femoris, durchtrennt und nach lateral gelegt
31 Nervus femoralis, Ramus muscularis
32 Arteria circumflexa femoris lateralis, Ramus ascendens
33 Nervus femoralis, Rami musculares
34 Arteria circumflexa femoris lateralis, Ramus transversus
35 Arteria circumflexa femoris lateralis, Ramus descendens
36 Musculus vastus intermedius
37 Musculus vastus lateralis
38 Musculus rectus femoris, durchtrennt, distaler Anteil in situ
39 Musculus vastus medialis

26:00

4.2 Becken und Hüfte rechts von ventral

Bauchdeckenmuskeln, Eingeweide, Peritoneum, Bindegewebe und Fett entfernt • Musculus psoas major und minor an der Wirbelsäule gelöst und nach lateral gelegt • Plexus lumbalis

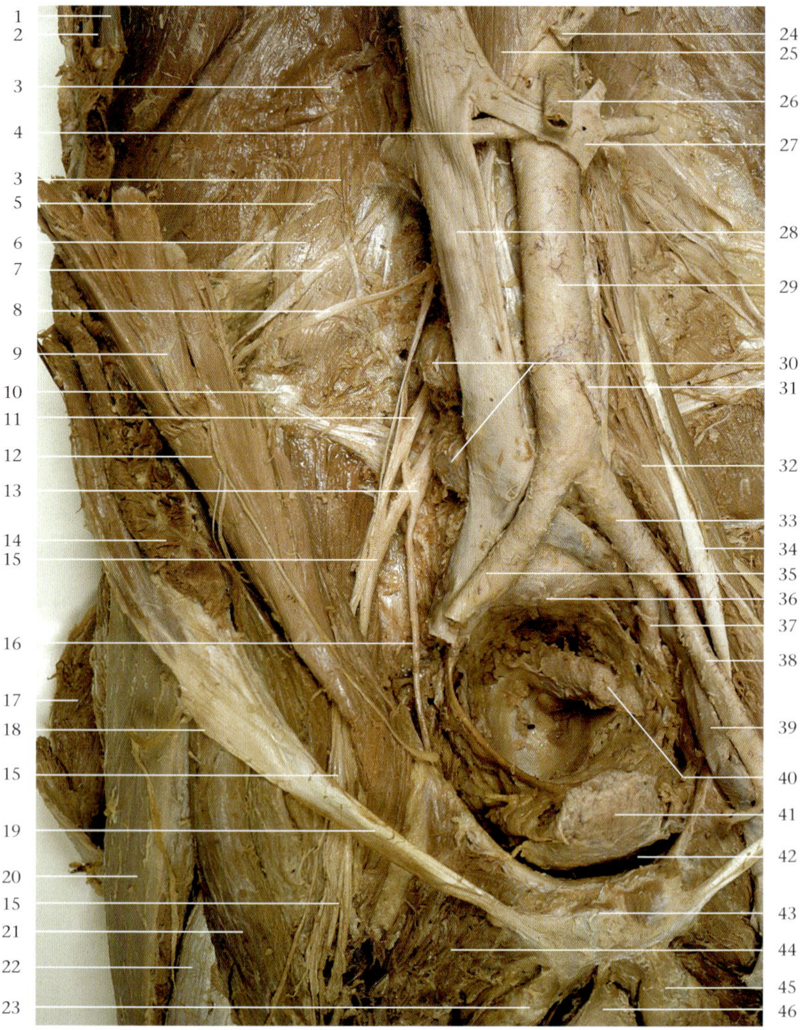

1 Diaphragma, Pars costalis
2 Recessus costodiaphragmaticus
3 Diaphragma, Pars lumbalis
4 Arteria renalis
5 Ligamentum arcuatum laterale
6 Musculus quadratum lumborum
7 Nervus iliohypogastricus
8 Nervus ilioinguinalis
9 Musculus psoas major, an der Wirbelsäule gelöst und nach lateral gelegt
10 Ligamentum iliolumbale
11 Nervus spinalis L3, Plexus lumbalis
12 Nervus genitofemoralis
13 Nervus spinalis L4, Plexus lumbalis
14 Musculus obliquus internus abdominis und Musculus transversus abdominis, Schnittkante
15 Nervus femoralis
16 Nervus obturatorius
17 Musculus gluteus maximus
18 Musculus obliquus externus abdominis, Aponeurosis
19 Ligamentum inguinale, nach kaudal verlagert
20 Musculus tensor fasciae latae
21 Musculus sartorius
22 Musculus rectus femoris
23 Musculus adductor longus
24 Truncus coeliacus
25 Diaphragma, Pars lumbalis, Crus dextrum
26 Arteria mesenterica superior
27 Vena renalis, links
28 Vena cava inferior
29 Aorta abdominalis
30 Disci intervertebrales
31 Arteria mesenterica inferior
32 Musculus psoas major, links, in situ
33 Arteria iliaca communis, links
34 Musculus psoas minor, links
35 Arteria iliaca communis, rechts
36 Promontorium
37 Arteria iliaca interna, links
38 Arteria iliaca externa, links
39 Vena iliaca externa, links
40 Rectum, Anschnitt
41 Vesica urinaria
42 Spatium retropubicum, präparationsbedingt geweitet
43 Symphysis pubica
44 Musculus pectineus, rechts
45 Musculus adductor longus, links
46 Penis

26:00

4.2 Rechte Beckenhälfte von ventral

Bauchdeckenmuskeln, Leistenband, Eingeweide, Peritoneum, Bindegewebe, Fett sowie Musculus iliopsoas entfernt • Plexus lumbalis

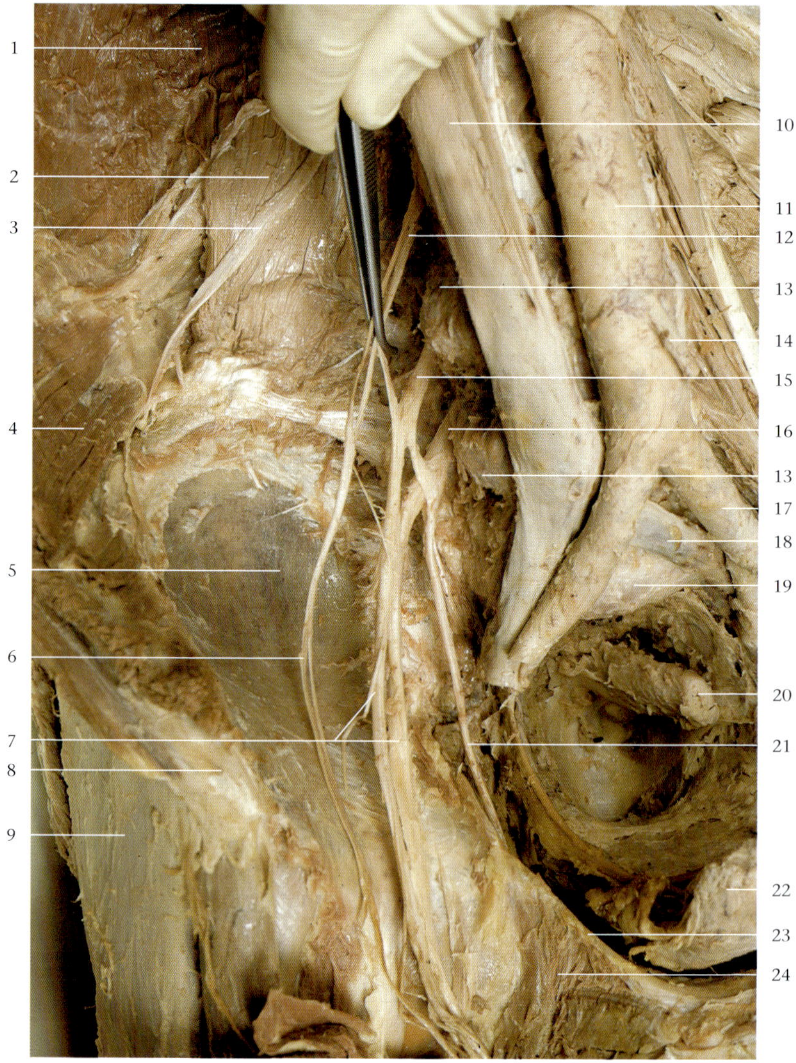

1 Diaphragma
2 Musculus quadratus lumborum
3 Nervus iliohypogastricus
4 Musculus transversus abdominis
5 Os ilium, Ala ossis ilii, Fossa iliaca
6 Nervus cutaneus femoris lateralis, im distalen Bereich nach medial verlagert
7 Nervus femoralis
8 Spina iliaca anterior superior
9 Fascia lata, Tractus iliotibialis
10 Vena cava inferior
11 Aorta abdominalis
12 Nervus spinalis L2, Plexus lumbalis
13 Discus intervertebralis
14 Arteria mesenterica inferior
15 Nervus spinalis L3, Plexus lumbalis
16 Nervus spinalis L4, Plexus lumbalis
17 Arteria iliaca communis, links
18 Vena iliaca communis, links
19 Kaudalster Discus intervertebralis, Promontorium
20 Rectum, Anschnitt
21 Nervus obturatorius
22 Vesica urinaria
23 Os pubis, Ramus superior, Linea terminalis
24 Musculus pectineus

29:35

4.2 Becken und Hüfte von ventral

Bauchdeckenmuskeln, Leistenband, Eingeweide, Peritoneum, Bindegewebe und Fett entfernt • Musculus iliacus aus der Fossa iliaca gelöst und nach distal gelegt • Bursa subtendinea iliaca • Plexus lumbalis

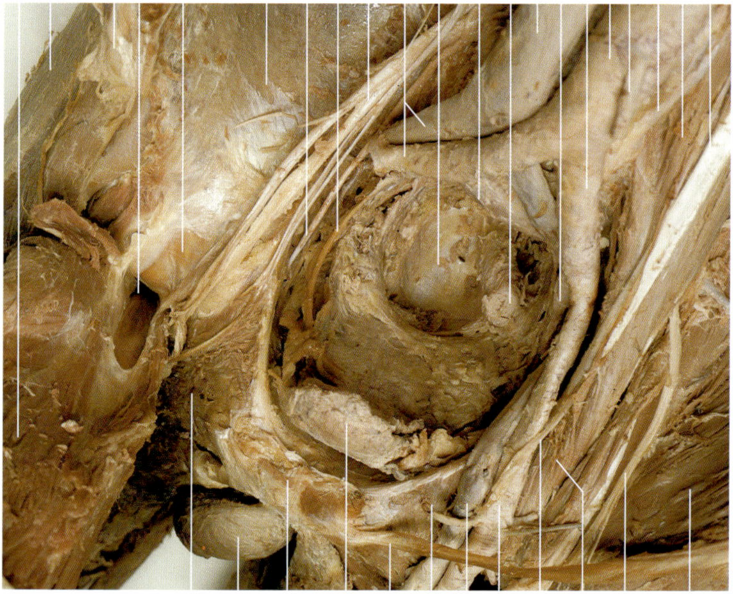

1 Musculus iliopsoas gelöst und nach distal gelegt
2 Musculus tensor fasciae latae
3 Spina iliaca anterior superior, rechts
4 Bursa subtendinea iliaca, rechts, eröffnet
5 Os pubis, Ramus superior, rechts
6 Os ilium, Ala ossis ilii, Fossa iliaca, rechts
7 Nervus obturatorius, rechts
8 Arteria umbilicalis
9 Nervus femoralis, rechts
10 Arteria und Vena iliaca communis, links
11 Os sacrum
12 Promontorium
13 Rectum, Anschnitt
14 Vena cava inferior
15 Arteria iliaca interna, links
16 Arteria iliaca communis, links
17 Aorta abdominalis
18 Arteria mesenterica inferior
19 Truncus sympathicus
20 Musculus psoas major, links
21 Musculus psoas minor, links, Tendo
22 Musculus pectineus, rechts
23 Penis, Corpus penis
24 Symphysis pubica
25 Vesica urinaria
26 Ligamentum inguinale, links
27 Musculus pectineus, links
28 Vena iliaca externa, links
29 Arteria iliaca externa, links
30 Nervus genitofemoralis, links
31 Nervus femoralis, links
32 Musculus iliacus, links

30:20

4.2 Leistenregion und Oberschenkel von ventral

Subfaszial gelegene Gefäße und Nerven im linken Trigonum femorale

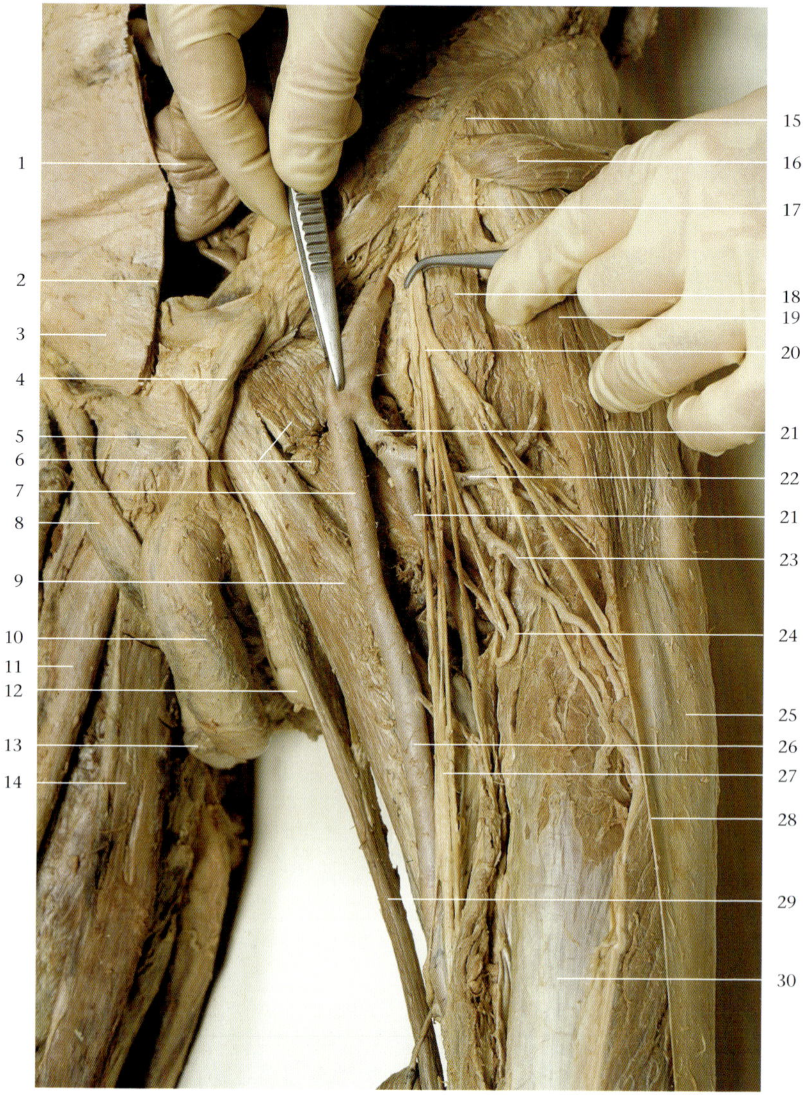

1 Darmschlinge in der eröffneten Bauchhöhle
2 Vagina musculi recti abdominis, Lamina anterior, Schnittkante
3 Vagina musculi recti abdominis, Lamina anterior
4 Funiculus spermaticus, links
5 Symphysis pubica
6 Musculus pectineus, links, in situ, eingeschnitten
7 Arteria femoralis
8 Funiculus spermaticus, rechts
9 Musculus adductor longus, links
10 Penis, Corpus penis
11 Musculus adductor longus, rechts
12 Testis, links, in den Hodenhüllen
13 Testis, rechts, in den Hodenhüllen
14 Musculus gracilis, rechts
15 Spina iliaca anterior superior, links
16 Musculus sartorius, links, eingeschnitten und nach lateral gelegt
17 Ligamentum inguinale, links
18 Musculus iliopsoas, links
19 Musculus tensor fasciae latae, links
20 Nervus femoralis, links
21 Arteria profunda femoris, links
22 Arteria circumflexa femoris lateralis, links, Ramus ascendens
23 Arteria circumflexa femoris lateralis, links, Ramus transversus
24 Arteria circumflexa femoris lateralis, links, Ramus descendens
25 Fascia lata, Tractus iliotibialis, links
26 Arteria femoralis, links
27 Nervus saphenus, links, aus dem Nervus femoralis
28 Fascia lata, Tractus iliotibialis, links, Schnittkante
29 Musculus gracilis, links
30 Musculus vastus intermedius, links

32:30

4.2 Leistenregion und Oberschenkel links von ventral

Bauchdeckenmuskeln, Bindegewebe und Fett entfernt • Bauchhöhle eröffnet • Vena femoralis entfernt

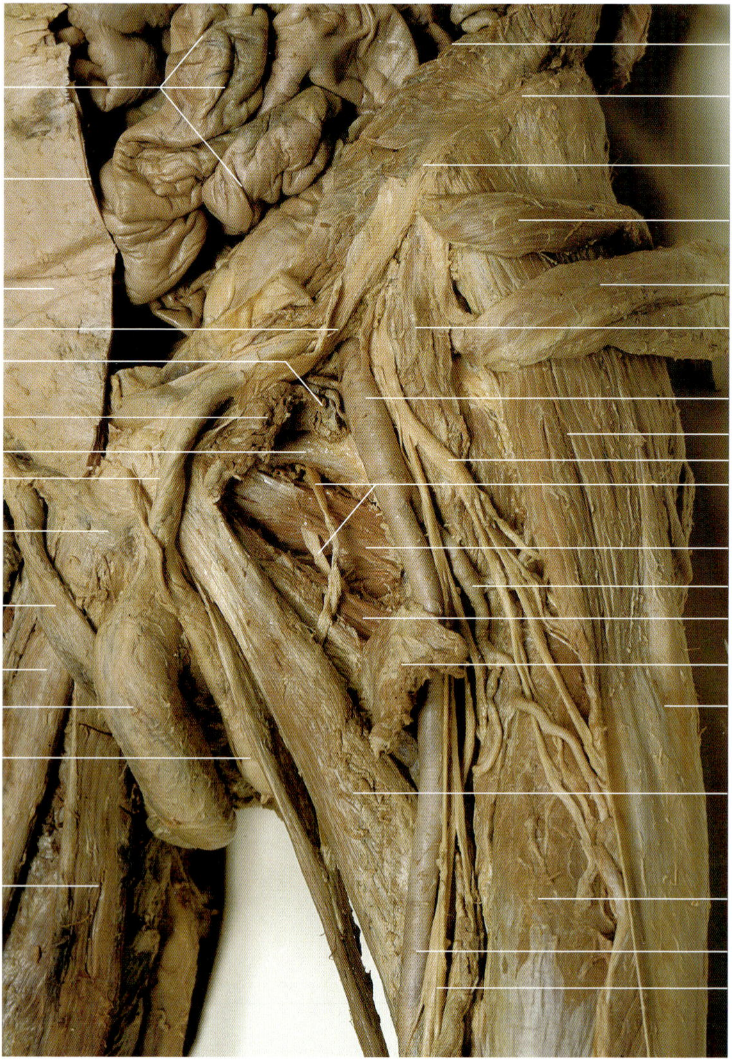

1 Darmschlingen in der eröffneten Bauchhöhle
2 Bauchdecke, Schnittkante
3 Vagina musculi recti abdominis, Lamina anterior
4 Ligamentum inguinale, links
5 Vena femoralis, links, Stumpf
6 Musculus pectineus, links, Schnittkante
7 Os pubis, Ramus superior, darunter Canalis obturatorius
8 Funiculus spermaticus, links
9 Symphysis pubica
10 Funiculus spermaticus, rechts
11 Musculus adductor longus, rechts
12 Penis, Corpus penis
13 Testis, links, in den Hodenhüllen
14 Musculus gracilis, rechts
15 Musculus obliquus internus abdominis, Schnittkante
16 Crista iliaca, links
17 Spina iliaca anterior superior, links
18 Musculus sartorius, links, durchtrennt und nach lateral gelegt
19 Musculus rectus femoris, links, durchtrennt und nach lateral gelegt
20 Musculus iliopsoas, links
21 Arteria femoralis, links
22 Musculus tensor fasciae latae, links
23 Nervus femoralis, links
24 Nervus obturatorius, links
25 Musculus obturatorius externus, links
26 Arteria profunda femoris, links
27 Musculus adductor minimus, links
28 Musculus pectineus, links, durchtrennt und nach distal gelegt
29 Fascia lata, Tractus iliotibialis, links
30 Musculus adductor longus, links
31 Musculus vastus intermedius, links
32 Nervus saphenus, links

33:40

4.3 Linkes Knie von medial

Allgemeine Körperfaszie, Fett und Bindegewebe entfernt • Sehnen des Pes anserinus separiert

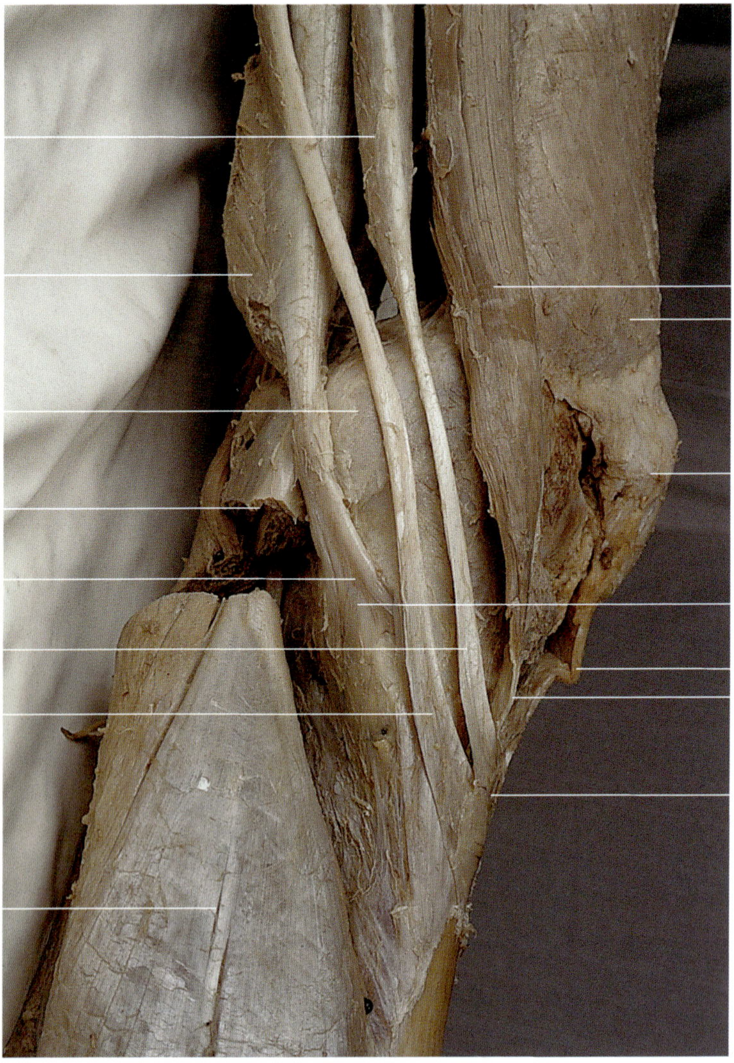

1	Musculus gracilis
2	Musculus semimembranosus
3	Femur, Condylus medialis
4	Musculus gastrocnemius, Caput mediale, Schnittkante
5	Musculus semimembranosus, Tendo, Ansatz an der Tibia (Pes anserinus profundus)
6	Musculus gracilis, Tendo, Teil des Pes anserinus (superficialis)
7	Musculus semitendinosus, Tendo, Teil des Pes anserinus (superficialis)
8	Musculus gastrocnemius, Caput mediale, eingeschnitten
9	Musculus sartorius
10	Musculus vastus medialis
11	Patella
12	Tibia, Condylus medialis
13	Ligamentum patellae
14	Musculus sartorius, Teil des Pes anserinus (superficialis)
15	Tibia, Tuberositas tibiae

34:15

4.3 Unterschenkel und Fußrücken von ventral

Allgemeine Körperfaszie und Bindegewebe entfernt

1 Tibia, rechts, Tuberositas tibiae
2 Septum intermusculare cruris anterius, rechts
3 Musculus peroneus longus, rechts
4 Musculus tibialis anterior, rechts
5 Tibia, rechts, Margo anterior
6 Musculus extensor digitorum longus, rechts
7 Vena saphena magna, rechts
8 Musculus extensor hallucis longus, Tendo, rechts
9 Musculus tibialis anterior, Tendo
10 Fibula, rechts, Malleolus lateralis
11 Musculus extensor hallucis brevis, rechts
12 Musculus extensor digitorum longus, rechts, Tendines
13 Musculus semimembranosus, links
14 Musculus sartorius, links
15 Musculus gastrocnemius, links, Caput mediale
16 Tibia, links
17 Musculus soleus, links
18 Tendo calcaneus, links
19 Tibia, links, Malleolus medialis
20 Calcaneus, links
21 Musculus abductor hallucis, links
22 Aponeurosis plantaris und Musculus flexor digitorum brevis, links

35:10

4.3 Rechter Unterschenkel von ventral

Allgemeine Körperfaszie, Bindegewebe sowie Musculus tibialis anterior entfernt • Strukturen in der Tibialis-anterior-Loge • Septum intermusculare cruris anterior

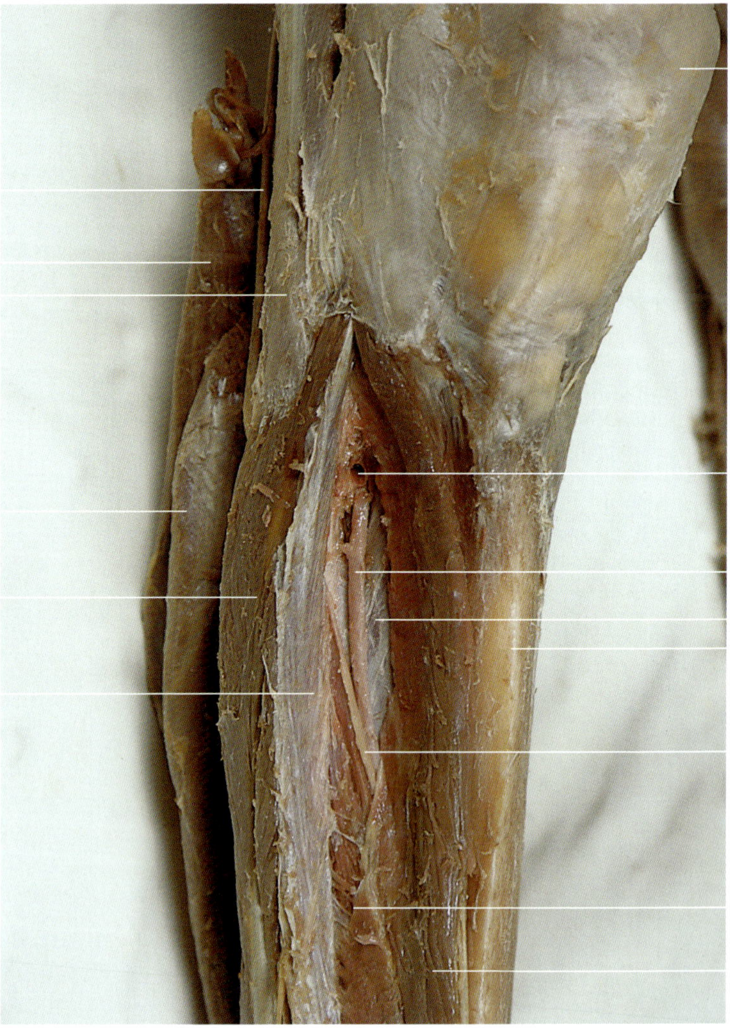

1 Nervus peroneus communis
2 Musculus gastrocnemius, Caput laterale, gelöst
3 Fibula, Caput fibulae
4 Musculus soleus, gelöst
5 Musculus peroneus longus
6 Septum intermusculare cruris anterius
7 Patella
8 Vena tibialis anterior, Anschnitt
9 Arteria tibialis anterior
10 Membrana interossea cruris
11 Tibia, Margo anterior
12 Nervus peroneus profundus
13 Musculus extensor digitorum longus
14 Musculus extensor hallucis longus

36:15

4.3 Fußrücken, rechts

Allgemeine Körperfaszie, Retinaculum musculorum extensorum superius und inferius sowie Bindegewebe entfernt

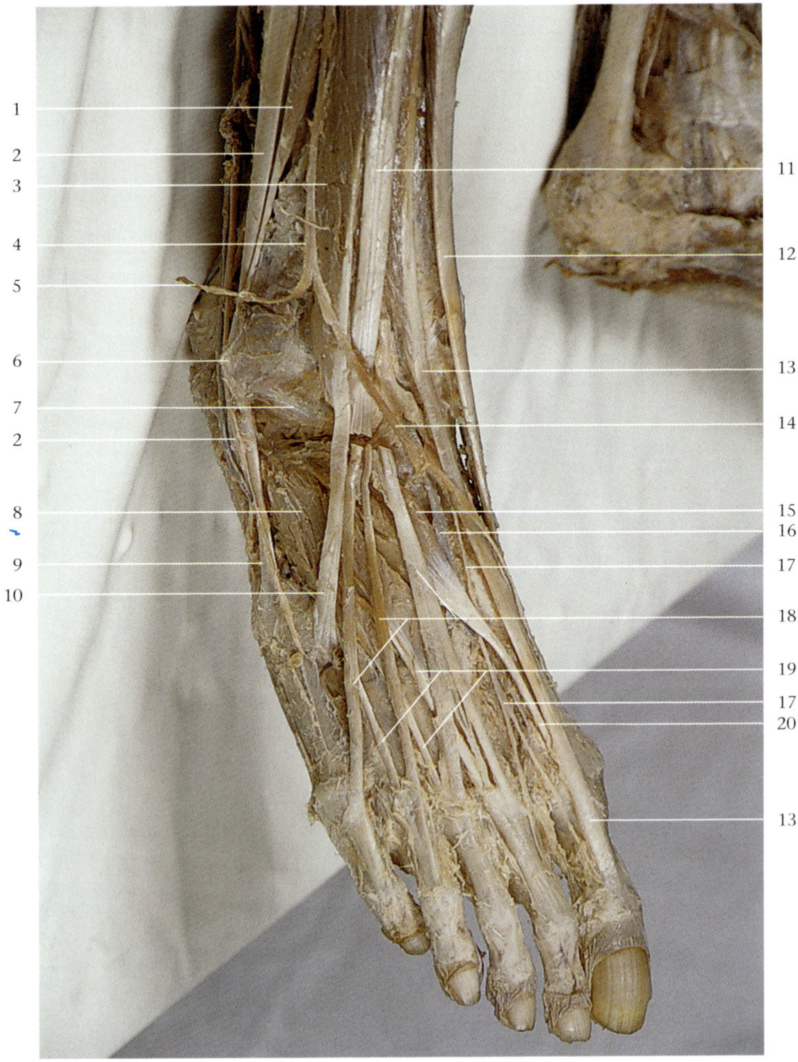

1 Musculus peroneus brevis
2 Musculus peroneus longus, Tendo
3 Musculus peroneus tertius
4 Nervus peroneus superficialis
5 Nervus cutaneus dorsalis (pedis) intermedius aus dem Nervus peroneus superficialis, gekürzt und nach lateral gelegt
6 Fibula, Malleolus lateralis
7 Ligamentum talofibulare anterius
8 Musculus extensor digitorum brevis
9 Musculus peroneus brevis, Tendo
10 Musculus peroneus tertius, Tendo
11 Musculus extensor digitorum longus
12 Musculus tibialis anterior, Tendo
13 Musculus extensor hallucis longus, Tendo
14 Nervus cutaneus dorsalis (pedis) medialis aus dem Nervus peroneus superficialis
15 Musculus extensor hallucis brevis
16 Arteria dorsalis pedis aus der Arteria tibialis anterior
17 Nervus peroneus profundus
18 Musculus extensor digitorum longus, Tendines
19 Musculus extensor digitorum brevis, Tendines
20 Musculus extensor hallucis brevis, Tendo

37:10

4.3 Fußrücken, rechts

Allgemeine Körperfaszie und Bindegewebe entfernt • Tendines des Musculus extensor digitorum longus proximal durchtrennt und nach distal gelegt

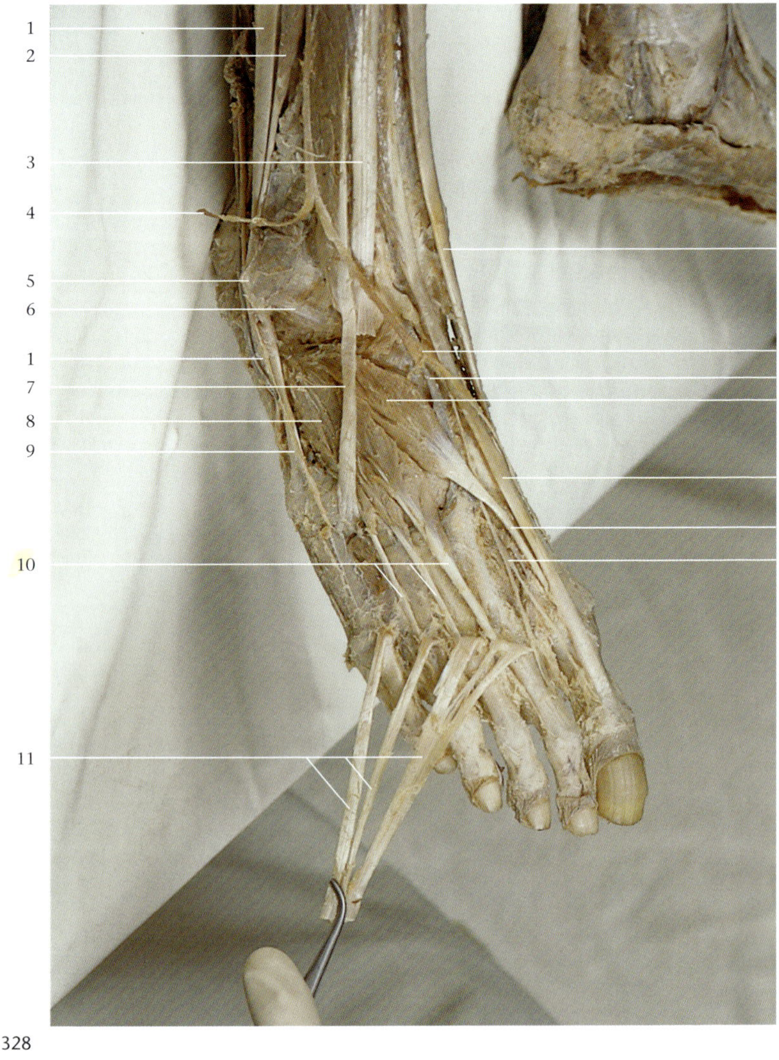

1 Musculus peroneus longus, Tendo
2 Musculus peroneus brevis
3 Musculus extensor digitorum longus, Tendo, durchtrennt
4 Nervus cutaneus dorsalis (pedis) intermedius aus dem Nervus peroneus superficialis, nach lateral gelegt
5 Fibula, Malleolus lateralis
6 Ligamentum talofibulare anterius
7 Musculus peroneus tertius, Tendo
8 Musculus extensor digitorum brevis
9 Musculus peroneus brevis, Tendo
10 Musculus extensor digitorum brevis, Tendines
11 Musculus extensor digitorum longus, Tendines, proximal gelöst und nach distal gehalten
12 Musculus tibialis anterior, Tendo
13 Nervus cutaneus dorsalis (pedis) medialis aus dem Nervus peroneus superficialis
14 Arteria dorsalis pedis aus der Arteria tibialis anterior
15 Musculus extensor hallucis brevis
16 Musculus extensor hallucis longus, Tendo
17 Musculus extensor hallucis brevis, Tendo
18 Nervus peroneus profundus

38:25

4.4 Gesäßregion von dorsal

Oberflächliche Gesäßmuskulatur • Fossa ischioanalis

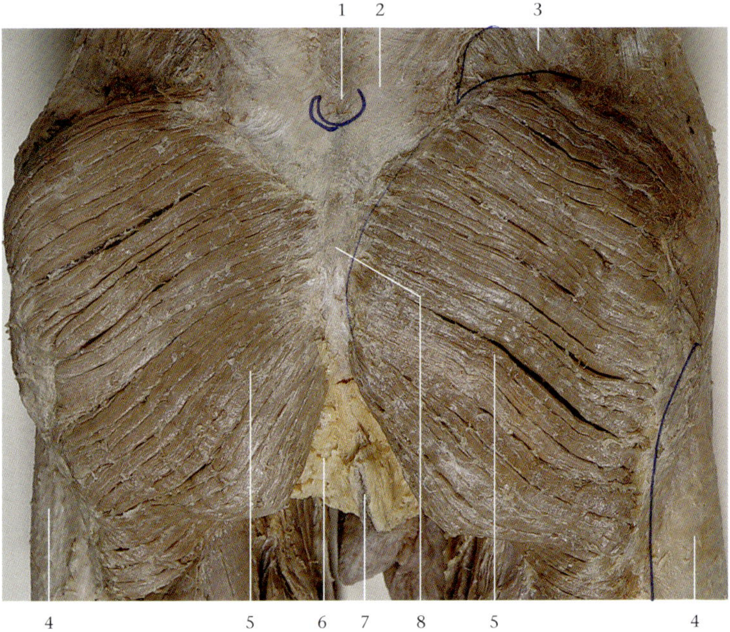

1 Vertebra lumbalis V, Processus spinosus
2 Fascia thoracolumbalis, Lamina superficialis
3 Musculus gluteus medius
4 Fascia lata, Tractus iliotibialis
5 Musculus gluteus maximus
6 Fossa ischioanalis, Fettgewebe
7 Rima ani
8 Os sacrum

38:55

4.4 Hüftregion von dorsal

Musculus gluteus maximus medial gelöst und nach lateral gelegt • tiefe Glutealregion

1 Unterarm, links
2 Musculus gluteus medius, links
3 Nervus cutaneus femoris posterior, links
4 Musculus piriformis, links
5 Arteria glutea inferior, links
6 Fossa ischioanalis, Fettgewebe
7 Fascia thoracolumbalis, Lamina superficialis
8 Musculus gluteus maximus, Einschnitt
9 Musculus gluteus medius, rechts
10 Unterarm, rechts
11 Musculus gluteus maximus, links, medial gelöst und nach lateral gelegt
12 Femur, links, Trochanter major
13 Musculus quadratus femoris, links
14 Nervus ischiadicus, links
15 Ischiocrurale Muskulatur, links
16 Os ischii, links, Tuber ischiadicum
17 Ligamentum sacrotuberale, links
18 Penis, Glans penis
19 Musculus gracilis, rechts
20 Musculus adductor magnus, rechts
21 Musculus semitendinosus, rechts
22 Musculus biceps femoris, rechts, Caput longum
23 Musculus gluteus maximus, rechts
24 Hand, rechts

39:30

4.4 Linke Gesäßregion von dorsal

Musculus gluteus maximus medial gelöst und nach lateral gelegt • tiefe Glutealregion

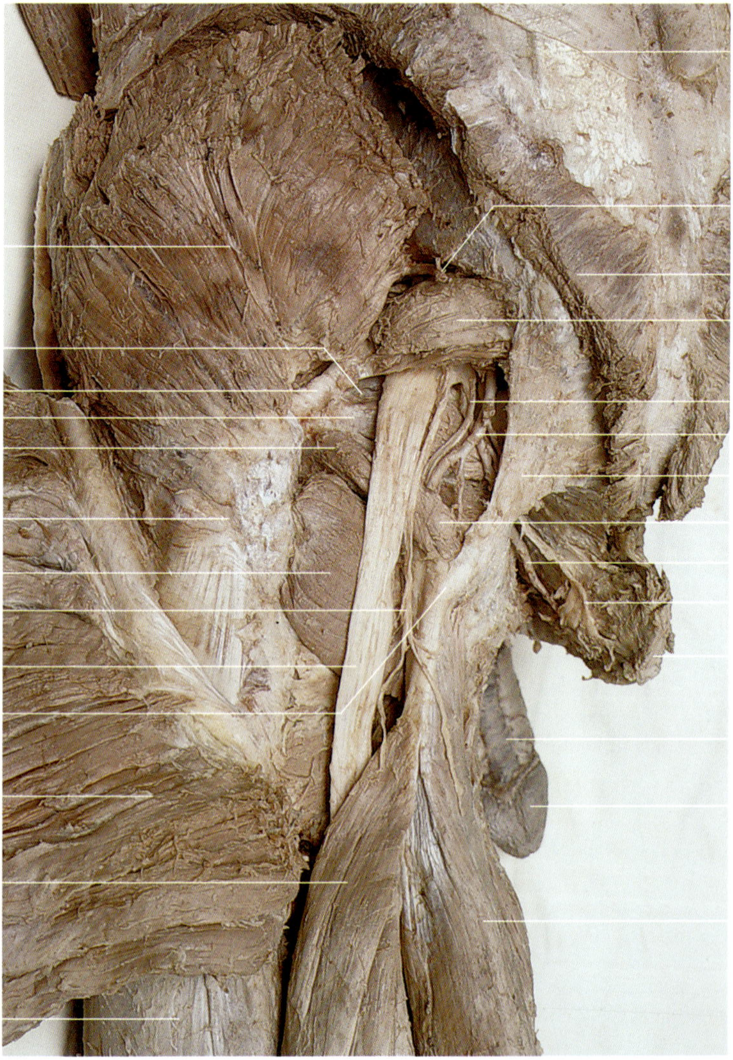

8 Nervus cutaneus femoris inferior
9 Nervus ischiadicus
18 Nervus glutaeus inferior

20 Lig. sacrotuberal

11 Musculus gluteus maximus, medial gelöst und nach lateral gelegt
12 Musculus biceps femoris, Caput longum
13 Musculus vastus lateralis
14 Fascia thoracolumbalis, Lamina superficialis
15 Arteria glutea superior, Anschnitt
16 Musculus gluteus maximus, Schnittkante
17 Musculus piriformis
18 Nervus gluteus inferior
19 Arteria glutea inferior
20 Ligamentum sacrotuberale
21 Arteria pudenda interna
22 Nervi rectales inferiores aus dem Nervus pudendus
23 Anus
24 Penis, Corpus penis
25 Penis, Glans penis
26 Musculus semitendinosus

39:30

4.4 Linke Hüfte von dorsal

Musculus gluteus maximus sowie Musculus gluteus medius medial gelöst und nach lateral gelegt • tiefe Glutealregion

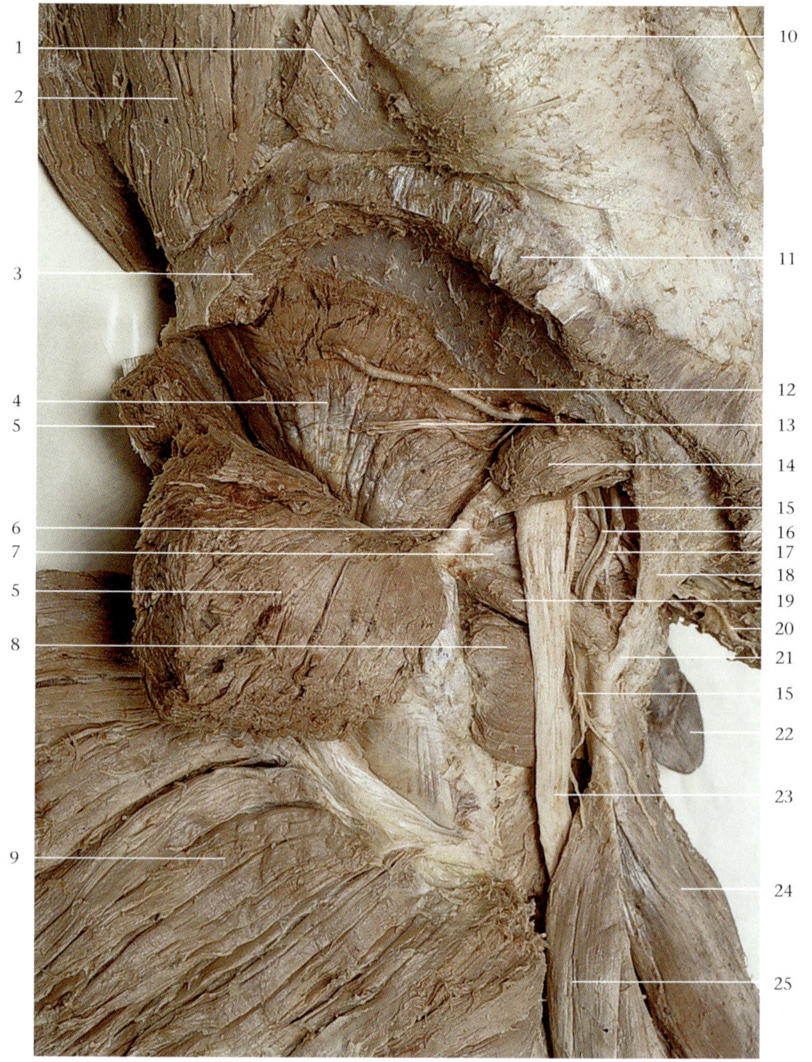

1 Trigonum lumbale
2 Musculus obliquus externus abdominis
3 Musculus gluteus medius, Schnittkante
4 Musculus gluteus minimus
5 Musculus gluteus medius, kranial gelöst und nach kaudal gelegt
6 Musculus piriformis, Tendo
7 Musculus obturatorius internus, Tendo
8 Musculus quadratus femoris
9 Musculus gluteus maximus, medial gelöst und nach lateral gelegt
10 Fascia thoracolumbalis, Lamina superficialis
11 Musculus gluteus maximus, Schnittkante
12 Arteria glutea superior
13 Nervus gluteus superior
14 Musculus piriformis
15 Nervus cutaneus femoris posterior
16 Nervus gluteus inferior
17 Arteria glutea inferior
18 Ligamentum sacrotuberale
19 Musculus gemellus inferior
20 Nervus pudendus
21 Os ischii, Tuber ischiadicum
22 Penis, Glans penis
23 Nervus ischiadicus
24 Musculus semitendinosus
25 Musculus biceps femoris, Caput longum

39:30

4.4 Linke Gesäßregion von dorsal

Musculus gluteus maximus sowie Musculus gluteus medius medial gelöst und nach lateral gelegt • tiefe Glutealregion

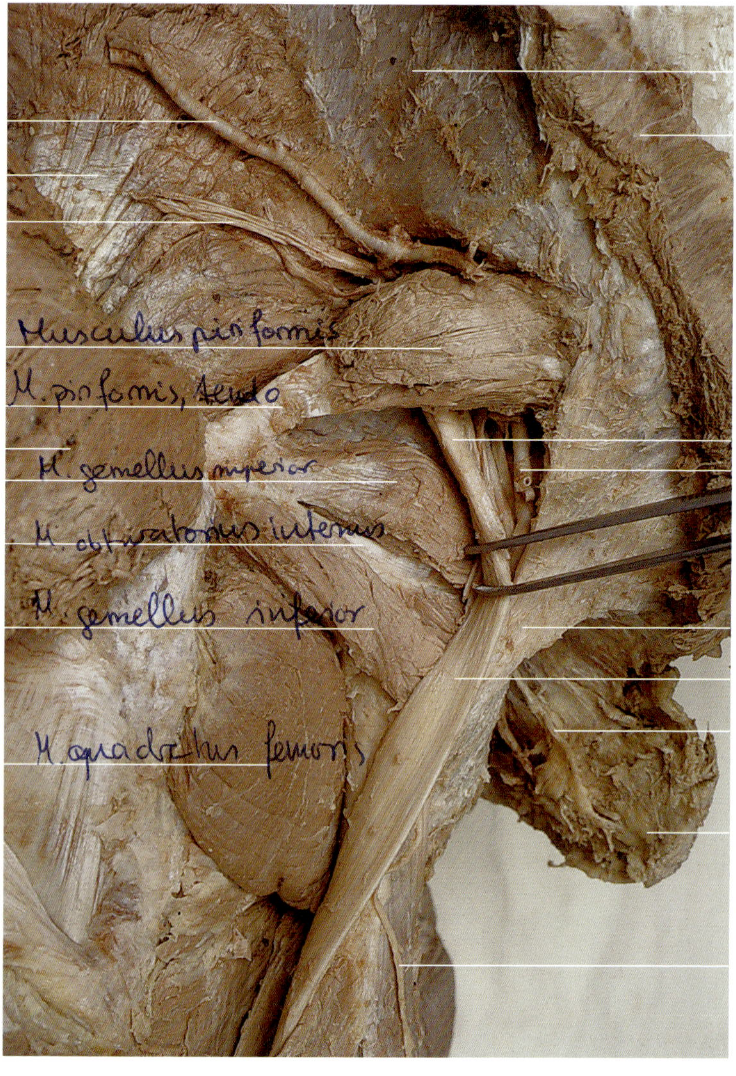

1 Arteria glutea superior
2 Musculus gluteus minimus
3 Nervus gluteus superior
4 Musculus piriformis
5 Musculus piriformis, Tendo
6 Musculus gluteus medius, kranial gelöst und nach kaudal gelegt
7 Musculus gemellus superior
8 Musculus obturatorius internus, Tendo
9 Musculus gemellus inferior
10 Musculus quadratus femoris
11 Os ilium, Ala ossis ilii
12 Musculus gluteus maximus, Schnittkante
13 Nervus ischiadicus
14 Arteria glutea inferior, nach medial verlagert
15 Ligamentum sacrotuberale
16 Nervus ischiadicus, nach medial gehalten
17 Nervi rectales inferiores aus dem Nervus pudendus
18 Anus
19 Nervus cutaneus femoris posterior

42:25

4.4 Linker Oberschenkel von dorsal

Allgemeine Körperfaszie, Fett und Bindegewebe entfernt • Muskelrelief

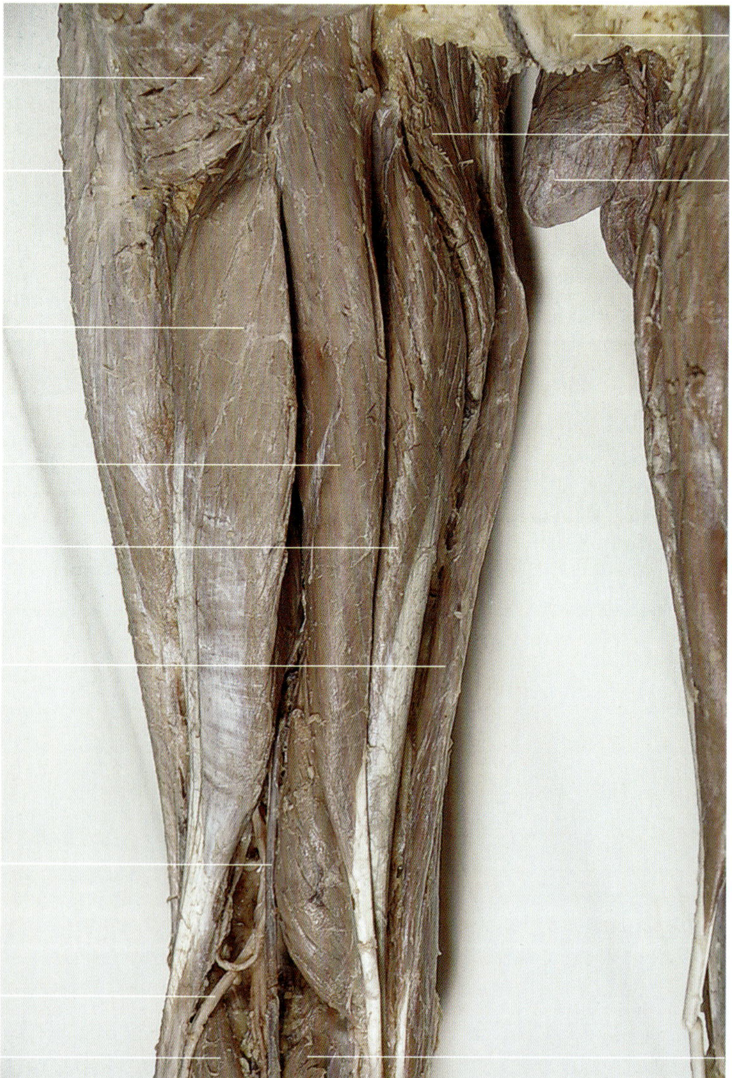

1 Musculus gluteus maximus
2 Fascia lata, Tractus iliotibialis
3 Musculus biceps femoris, Caput longum
4 Musculus semitendinosus
5 Musculus semimembranosus
6 Musculus gracilis
7 Vena poplitea
8 Nervus peroneus communis
9 Musculus gastrocnemius, Caput laterale
10 Fettgewebe in der Fossa ischioanalis
11 Musculus adductor magnus
12 Testis
13 Musculus gastrocnemius, Caput mediale

42:50

4.4 Linker Oberschenkel von dorsal und lateral

Allgemeine Körperfaszie entfernt • Musculus gluteus maximus medial gelöst und nach lateral gelegt • Muskelrelief

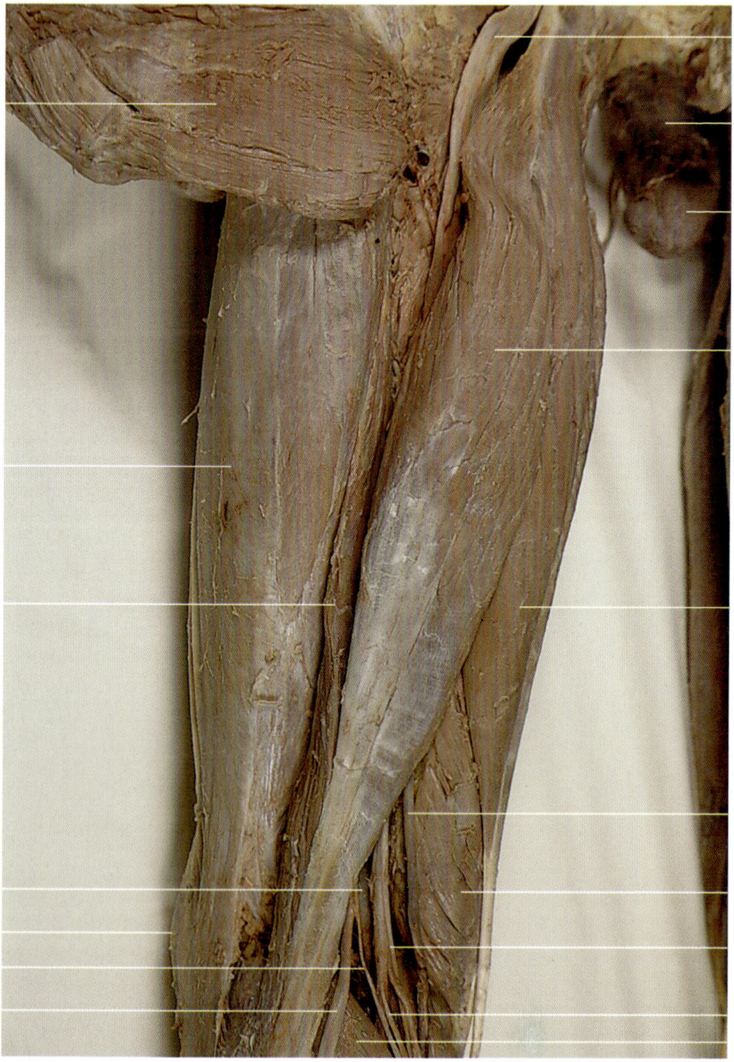

1 Musculus gluteus maximus, medial gelöst und nach lateral gelegt
2 Musculus vastus lateralis
3 Musculus biceps femoris, Caput breve
4 Vena poplitea
5 Patella
6 Nervus cutaneus surae lateralis
7 Nervus peroneus communis
8 Nervus ischiadicus
9 Penis, Corpus penis
10 Penis, Glans penis
11 Musculus biceps femoris, Caput longum
12 Musculus semitendinosus
13 Vena saphena parva
14 Musculus semimembranosus
15 Nervus tibialis
16 Nervus cutaneus surae medialis
17 Musculus gastrocnemius, Caput laterale

43:35

4.4 Gesäß und Oberschenkel der linken Seite von dorsal und lateral

Musculus gluteus maximus medial gelöst und nach lateral gelegt •
Nervus ischiadicus

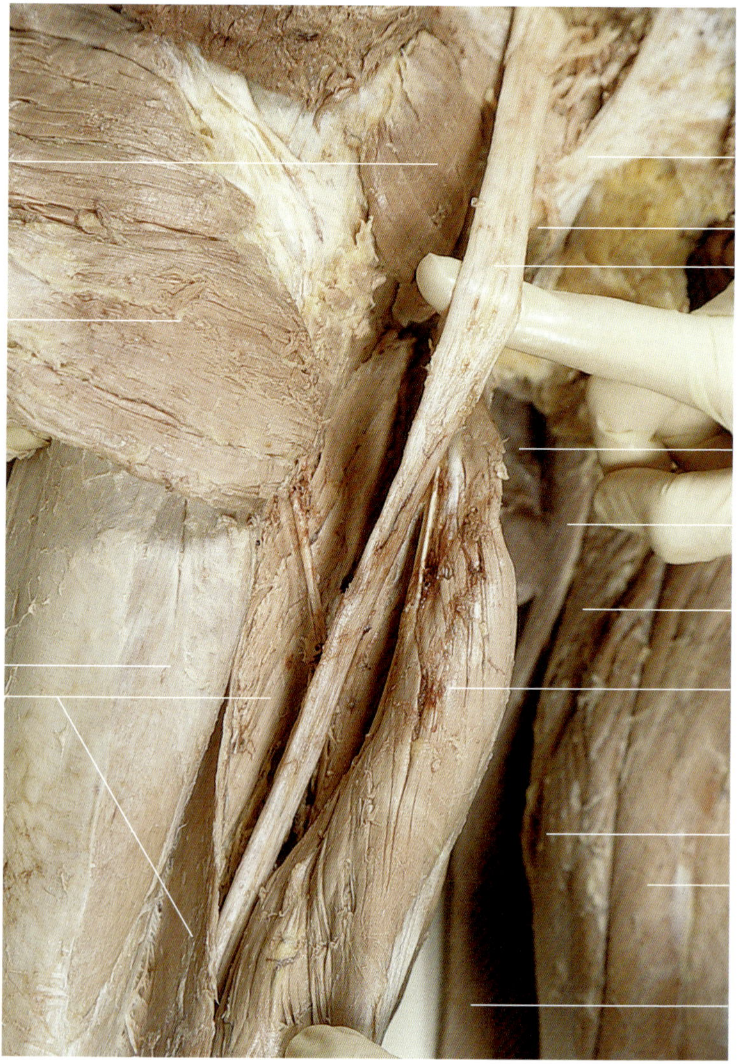

1 Musculus quadratus femoris
2 Musculus gluteus maximus, medial gelöst und nach lateral gelegt
3 Musculus vastus lateralis
4 Musculus biceps femoris, Caput breve
5 Ligamentum sacrotuberale
6 Os ischii, Tuber ischiadicum
7 Nervus ischiadicus
8 Penis, Corpus penis
9 Musculus gracilis, rechts
10 Musculus adductor magnus
11 Musculus biceps femoris, Caput longum
12 Musculus semimembranosus, rechts

43:50

4.4 Linker Oberschenkel von dorsal

Ischiokrurale Muskulatur zur Seite verlagert • Nervus ischiadicus • Arteriae perforantes

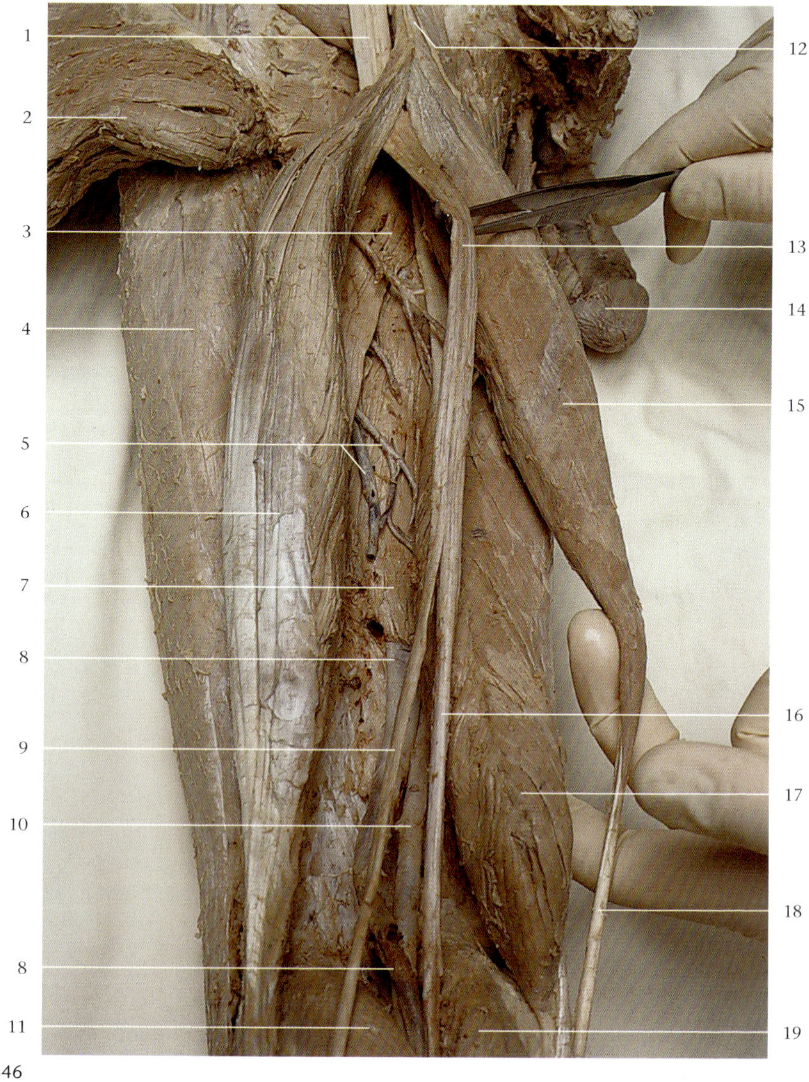

1 Nervus ischiadicus
2 Musculus gluteus maximus, medial gelöst und nach lateral gelegt
3 Musculus adductor minimus
4 Musculus vastus lateralis
5 Arteriae perforantes aus der Arteria profunda femoris
6 Musculus biceps femoris, Caput longum
7 Musculus adductor magnus
8 Vena poplitea
9 Nervus peroneus communis
10 Arteria poplitea
11 Musculus gastrocnemius, Caput laterale
12 Os ischii, Tuber ischiadicum
13 Nervus ischiadicus, nach medial gehalten
14 Penis, Glans penis
15 Musculus semitendinosus, nach medial gehalten
16 Nervus tibialis
17 Musculus semimembranosus
18 Musculus semitendinosus, Tendo
19 Musculus gastrocnemius, Caput mediale

45:10

4.5 Knie und Unterschenkel der linken Seite von dorsal

Allgemeine Körperfaszie • Venen • Hautnerven

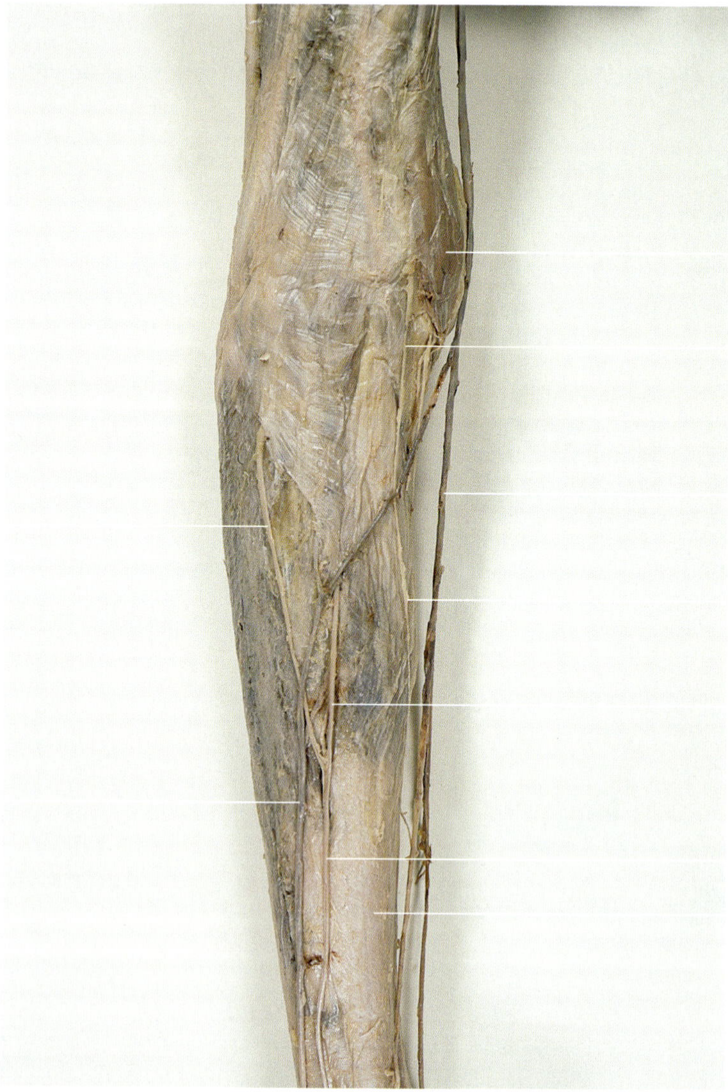

1 Nervus cutaneus surae lateralis aus dem Nervus peroneus communis
2 Vena saphena parva
3 Musculus sartorius
4 Nervus saphenus
5 Vena saphena magna
6 Nervus cutaneus surae medialis aus dem Nervus tibialis
7 Nervus suralis
8 Fascia cruris

45:10

4.5 Linkes Knie von dorsal

Allgemeine Körperfaszie, Fett und Bindegewebe der Fossa poplitea entfernt • Muskelrelief, Nerven und Gefäße der Kniekehle

1 Musculus vastus lateralis
2 Musculus biceps femoris
3 Nervus peroneus communis
4 Nervus tibialis
5 Musculus gastrocnemius, Caput laterale
6 Fibula, Caput fibulae
7 Nervus cutaneus surae lateralis aus dem Nervus peroneus communis
8 Musculus peroneus longus
9 Musculus semimembranosus
10 Musculus semitendinosus
11 Vena saphena parva
12 Musculus semitendinosus, Tendo
13 Musculus gastrocnemius, Caput mediale
14 Nervus cutaneus surae medialis aus dem Nervus tibialis

45:10

4.5 Linke Kniekehle

Musculus gastrocnemius durchtrennt • Blutgefäße und Nerven

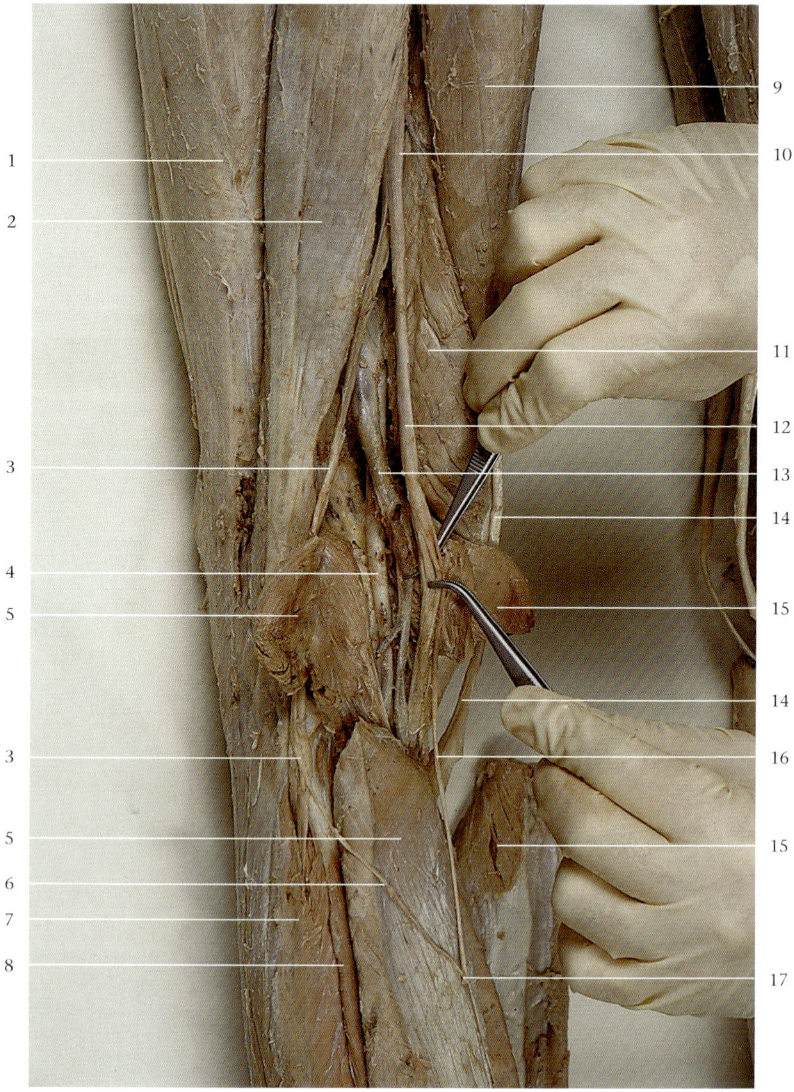

1 Musculus vastus lateralis
2 Musculus biceps femoris
3 Nervus peroneus communis
4 Arteria poplitea
5 Musculus gastrocnemius, Caput laterale, durchtrennt
6 Nervus cutaneus surae lateralis aus dem Nervus peroneus communis
7 Musculus peroneus longus
8 Musculus soleus
9 Musculus semitendinosus
10 Nervus ischiadicus
11 Musculus semimembranosus
12 Nervus tibialis
13 Vena poplitea
14 Musculus semitendinosus, Tendo
15 Musculus gastrocnemius, Caput mediale, durchtrennt
16 Nervus cutaneus surae medialis aus dem Nervus tibialis
17 Nervus suralis

45:10

4.5 Linke Kniekehle

Musculus gastrocnemius durchtrennt und zur Seite gelegt • Blutgefäße und Nerven der Kniekehle • Soleusarkade

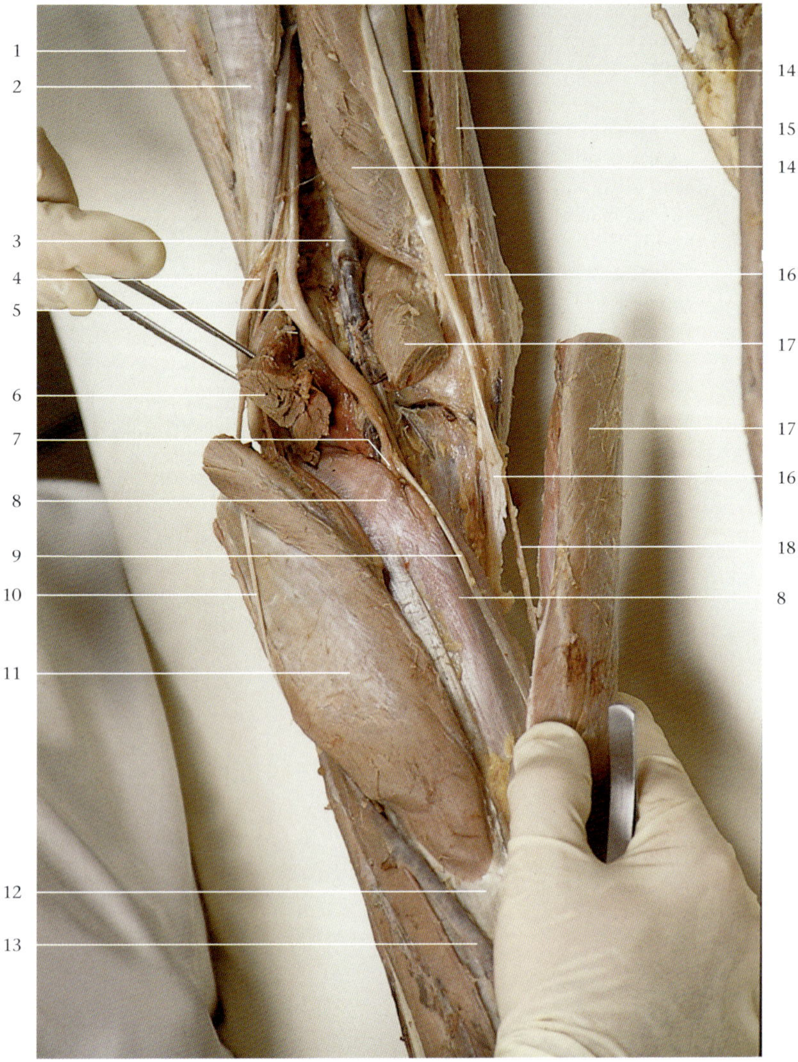

1 Musculus vastus lateralis
2 Musculus biceps femoris
3 Vena poplitea
4 Nervus peroneus communis
5 Nervus tibialis
6 Musculus gastrocnemius, Caput laterale, Schnittkante
7 Nervus tibialis, unter die Soleusarkade ziehend
8 Musculus soleus
9 Musculus plantaris, Tendo
10 Nervus cutaneus surae lateralis, verlagert
11 Musculus gastrocnemius, Caput laterale, durchtrennt und verlagert
12 Musculus triceps surae, Tendo
13 Vena saphena parva, verlagert
14 Musculus semimembranosus
15 Musculus sartorius
16 Musculus semitendinosus, Tendo
17 Musculus gastrocnemius, Caput mediale, durchtrennt
18 Vena saphena magna

45:10

4.5 Linke Kniekehle und Dorsalseite des linken Unterschenkels

Musculus gastrocnemius durchtrennt und zur Seite gelegt • Musculus soleus von der Fibula gelöst und nach medial gelegt • Blutgefäße und Nerven der tiefen Flexorenloge

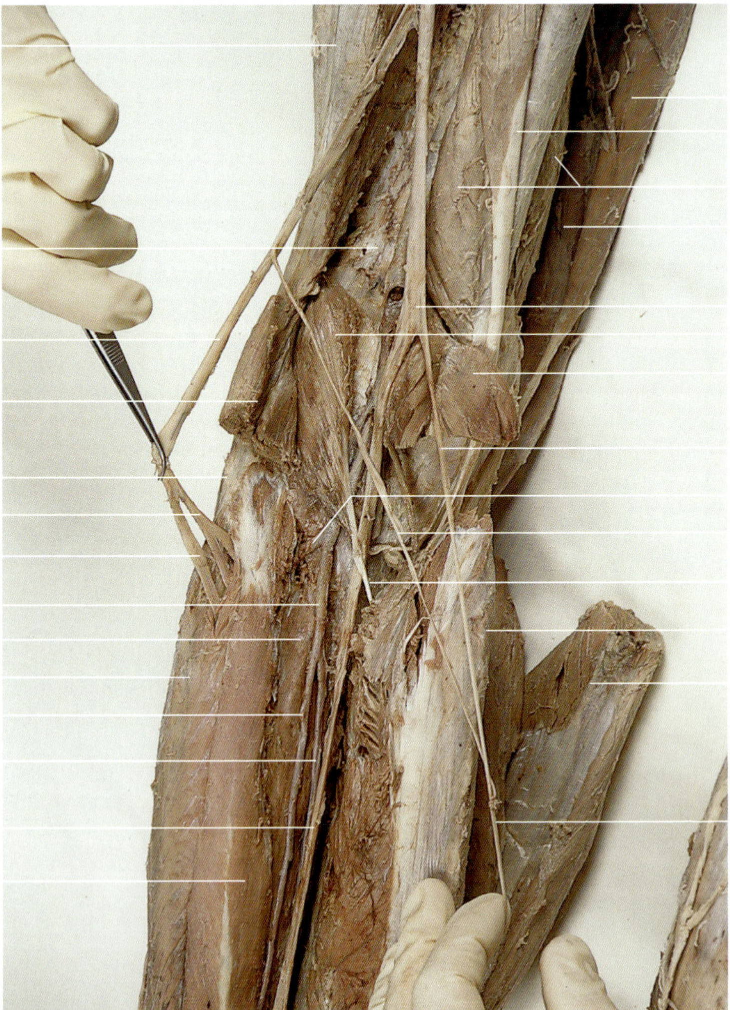

1 Musculus biceps femoris
2 Femur
3 Nervus peroneus communis, nach lateral gehalten
4 Musculus gastrocnemius, Caput laterale, durchtrennt
5 Fibula, Caput fibulae
6 Nervus peroneus profundus
7 Nervus peroneus superficialis
8 Arteria tibialis posterior
9 Musculus tibialis posterior
10 Musculus peroneus longus
11 Arteria peronea
12 Nervus tibialis
13 Musculus flexor hallucis longus
14 Musculus gracilis
15 Musculus semitendinosus
16 Musculus semimembranosus
17 Musculus sartorius
18 Musculus plantaris
19 Musculus gastrocnemius, Caput mediale, durchtrennt
20 Nervus cutaneus surae medialis aus dem Nervus tibialis
21 Arteria tibialis anterior
22 Nervus cutaneus surae lateralis aus dem Nervus peroneus communis
23 Musculus plantaris, Tendo
24 Musculus soleus, von der Fibula getrennt und nach medial gelegt
25 Musculus gastrocnemius, Caput mediale, durchtrennt und nach medial gelegt
26 Nervus suralis

46:45

4.5 Linker Unterschenkel von dorsal

Oberflächliche Flexoren entfernt • Muskeln und Blutgefäße der tiefen Flexorenloge

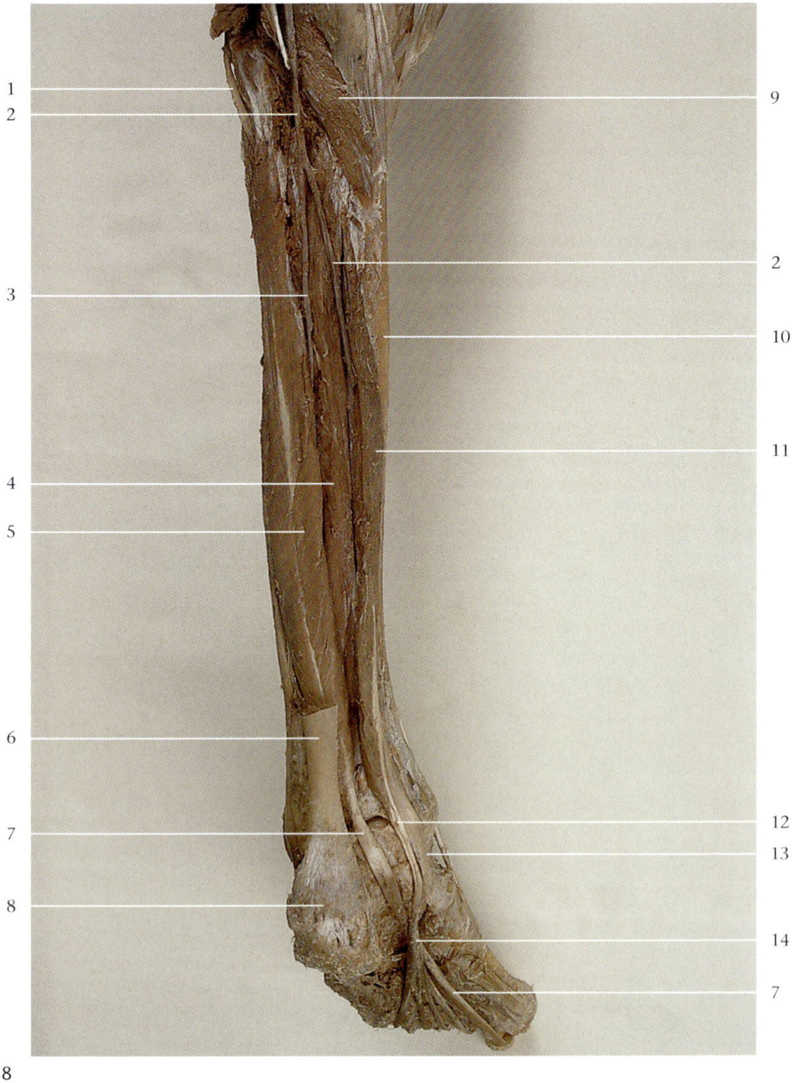

1 Nervus peroneus communis
2 Arteria tibialis posterior
3 Arteria peronea
4 Musculus tibialis posterior
5 Musculus flexor hallucis longus
6 Tendo calcaneus, durchtrennt
7 Musculus flexor hallucis longus, Tendo
8 Calcaneus, Tuber calcaneus
9 Musculus popliteus
10 Tibia
11 Musculus flexor digitorum longus
12 Musculus flexor digitorum longus, Tendo
13 Musculus tibialis posterior, Tendo
14 Chiasma plantare

46:45

4.5 Unterschenkel und Fuß der linken Seite von medial, dorsal

Allgemeine Körperfaszie, Fett und Bindegewebe entfernt • Muskeln und Sehnen in situ

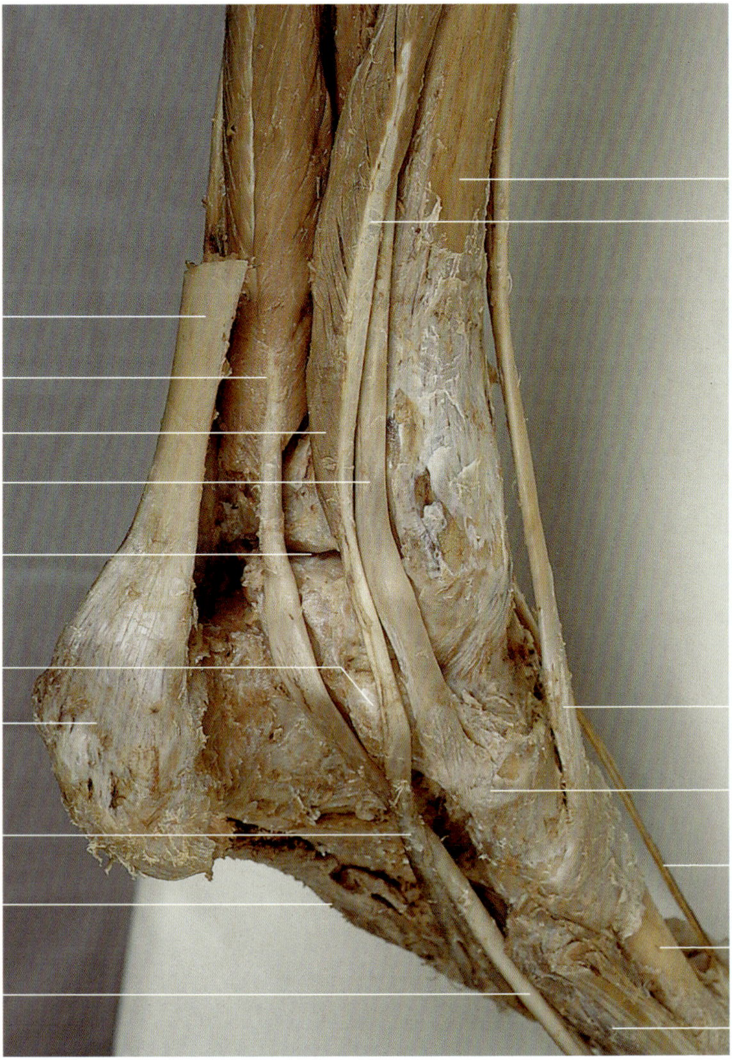

1 Tendo calcaneus, durchtrennt
2 Musculus flexor hallucis longus
3 Musculus flexor digitorum longus
4 Musculus tibialis posterior, Tendo
5 Articulatio talocruralis, Cavitas articularis
6 Calcaneus, Sustentaculum tali
7 Calcaneus, Tuber calcaneus
8 Chiasma plantare
9 Musculus abductor digiti minimi
10 Musculus flexor hallucis longus, Tendo
11 Tibia
12 Chiasma crurale
13 Musculus tibialis anterior, Tendo
14 Os naviculare
15 Nervus cutaneus dorsalis medialis
16 Os metatarsale I
17 Musculus flexor hallucis brevis

48:15

4.5 Linker Unterschenkel und linker Fuß von medial

Allgemeine Körperfaszie, Fett und Bindegewebe entfernt • Blutgefäße und Nerven

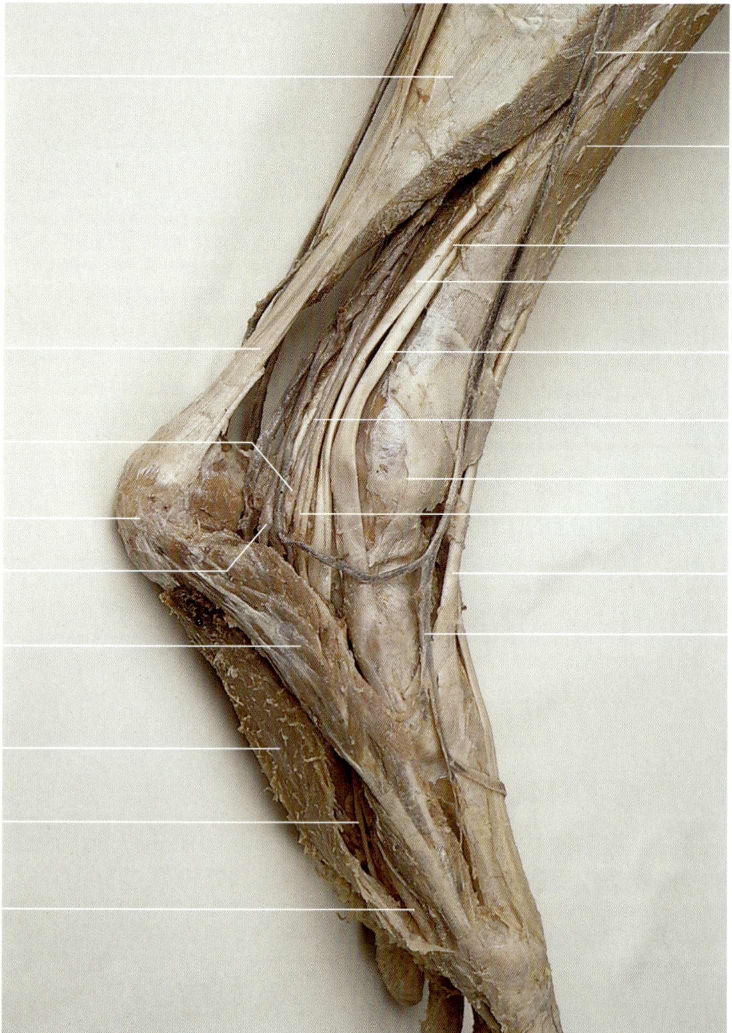

1 Musculus triceps surae
2 Tendo calcaneus
3 Nervus plantaris lateralis
4 Calcaneus, Tuber calcaneus
5 Arteria tibialis posterior
6 Musculus abductor hallucis
7 Musculus flexor digitorum brevis
8 Nervus plantaris medialis
9 Musculus flexor hallucis longus, Tendo
10 Vena saphena magna
11 Tibia
12 Chiasma crurale
13 Musculus flexor digitorum longus, Tendo
14 Musculus tibialis posterior, Tendo
15 Nervus tibialis posterior
16 Tibia, Malleolus medialis
17 Musculus tibialis anterior, Tendo
18 Vena marginalis medialis

48:15

4.5 Linker Unterschenkel und linker Fuß von medial

Allgemeine Körperfaszie, Fett und Bindegewebe entfernt • Blutgefäße und Nerven

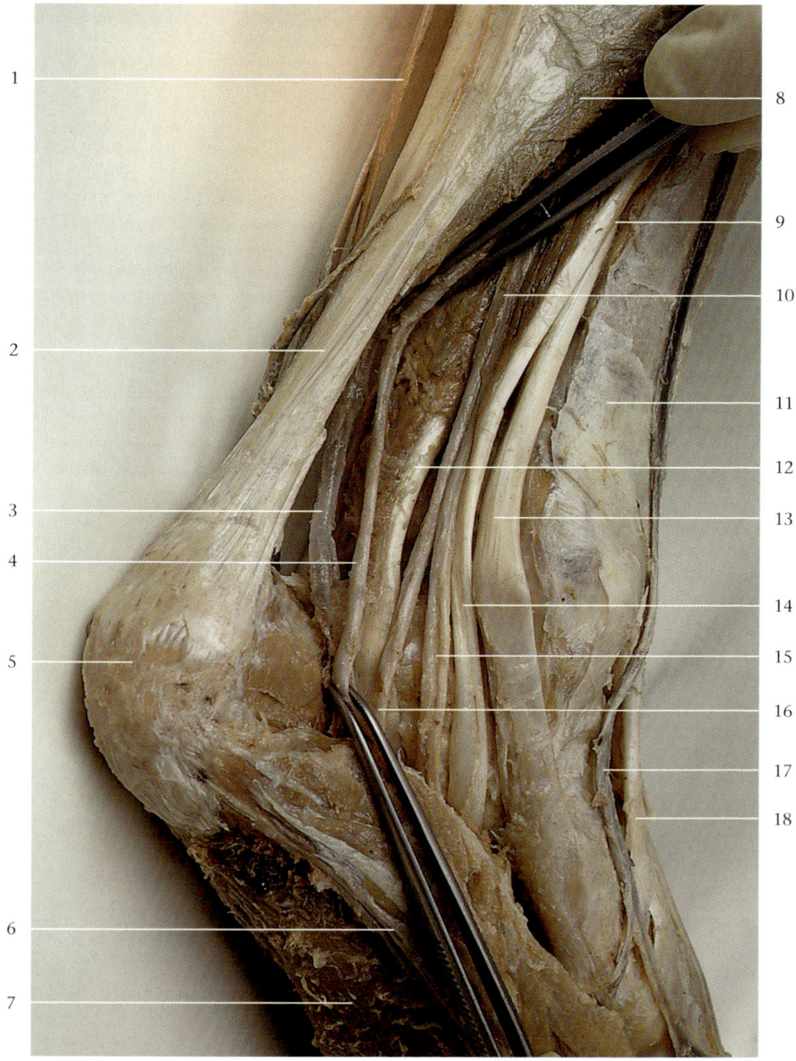

1 Nervus suralis
2 Tendo calcaneus
3 Vena tibialis posterior
4 Arteria tibialis posterior
5 Calcaneus, Tuber calcaneus
6 Musculus abductor hallucis
7 Musculus flexor digitorum brevis
8 Musculus triceps surae
9 Chiasma crurale
10 Nervus tibialis
11 Tibia
12 Musculus flexor hallucis longus
13 Musculus tibialis posterior, Tendo
14 Musculus flexor digitorum longus, Tendo
15 Nervus plantaris medialis
16 Nervus plantaris lateralis
17 Vena marginalis medialis
18 Musculus tibialis anterior, Tendo

50:45

4.6 Linker Fuß von lateral

Allgemeine Körperfaszie, Muskeleigenfaszien und Bindegewebe entfernt

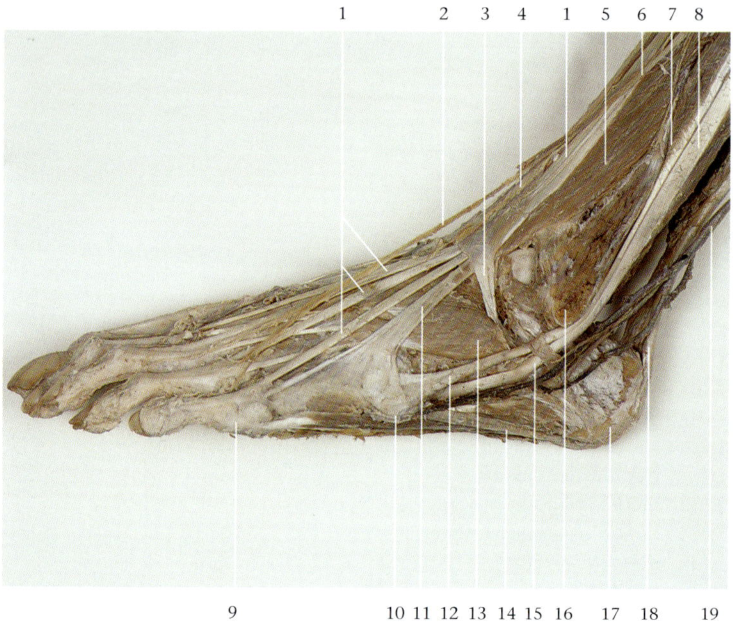

1 Musculus extensor digitorum longus, Tendines
2 Nervus cutaneus dorsalis (pedis) medialis aus dem Nervus peroneus superficialis
3 Retinaculum musculorum extensorum inferius
4 Nervus cutaneus dorsalis (pedis) intermedius aus dem Nervus peroneus superficialis
5 Musculus peroneus tertius
6 Nervus peroneus superficialis
7 Musculus peroneus brevis
8 Musculus peroneus longus
9 Phalanx proximalis V, Basis
10 Os metatarsale V, Tuberositas
11 Musculus peroneus tertius, Tendo
12 Musculus peroneus brevis, Tendo
13 Musculus extensor digitorum brevis
14 Aponeurosis plantaris
15 Musculus peroneus longus, Tendo
16 Fibula, Malleolus lateralis
17 Calcaneus, Tuber calcaneus
18 Tendo calcaneus
19 Vena saphena parva

50:45

4.6 Linker Fuß von lateral

Allgemeine Körperfaszie, Fett und Bindegewebe entfernt • Retinaculum musculorum extensorum inferius erhalten

1 Nervus cutaneus dorsalis (pedis) medialis aus dem Nervus peroneus superficialis
2 Musculus extensor digitorum longus, Tendines
3 Musculus peroneus tertius, Tendo
4 Retinaculum musculorum extensorum inferius
5 Talus, Trochlea tali
6 Fibula, Malleolus lateralis
7 Musculus peroneus brevis, Tendo
8 Musculus peroneus longus
9 Os metatarsale V, Tuberositas
10 Aponeurosis plantaris, laterale Schnittkante
11 Musculus flexor digitorum brevis
12 Musculus abductor digiti minimi
13 Musculus extensor digitorum brevis
14 Musculus abductor digiti minimi, von seiner Faszie bedeckt
15 Musculus peroneus longus, Tendo
16 Retinaculum musculorum peroneorum inferius
17 Nervus suralis
18 Calcaneus, Tuber calcaneus
19 Tendo calcaneus
20 Vena saphena parva

52:20

4.6 Rechte Fußsohle

Cutis entfernt • Fettgewebe der Subcutis • an einer Stelle die Aponeurosis plantaris freigelegt

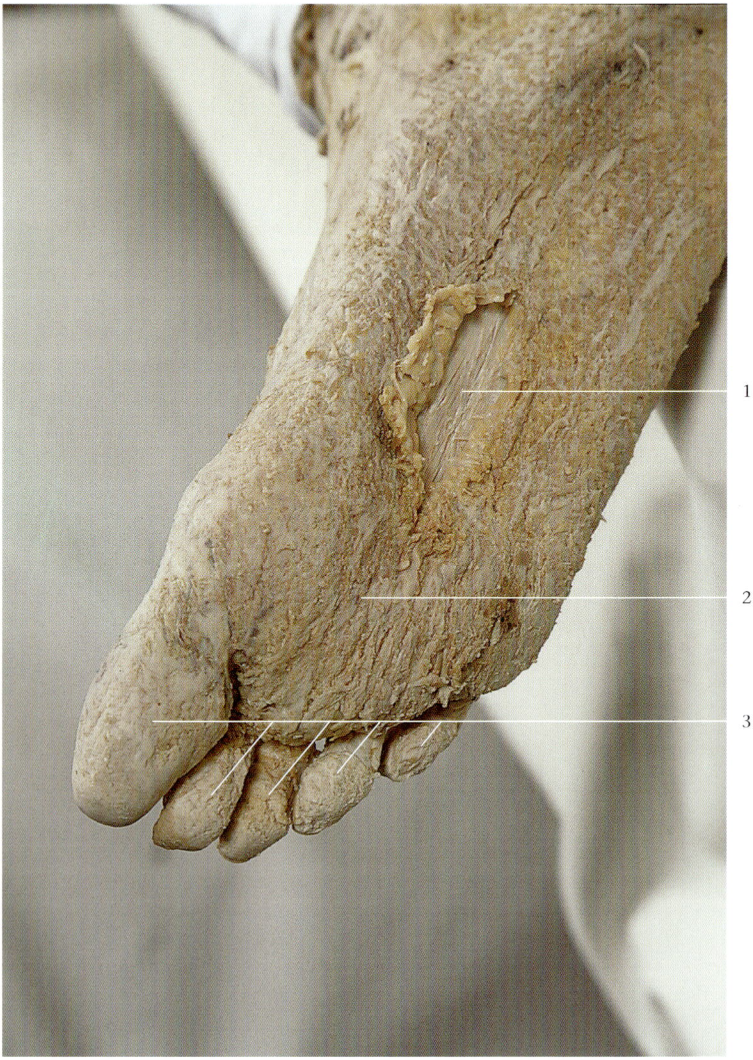

1 Aponeurosis plantaris
2 Fettgewebe der Subcutis
3 Digiti I–V

52:45

4.6 Rechter Fuß von medial und plantar

Cutis und Subcutis entfernt • Aponeurosis plantaris

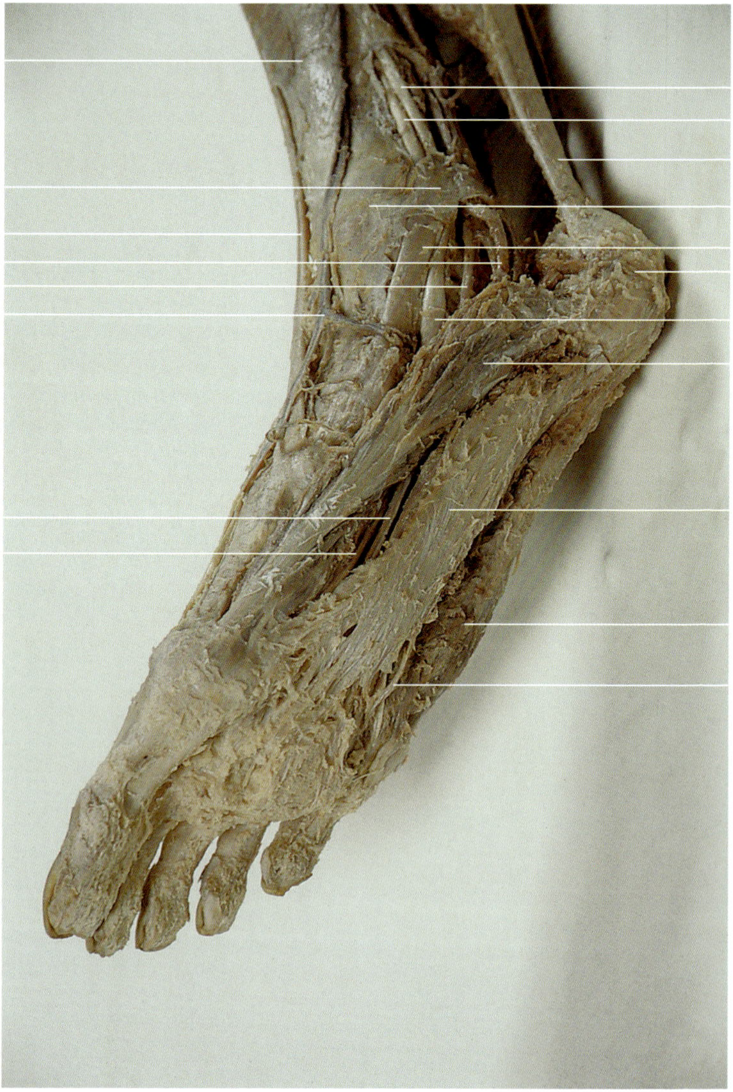

1 Tibia
2 Retinaculum musculorum flexorum
3 Musculus tibialis anterior, Tendo
4 Musculus flexor hallucis longus, Tendo
5 Arteria tibialis posterior
6 Vena marginalis medialis
7 Arteria plantaris medialis
8 Nervus plantaris medialis
9 Musculus flexor digitorum longus
10 Musculus tibialis posterior, Tendo
11 Tendo calcaneus
12 Tibia, Malleolus medialis
13 Calcaneus, Tuber calcaneus
14 Musculus flexor digitorum longus, Tendo
15 Musculus abductor hallucis
16 Aponeurosis plantaris
17 Musculus abductor digiti minimi
18 Nervus plantaris lateralis

52:45

4.6 Rechte Fußsohle

Aponeurosis plantaris gelöst und nach distal gelegt • Musculus flexor digitorum brevis in situ

1 Calcaneus, Tuber calcaneus
2 Aponeurosis plantaris, Schnittkante
3 Musculus abductor hallucis
4 Musculus flexor digitorum brevis
5 Musculus flexor hallucis brevis, Caput mediale
6 Musculus flexor hallucis longus, Tendo
7 Musculus flexor hallucis brevis, Caput laterale
8 Vena saphena parva
9 Nervus peroneus superficialis
10 Musculus abductor digiti minimi
11 Nervus plantaris lateralis
12 Aponeurosis plantaris, durchtrennt und nach distal gelegt

53:30

4.6 Rechte Fußsohle

Aponeurosis plantaris sowie Musculus flexor digitorum brevis gelöst und nach distal gelegt • Musculus quadratus plantae in situ

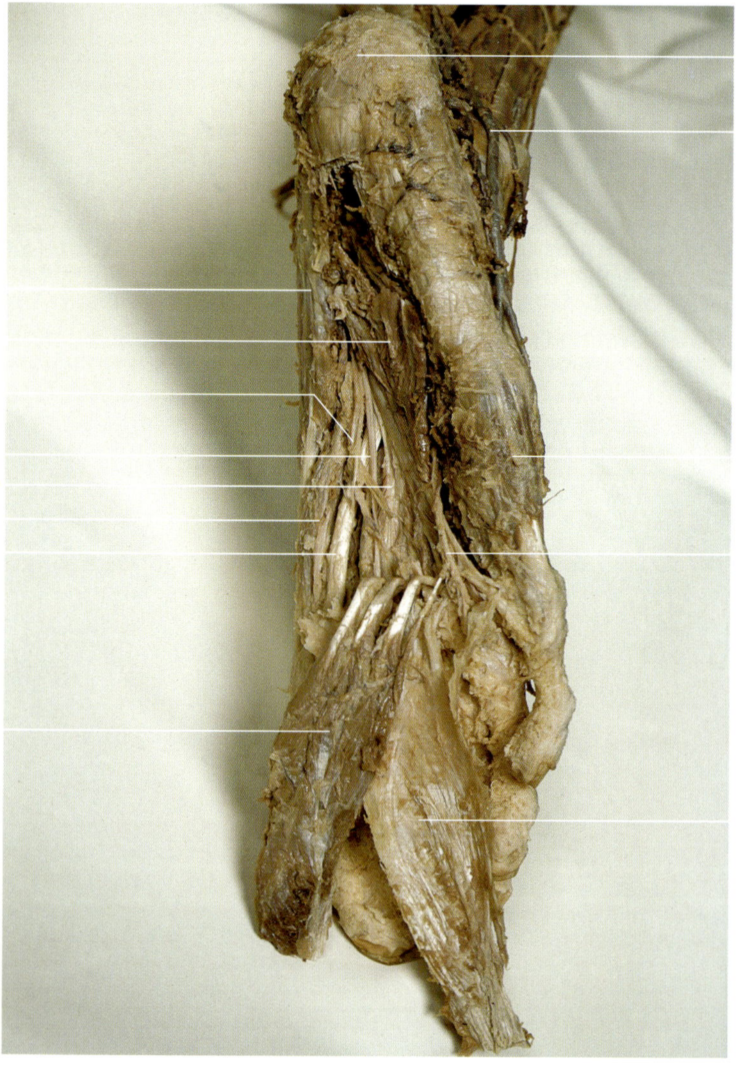

1 Musculus abductor hallucis longus
2 Musculus quadratus plantae
3 Nervus plantaris medialis
4 Arteria plantaris medialis
5 Musculus flexor digitorum longus, Tendo
6 Musculus flexor hallucis brevis
7 Musculus flexor hallucis longus, Tendo
8 Musculus flexor digitorum brevis, abgesetzt und nach distal gelegt
9 Calcaneus, Tuber calcaneus
10 Vena saphena parva
11 Musculus abductor digiti minimi
12 Nervus plantaris lateralis
13 Aponeurosis plantaris, durchtrennt und nach distal gelegt

54:25

4.6 Linker Unterschenkel und Fußsohle von medial, dorsal

Allgemeine Körperfaszie, Fett und Bindegewebe entfernt • Muskeln und Sehnen in situ

1 Musculus flexor hallucis longus
2 Tendo calcaneus, durchtrennt
3 Articulatio talocruralis, Cavitas articularis
4 Calcaneus, Tuber calcaneus
5 Musculus abductor digiti minimi
6 Musculus peroneus longus, Tendo
7 Musculus flexor digitorum longus, Tendines
8 Musculus tibialis posterior
9 Musculus flexor digitorum longus
10 Tibia
11 Tibia, Malleolus medialis
12 Musculus tibialis posterior, Tendo
13 Musculus tibialis anterior, Tendo
14 Os naviculare
15 Chiasma plantare
16 Musculus flexor hallucis brevis
17 Musculus flexor hallucis longus, Tendo

54:25

4.6 Linke Fußsohle von plantar und medial

Muskeln und Sehnen der tiefsten Fußsohle

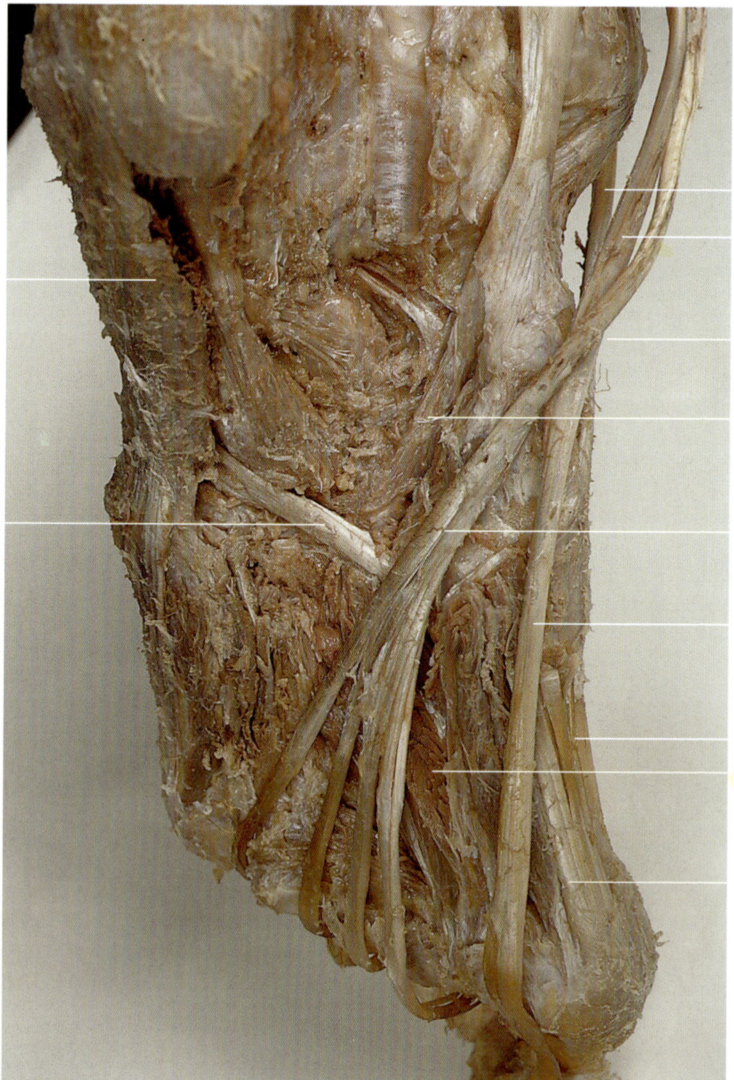

1 Musculus abductor digiti minimi
2 Musculus peroneus longus, Tendo
3 Musculus tibialis anterior, Tendo
4 Musculus flexor hallucis longus, Tendo, nach medial verlagert
5 Chiasma plantare
6 Musculus tibialis posterior, Tendo
7 Musculus flexor digitorum longus, Tendo, nach medial verlagert
8 Os metatarsale I
9 Musculus adductor hallucis, Caput obliquum
10 Musculus abductor hallucis, Tendo

54:25

4.6 Linke Fußsohle von plantar

Musculus flexor digitorum longus proximal gelöst und nach distal gelegt • Muskeln und Sehnen der tiefsten Fußsohle

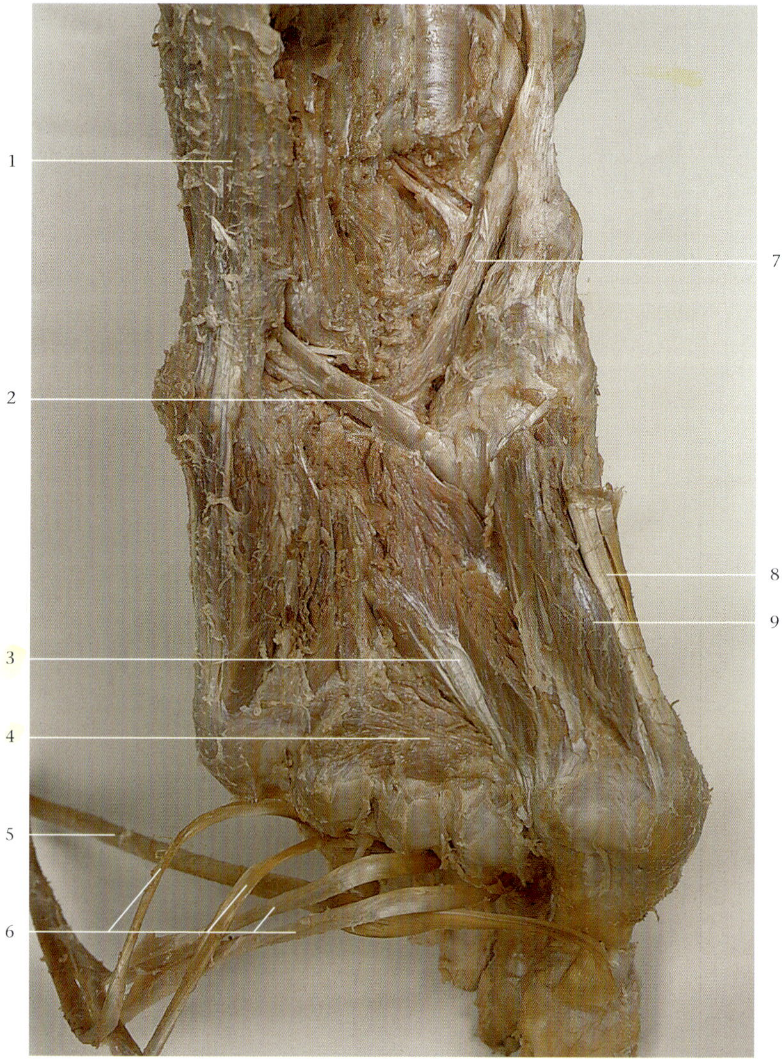

1 Musculus abductor digiti minimi
2 Musculus peroneus longus, Tendo
3 Musculus adductor hallucis, Caput obliquum
4 Musculus adductor hallucis, Caput transversum
5 Musculus flexor hallucis longus, Tendo, durchtrennt und nach distal gelegt
6 Musculus flexor digitorum longus, Tendines, proximal gelöst und nach distal gelegt
7 Musculus tibialis posterior, Tendo
8 Musculus abductor hallucis, Tendo
9 Musculus flexor hallucis brevis

02:35

5.1 Rumpf von ventral

Brust- und Bauchwand sind in der Mitte gespalten und nach lateral gelegt • die parietalen Auskleidungen der Leibeshöhlenabschnitte wurden von der Rumpfwand gelöst und sind weitgehend geschlossen erhalten

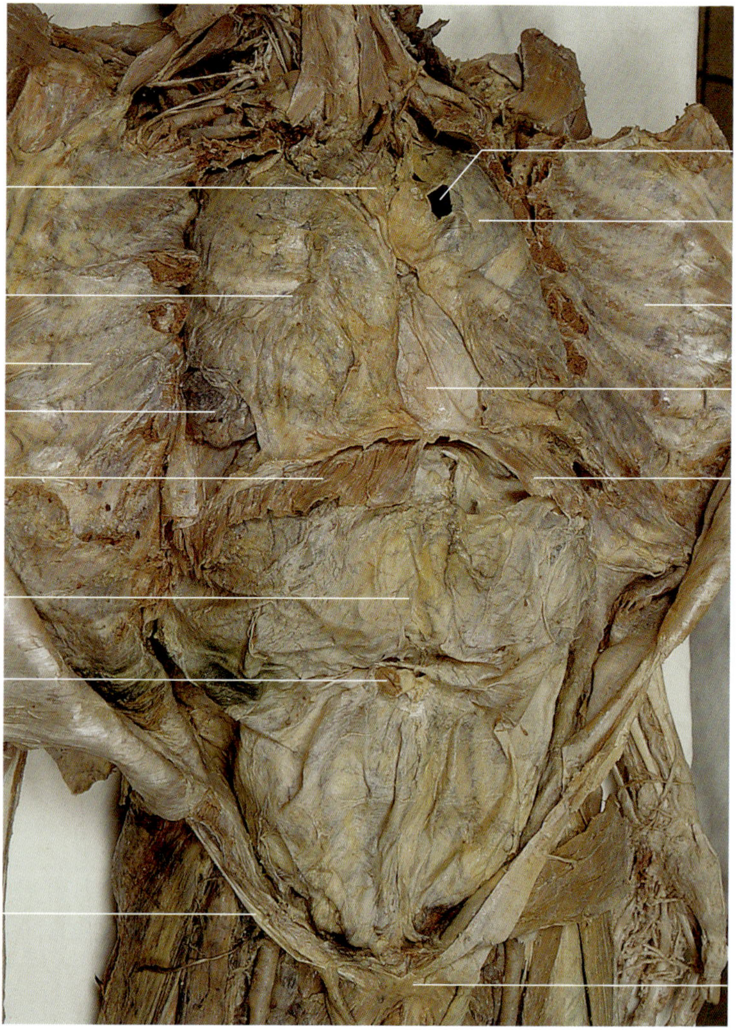

1 Thymus
2 Pleura parietalis, Pars costalis, rechts, von den Rippen abgelöst
3 Thoraxwand, rechts, Rippen gebrochen und nach lateral gelegt
4 Pulmo dexter, Lobus medius, durch Einriss der Pleura parietalis, Pars costalis, sichtbar
5 Diaphragma, Pars costalis, vom Rippenbogen abgelöst
6 Peritoneum parietale und Fascia transversalis, von der inneren Bauchwand abgelöst
7 Umbilicus
8 Ligamentum inguinale, rechts
9 Pleura parietalis, Pars costalis, links, Einriss
10 Pleura parietalis, Pars costalis, links, von den Rippen abgelöst
11 Thoraxwand, links, Rippen gebrochen und nach lateral gelegt
12 Pericardium
13 Symphysis pubica

02:50

5.1 Eröffneter Thorax von ventral

Pleura parietalis, Pars mediastinalis wurde vom Perikard gelöst und nach lateral gelegt • Perikard in situ

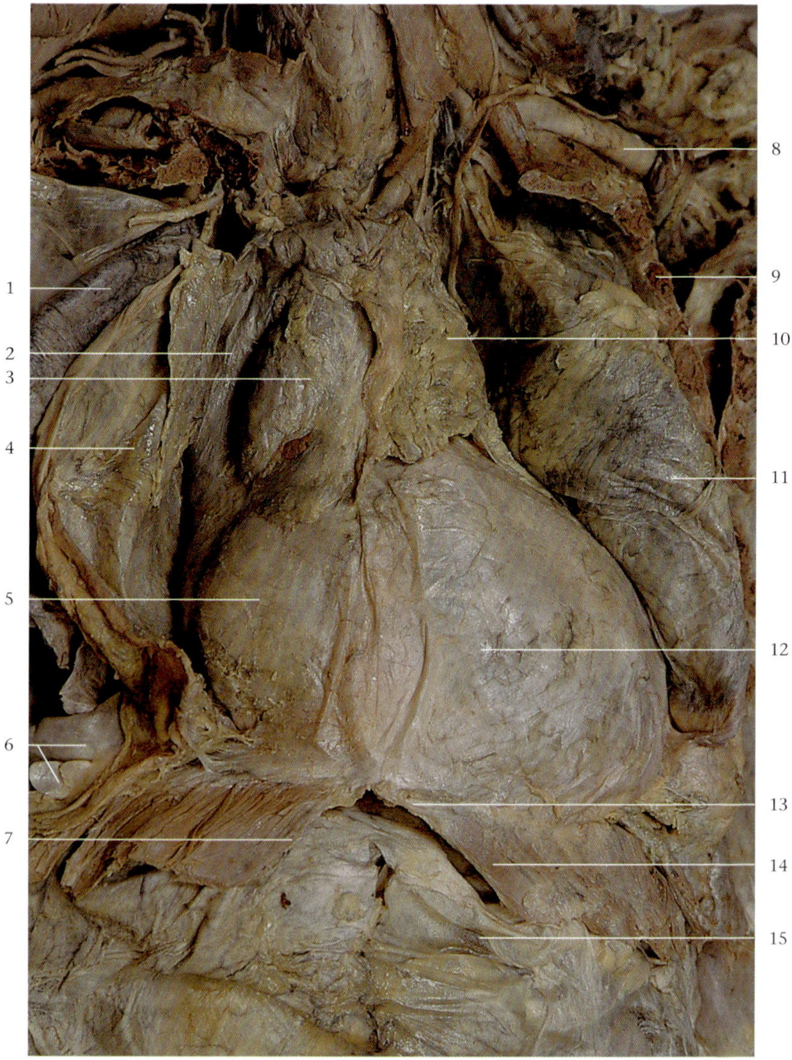

1 Pulmo dexter, Lobus superior
2 Vena cava superior
3 Kontur der Aorta ascendens, durch das Perikard sichtbar
4 Pleura parietalis, Pars mediastinalis, vom Perikard gelöst und nach lateral gelegt
5 Cor, Atrium dextrum, Kontur durch das Perikard sichtbar
6 Plicae adiposae der Pleura parietalis, Pars mediastinalis, im eröffneten Recessus phrenicomediastinalis
7 Einschnitt im Diaphragma, Pars sternalis herausgetrennt
8 Arteria subclavia, links
9 Thoraxwand, Schnittkante
10 Thymus
11 Pleura parietalis, Pars mediastinalis
12 Pericardium
13 Diaphragma, Centrum tendineum
14 Diaphragma, Pars costalis, vom Arcus costalis gelöst
15 Peritoneum parietale

5 Eingeweide – Thorax

03:35

5.1 Eröffneter Thorax von lateral rechts

Thoraxwand und Pleurahöhle der rechten Seite eröffnet

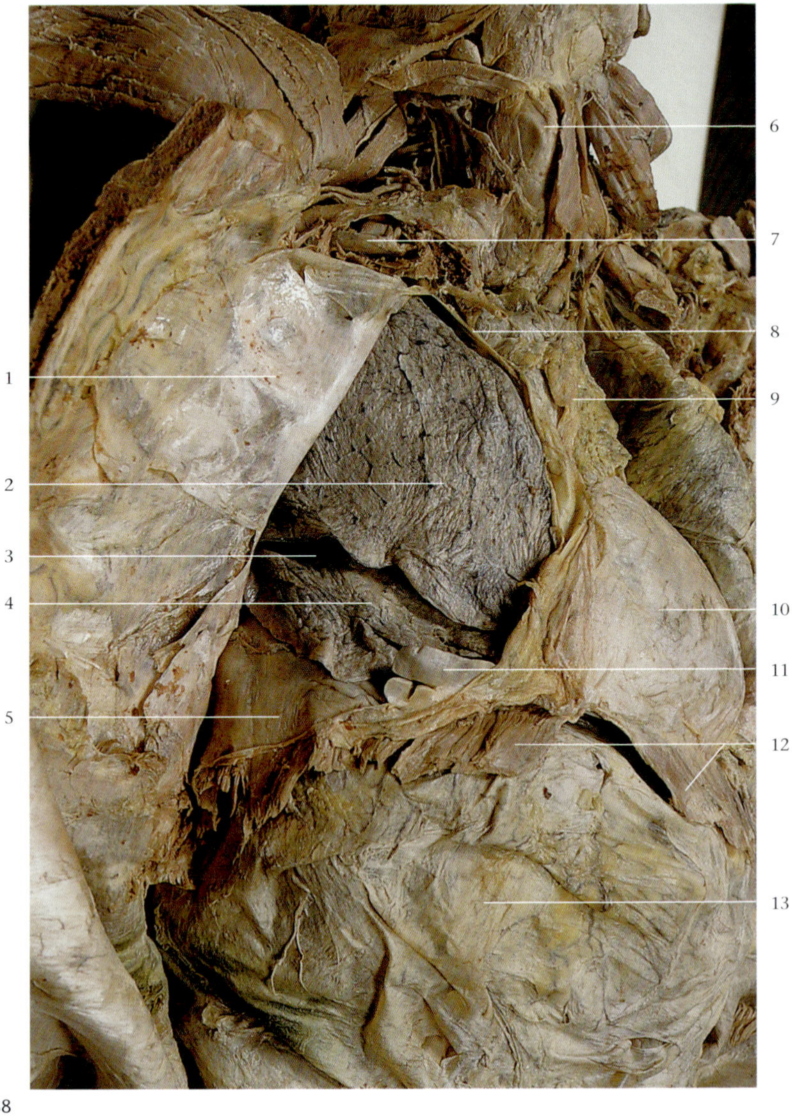

1 Pleura parietalis, Pars costalis, entlang des Recessus costomediastinalis durchtrennt und nach lateral gelegt
2 Pulmo dexter, Lobus superior
3 Fissura horizontalis pulmonis
4 Pulmo dexter, Lobus medius
5 Pleura parietalis, Pars diaphragmatica, in situ
6 Prominentia laryngea
7 Arteria subclavia, Anschnitt
8 Pleura parietalis, Pars mediastinalis, Schnittkante
9 Thymus
10 Pericardium
11 Plicae adiposae im Bereich der Pleura parietalis, Pars mediastinalis
12 Diaphragma, Pars costalis
13 Peritoneum parietale und Fascia transversalis von den Muskeln der vorderen Bauchwand abgelöst

03:35

5.1 Eröffneter Thorax von lateral rechts

Thoraxwand und Pleurahöhle der rechten Seite eröffnet • Lungenlappen auseinander gelegt

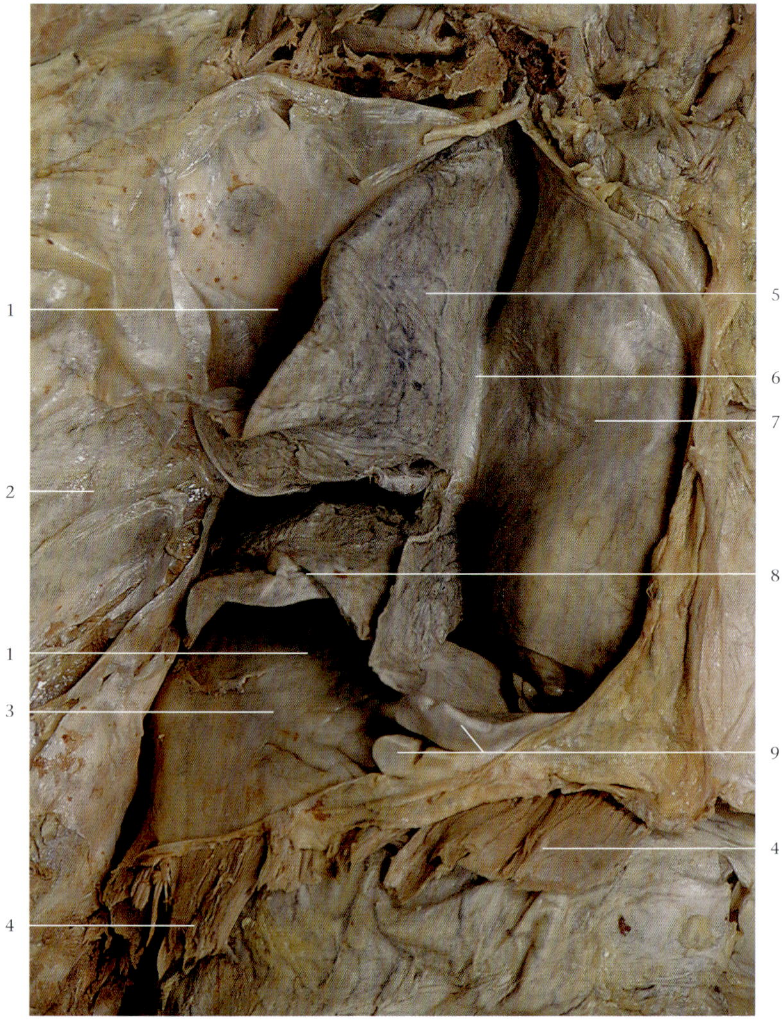

1 Cavitas pleuralis, durch die etwas eingefallene Lunge erweitert
2 Pleura parietalis, Pars costalis, auf der nach lateral umgelegten Thoraxwand
3 Pleura parietalis, Pars diaphragmatica
4 Diaphragma, Pars costalis
5 Pulmo dexter, Lobus superior
6 Pulmo dexter, Radix pulmonis
7 Pulmo dexter, Lobus medius
8 Pulmo dexter, Lobus inferior
9 Plicae adiposae der Pleura parietalis, Pars costalis im Recessus phrenicocostalis

5 Eingeweide – Thorax

04:50

5.1 Eröffneter Thorax von ventral

Ventraler Anteil der Lungen und des Perikards entfernt • Herz in situ

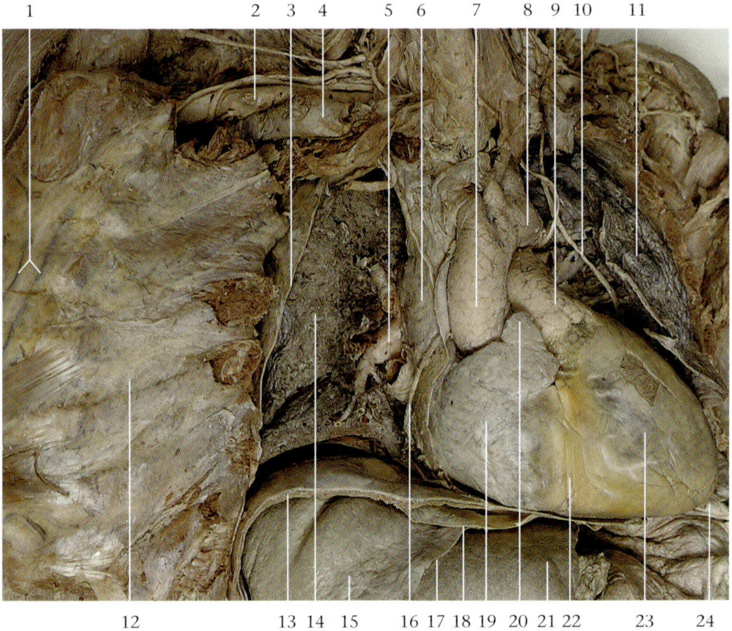

1 Arteria und Vena thoracica interna, rechts
2 Arteria subclavia, rechts
3 Pleura parietalis, Pars costalis, Schnittkante
4 Vena subclavia, rechts
5 Arteria pulmonalis, rechts
6 Vena cava superior
7 Aorta ascendens
8 Arcus aortae
9 Truncus pulmonalis
10 Nervus phrenicus, links
11 Pulmo sinister
12 Thoraxwand der rechten Seite, Rippen gebrochen und nach lateral gelegt
13 Diaphragma, Pars costalis, Schnittkante
14 Pulmo dexter, Lobus superior, Anschnitt
15 Hepar, Lobus dexter
16 Nervus phrenicus, rechts, von der Radix pulmonis nach medial verlagert
17 Ligamentum falciforme hepatis
18 Ligamentum coronarium hepatis
19 Cor, Atrium dextrum
20 Cor, Auricula dextra
21 Hepar, Lobus sinister
22 Sulcus coronarius, darin Fettgewebe
23 Epicardium über dem Ventriculus dexter
24 Cor, Apex cordis

06:15

5.1 Eröffneter Thorax von ventral

Pleura parietalis, Pars mediastinalis wurde vom Perikard gelöst und nach lateral gelegt • Perikard mit bogenförmigem Schnitt eröffnet • Holzspatel im Sinus transversus pericardii

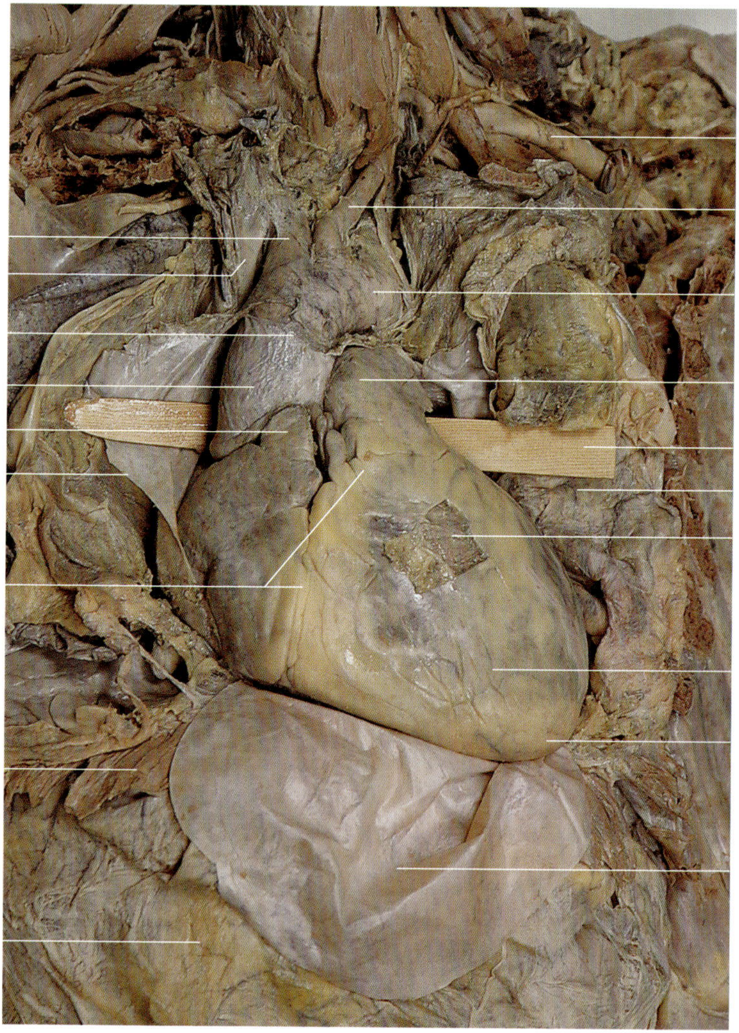

1 Truncus brachiocephalicus
2 Vena cava superior, Kontur durch das mediastinale Bindegewebe sichtbar
3 Pericardium, Schnittkante
4 Aorta ascendens
5 Cor, Auricula dextra
6 Sulcus coronarius
7 Diaphragma, Pars costalis
8 Peritoneum parietale und Fascia transversalis von den Muskeln der vorderen Bauchwand abgelöst
9 Arteria subclavia, links
10 Arteria carotis communis, links
11 Arcus aortae
12 Truncus pulmonalis
13 Holzspatel im Sinus transversus pericardii
14 Pleura parietalis, Pars mediastinalis, vom Perikard gelöst und nach lateral gelegt
15 Myocardium, unter dem hier gefensterten Epikard sichtbar
16 Epicardium, von Fett unterlagert
17 Cor, Apex cordis
18 Pericardium, mit einem halbrunden Schnitt gelöst und nach kaudal gelegt

5 Eingeweide – Thorax

07:45

5.1 Eröffneter Thorax von ventral und lateral links

Herz entnommen • dorsaler und kaudaler Anteil des Perikards erhalten

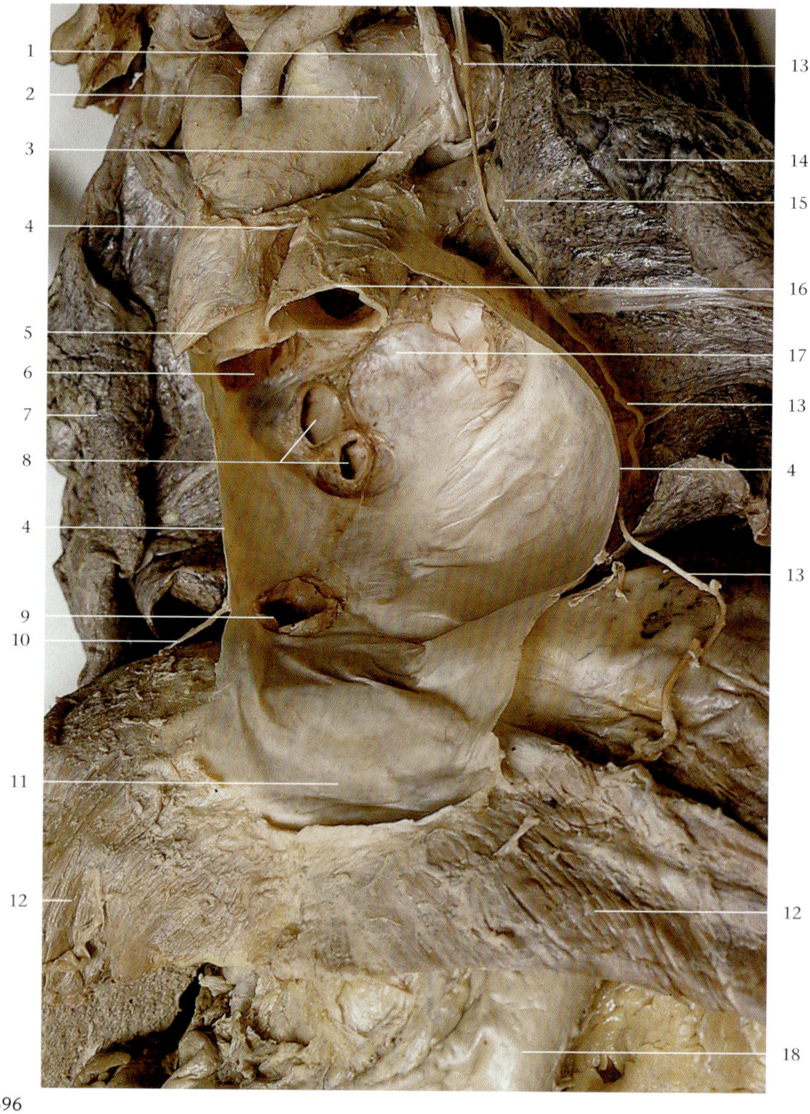

1 Nervus vagus [X], links
2 Arcus aortae
3 Ligamentum arteriosum
4 Pericardium, Schnittkante
5 Aorta ascendens, Schnittkante
6 Vena cava superior, Ostium
7 Pulmo dexter, Lobus superior
8 Venae pulmonales, rechts, Anschnitt
9 Diaphragma, Foramen venae cavae inferioris
10 Nervus phrenicus, rechts
11 Pericardium auf dem Centrum tendineum des Diaphragma
12 Diaphragma, Pars costalis
13 Nervus phrenicus, links
14 Pulmo sinister
15 Pulmo sinister, Radix pulmonis
16 Truncus pulmonalis, Schnittkante
17 Pericardium, Sinus obliquus
18 Gaster

10:05

5.1 Eröffneter Thorax von ventral

Ventraler Anteil der Lungen und des Perikards entfernt • Lage der großen Blutgefäße im oberen Mediastinum

1 Nervus phrenicus, rechts
2 Truncus brachiocephalicus
3 Pulmo dexter
4 Vena cava superior
5 Aorta ascendens
6 Cor, Auricula dextra
7 Pericardium, Schnittkante
8 Cor, Atrium dextrum
9 Musculus scalenus anterior, links
10 Nervus phrenicus, links
11 Arteria subclavia, links
12 Nervus vagus [X], links
13 Arteria carotis communis, links
14 Pulmo sinister
15 Arcus aortae
16 Ligamentum arteriosum
17 Arteria pulmonalis, links
18 Truncus pulmonalis
19 Cor, Auricula sinistra
20 Sulcus coronarius, darin Fettgewebe

10:30

5.1 Eröffneter Thorax von ventral

Perikard und ventraler Anteil der linken Lunge entfernt • Herz weit nach rechts verlagert • Lunge sowie Blutgefäße und Nerven des Mediastinums sind dargestellt • Ligamentum pulmonale

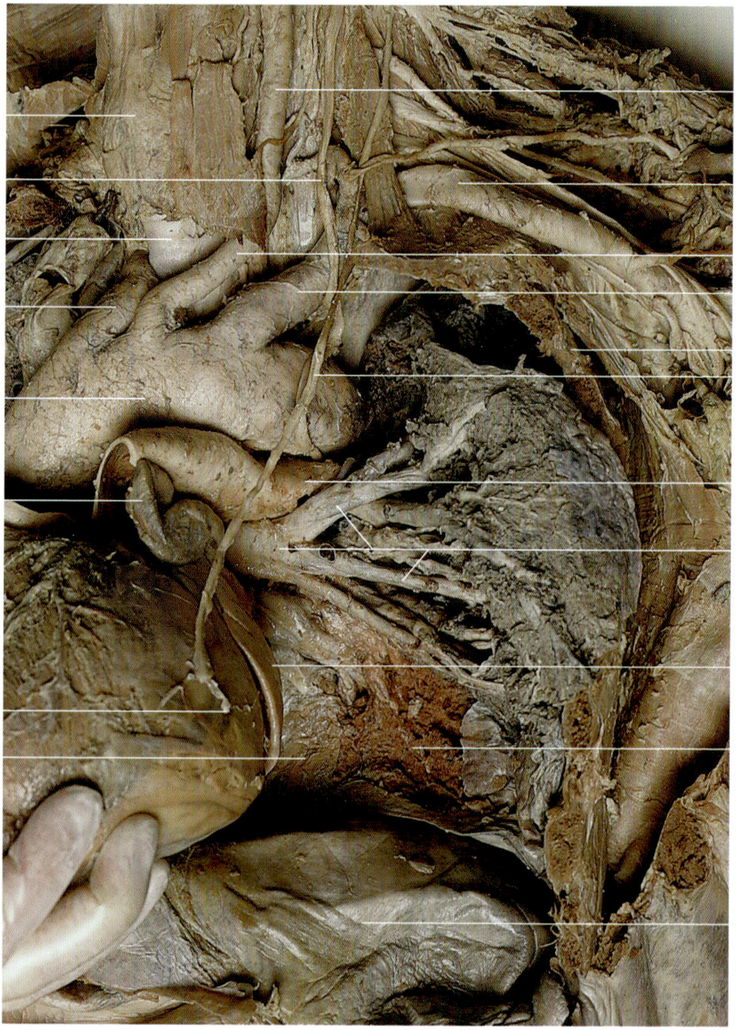

1 Larynx
2 Nervus vagus [X], links
3 Trachea
4 Truncus brachiocephalicus
5 Arcus aortae
6 Cor, Auricula sinistra
7 Nervus phrenicus, links, vom Diaphragma abgetrennt
8 Ligamentum pulmonale
9 Arteria carotis communis, links
10 Arteria subclavia, links
11 Thoraxwand, Schnittkante
12 Nervus phrenicus, links
13 Arteria pulmonalis, links
14 Venae pulmonales, links
15 Cor, Atrium sinistrum
16 Pulmo sinister, Lobus inferior, Schnittkante
17 Diaphragma, Pars costalis

10:30

5.1 Eröffneter Thorax und Hals von ventral

Lage der großen Blutgefäße im Hals und im oberen Mediastinum • Verlauf von Nervus vagus [X] und Nervus phrenicus

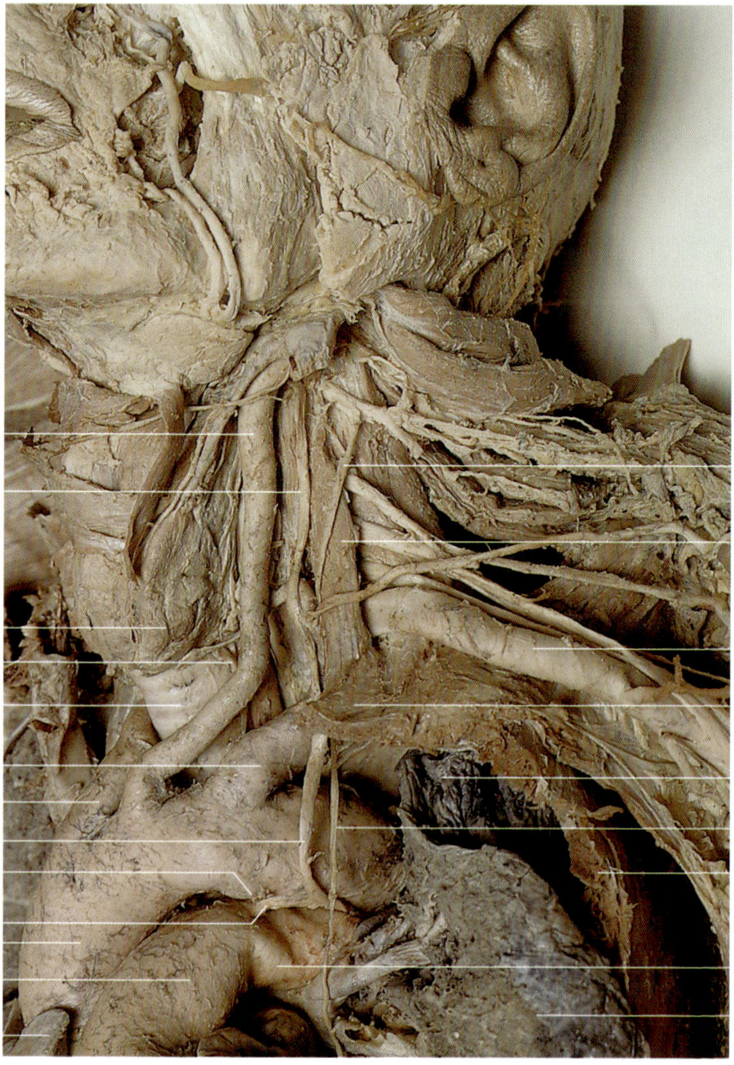

1 Arteria carotis communis, links
2 Nervus vagus [X], links
3 Glandula thyroidea
4 Nervus laryngeus recurrens [X]
5 Trachea
6 Arteria subclavia, links
7 Truncus brachiocephalicus
8 Ligamentum arteriosum
9 Aorta ascendens
10 Truncus pulmonalis
11 Cor, Auricula dextra
12 Nervus phrenicus, links
13 Musculus scalenus anterior, links
14 Arteria subclavia, links
15 Costa I, durchtrennt
16 Pulmo sinister, Apex pulmonis, eingefallen
17 Thoraxwand, Anschnitt
18 Arteria pulmonalis, links
19 Pulmo sinister

5 Eingeweide – Thorax

12:05

5.1 Eröffneter Thorax von ventral

Perikard und ventraler Anteil der Lungen weitgehend entfernt • Herz, Blutgefäße und Nerven im Mediastinum • Lage der Lungen im Thorax

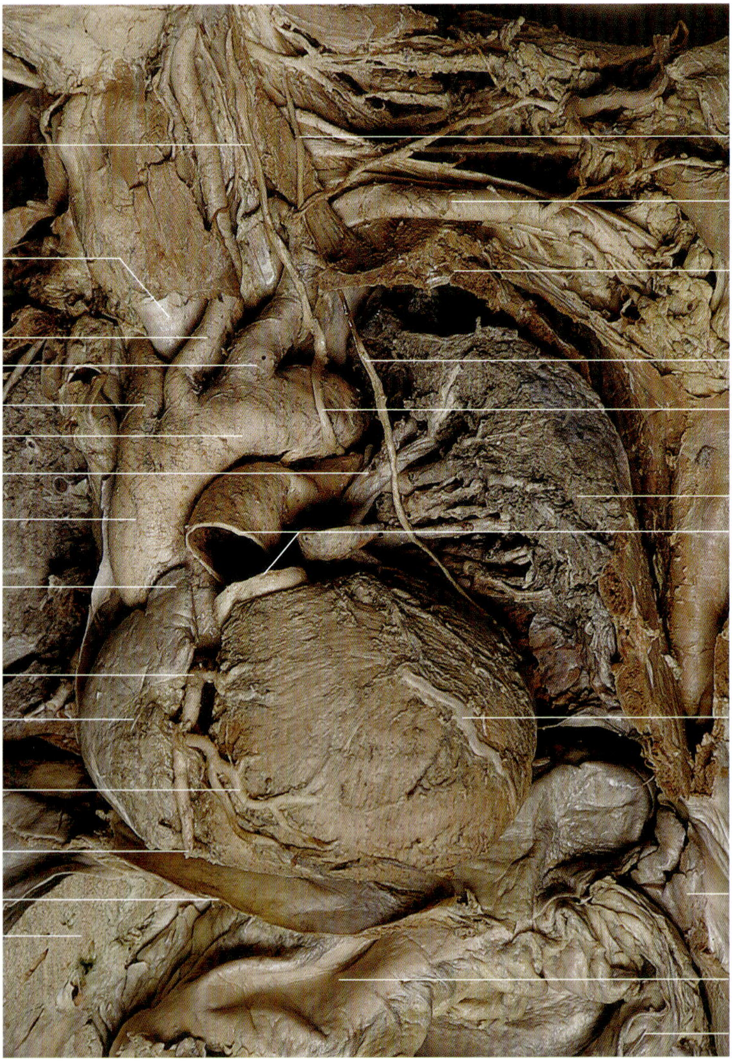

1 Nervus vagus [X], links
2 Trachea
3 Arteria carotis communis, links
4 Arteria subclavia, links
5 Truncus brachiocephalicus
6 Arcus aortae
7 Vena pulmonalis, links
8 Aorta ascendens
9 Cor, Auricula dextra
10 Arteria coronaria dextra
11 Cor, Atrium dextrum
12 Arteria coronaria dextra, Ramus marginalis dexter
13 Diaphragma, Centrum tendineum, Schnittkante
14 Hepar, Anschnitt
15 Nervus phrenicus
16 Thoraxwand, Schnittkante
17 Pulmo sinister, Anschnitt
18 Truncus pulmonalis, Schnittkanten
19 Arteria coronaria sinistra, Ramus interventricularis anterior
20 Splen (Lien)
21 Gaster
22 Colon descendens

12:35

5.1 Eröffneter Thorax von ventral und kranial

Perikard und ventrale Anteile der Lungen entfernt • ein herznahes Stück des Truncus pulmonalis entfernt • Darstellung der Herzkranzgefäße und anderer herznaher Blutgefäße

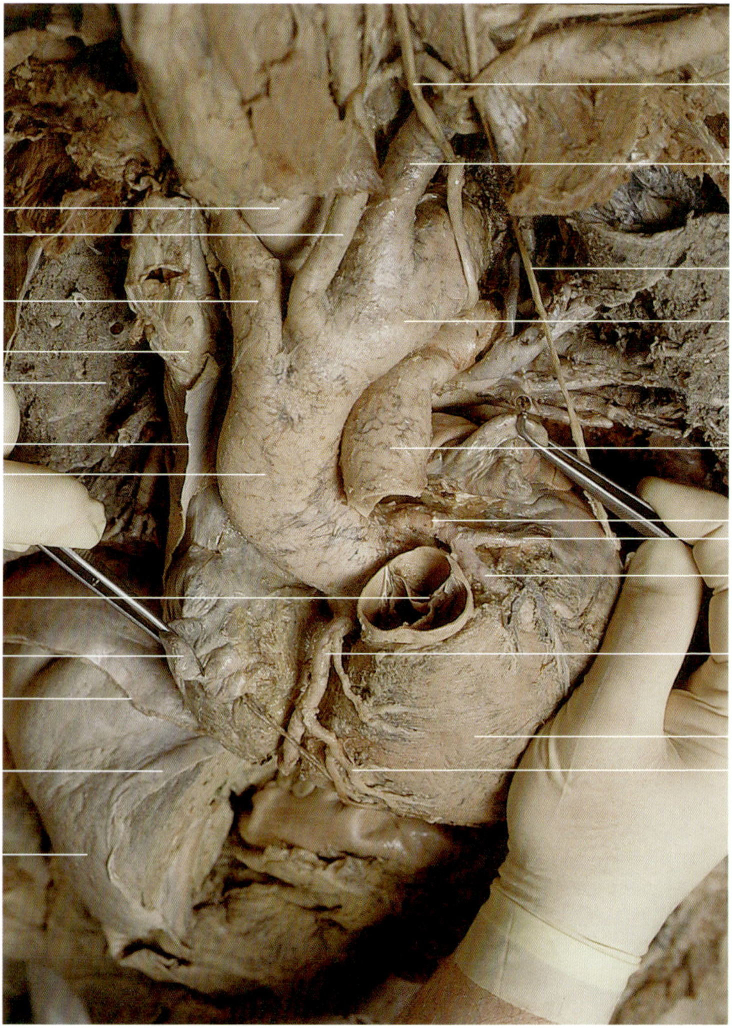

1 Trachea
2 Arteria carotis communis, links
3 Truncus brachiocephalicus
4 Vena cava superior
5 Pulmo dexter, Anschnitt
6 Pericardium, Schnittkante
7 Aorta ascendens
8 Truncus pulmonalis, Anschnitt mit Aufsicht auf die Valva trunci pulmonalis
9 Cor, Atrium dextrum und Auricula dextra, nach lateral gehalten
10 Diaphragma, Schnittkante
11 Ligamentum falcifome hepatis
12 Hepar
13 Nervus vagus [X], links
14 Arteria subclavia, links
15 Nervus phrenicus, links
16 Arcus aortae
17 Truncus pulmonalis
18 Arteria coronaria sinistra
19 Arteria coronaria sinistra, Ramus circumflexus
20 Arteria coronaria sinistra, Ramus interventricularis anterior
21 Arteria coronaria dextra im Sulcus coronarius
22 Cor, Ventriculus dexter, Myocardium
23 Arteria coronaria dextra, Ramus marginalis dexter

12:35

5.1 Herz von kranial

Truncus pulmonalis und Aorta oberhalb der Taschenklappen abgesetzt • Herzkranzgefäße

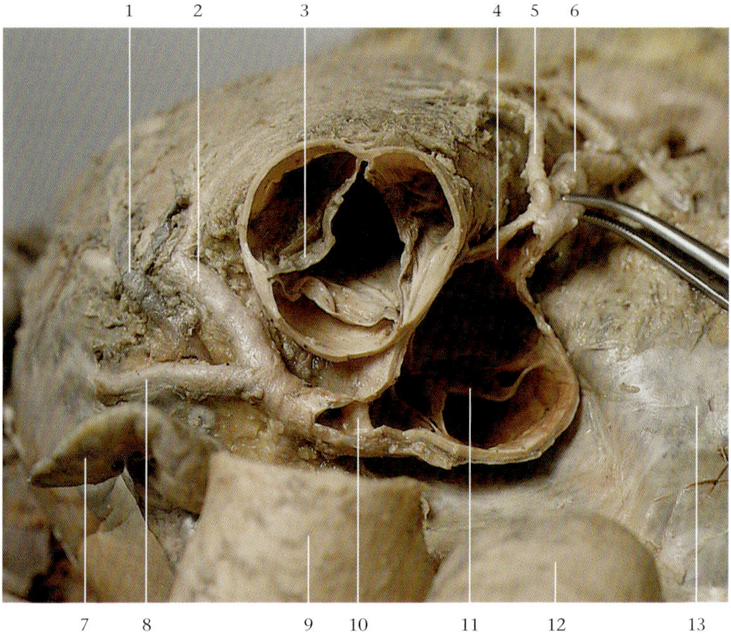

1 Vena interventricularis anterior
2 Arteria coronaria sinistra, Ramus interventricularis anterior
3 Truncus pulmonalis, Anschnitt mit Aufsicht auf die Valva trunci pulmonalis
4 Arteria coronaria dextra, Abgang aus der Aorta
5 Arteria coronaria dextra, Ramus coni arteriosi
6 Arteria coronaria dextra
7 Auricula sinistra, nach lateral verlagert
8 Arteria coronaria sinistra, Ramus circumflexus
9 Truncus pulmonalis
10 Arteria coronaria sinistra, Abgang aus der Aorta
11 Aorta ascendens, Anschnitt mit Aufsicht auf die Valva aortae
12 Aorta ascendens
13 Atrium dextrum und Auricula dextra, nach lateral verlagert

13:45

5.1 Eröffneter Thorax von lateral rechts

Rechter Vorhof weit eröffnet • rechter Teil der Vorhofwand nach ventral gelegt

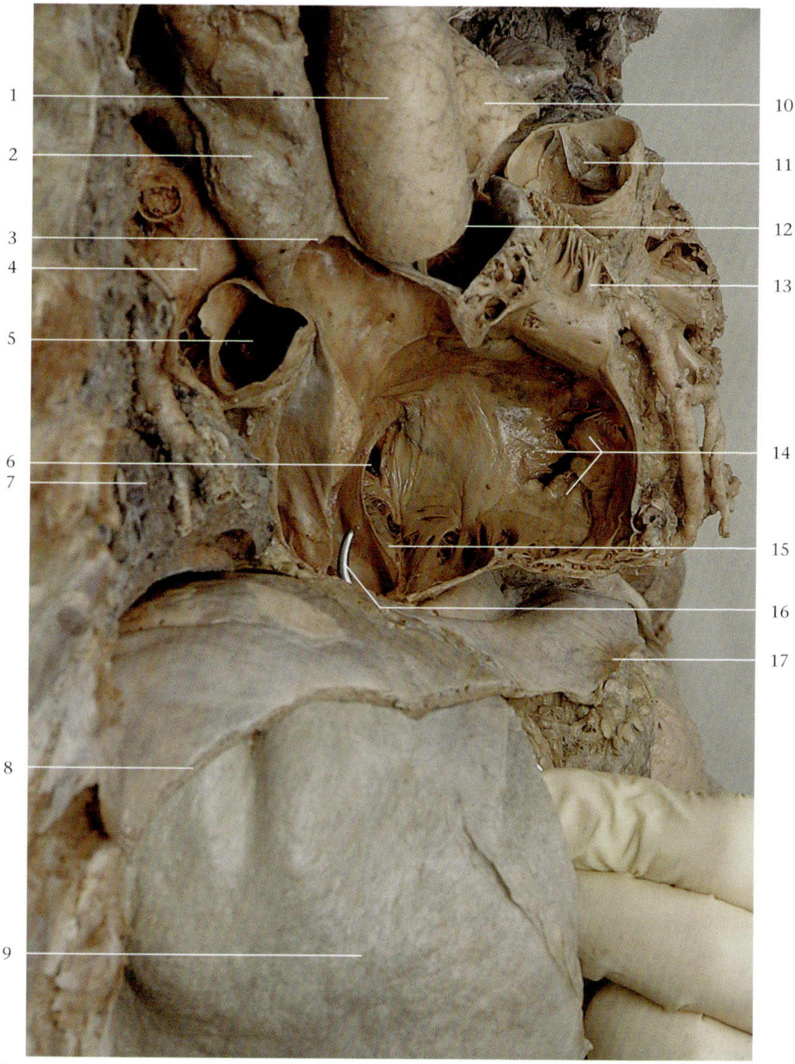

1 Aorta ascendens
2 Vena cava superior
3 Vena cava superior, Schnittkante
4 Arteria pulmonalis, rechts
5 Vena pulmonalis, rechts, Anschnitt
6 Cor, Ostium sinus coronarii
7 Pulmo dexter, Anschnitt
8 Diaphragma, Pars costalis, Schnittkante
9 Hepar, Lobus dexter
10 Truncus pulmonalis
11 Truncus pulmonalis, Anschnitt mit Sicht auf die Valva trunci pulmonalis
12 Aorta ascendens, Schnittkante
13 Cor, Atrium dextrum, Musculi pectinati
14 Cor, Valva atrioventricularis dextra (Valva tricuspidalis)
15 Valvula venae cavae inferioris
16 Pinzette in der Vena cava inferior
17 Diaphragma, Pars costalis

13:45

5.1 Eröffneter Thorax und Oberbauch von lateral rechts und ventral

Rechter Vorhof weit eröffnet • rechter Teil der Vorhofwand nach ventral gelegt • Pinzette auf dem Foramen ovale

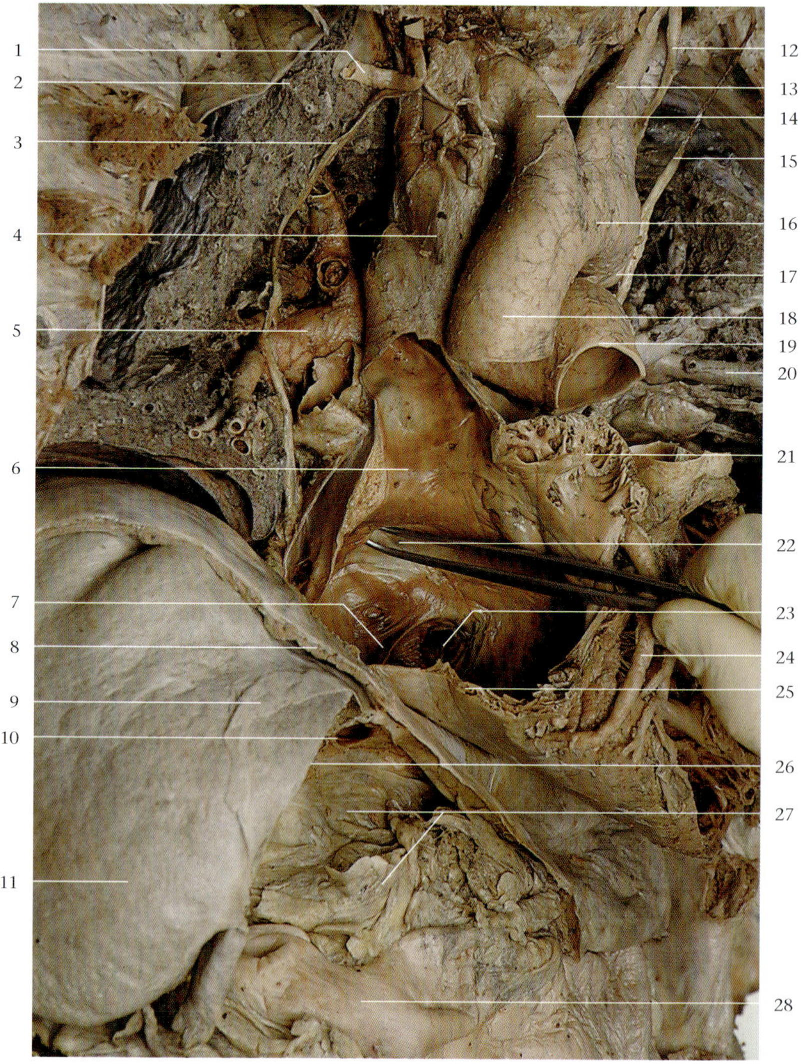

1 Arteria thoracica interna, rechts, Stumpf
2 Pulmo dexter, Anschnitt
3 Nervus phrenicus, rechts
4 Vena cava superior
5 Arteria pulmonalis, rechts
6 Vena cava superior, Einmündung in das Atrium dextrum
7 Vena cava inferior, Einmündung in das Atrium dextrum
8 Diaphragma, Pars costalis, Schnittkante
9 Ligamentum falciforme hepatis
10 Vena hepatica sinistra, Anschnitt an der Einmündung in die Vena cava inferior
11 Hepar, Lobus dexter
12 Nervus phrenicus, links
13 Arteria carotis communis, links
14 Truncus brachiocephalicus
15 Nervus vagus [X], links
16 Arcus aortae
17 Nervus laryngeus recurrens [X], links
18 Aorta ascendens
19 Truncus pulmonalis, Schnittkante
20 Arteria lingualis aus der Arteria pulmonalis sinistra
21 Cor, Atrium dextrum, Musculi pectinati
22 Foramen ovale
23 Ostium sinus coronarii
24 Arteria coronaria dextra
25 Cor, Atrium dextrum, Schnittkante
26 Hepar, Schnittkante
27 Omentum minus
28 Gaster

15:25

5.1 Herz von ventral und kaudal

Rechter Ventrikel eröffnet • Papillarmuskeln und rechte Atrioventrikularklappe

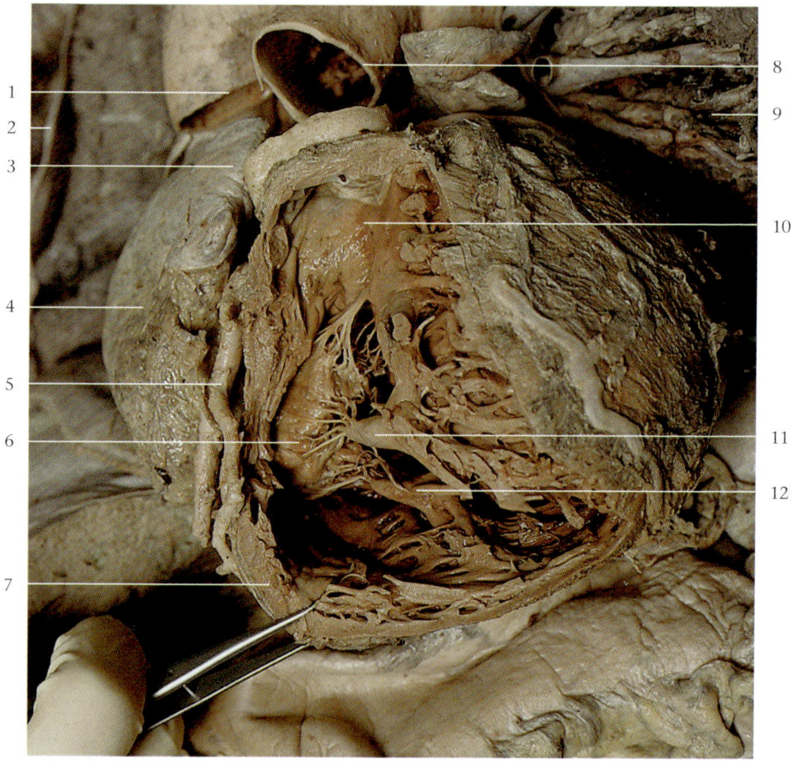

1 Aorta ascendens, Schnittkante
2 Nervus phrenicus, rechts
3 Auricula dextra
4 Atrium dextrum
5 Arteria coronaria dextra
6 Valva atrioventricularis dextra (Valva tricuspidalis), Cuspis anterior
7 Ventriculus dexter, Schnittkante
8 Truncus pulmonalis, Schnittkante
9 Pulmo sinister
10 Conus arteriosus
11 Ventriculus dexter, Musculus papillaris anterior
12 Ventriculus dexter, Musculus papillaris posterior

5 Eingeweide – Thorax

15:25

5.1 Herz von lateral rechts

Rechter Ventrikel eröffnet • vorderer Papillarmuskel und Moderatorenband

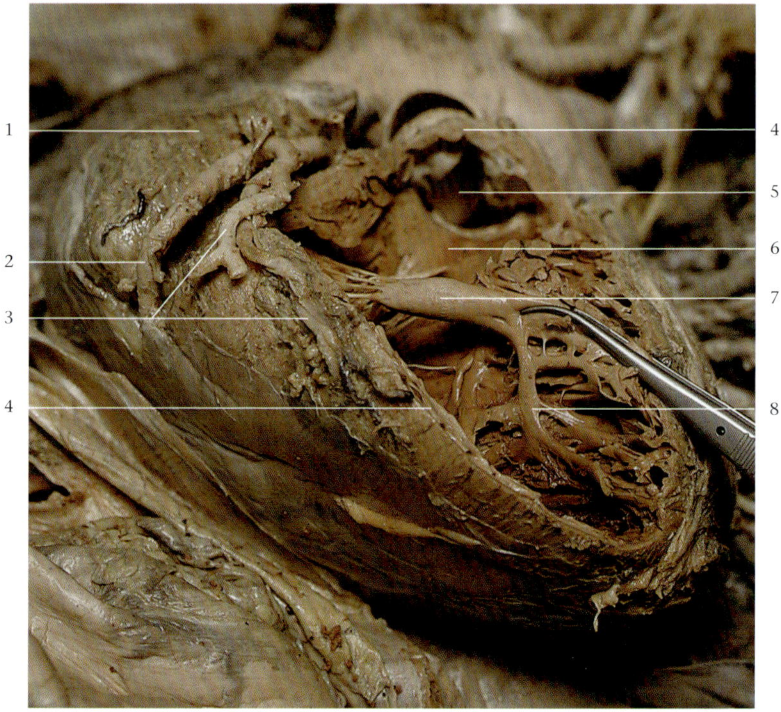

1 Atrium dextrum
2 Arteria coronaria dextra
3 Arteria coronaria dextra, Ramus marginalis dexter und parallel verlaufende Vene
4 Ventriculus dexter, Schnittkante
5 Ostium trunci pulmonalis
6 Conus arteriosus
7 Musculus papillaris anterior
8 Trabecula septomarginalis (Moderatorenband)

17:15

5.1 Herz von kaudal und dorsal

Epikard und darunter gelegenes Fettgewebe entfernt • linker Vorhof gefenstert • Herzkranzarterien und Sinus coronarius

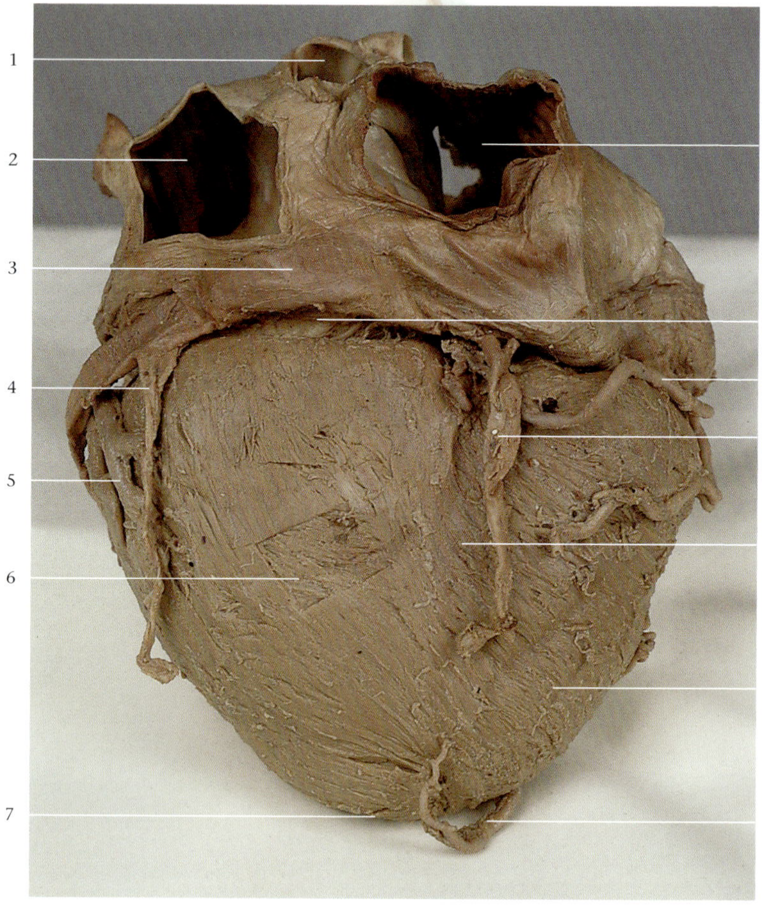

1 Venae pulmonales, rechts, Anschnitt
2 Atrium sinistrum, eröffnet
3 Sinus coronarius
4 Vena ventriculi sinistri posterior
5 Arteria coronaria sinistra, Ramus circumflexus
6 Ventriculus sinister, Myocardium
7 Apex cordis
8 Atrium dextrum, Ostium venae cavae inferioris
9 Sulcus coronarius
10 Arteria coronaria dextra
11 Vena interventricularis posterior
12 Sulcus interventricularis posterior
13 Ventriculus dexter, Myocardium
14 Arteria coronaria sinsitra, Ramus interventricularis anterior

5 Eingeweide – Thorax

18:35

5.1 Herz von lateral links

Linker Ventrikel sowie Aorta eingeschnitten und die Schnittkanten auseinander gezogen • Papillarmuskeln • Mitral- und Aortenklappe

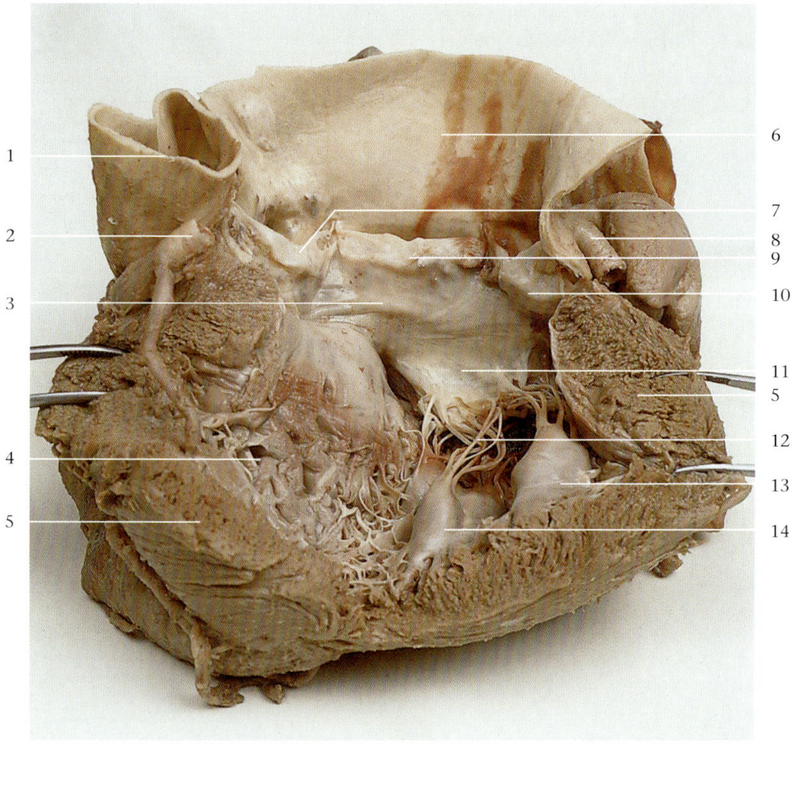

1 Truncus pulmonalis, Schnittkante
2 Arteria coronaria dextra
3 Conus arteriosus
4 Trabeculae carneae
5 Ventriculus sinister, Myocardium, Schnittkante
6 Aorta ascendens, eröffnet
7 Valva aortae, Valvula semilunaris dextra
8 Arteria coronaria sinistra
9 Valva aortae, Valvula semilunaris posterior
10 Valva aortae, Valvula semilunaris sinsitra
11 Valva atrioventricularis sinistra (Valva mitralis), Cuspis anterior
12 Chordae tendineae
13 Musculus papillaris posterior
14 Musculus papillaris anterior

19:00

5.1 Eröffneter Thorax von ventral

Herz und Perikard entnommen • Trachea und Stammbronchien • Ligamentum pulmonale und Membrana bronchopericardiaca

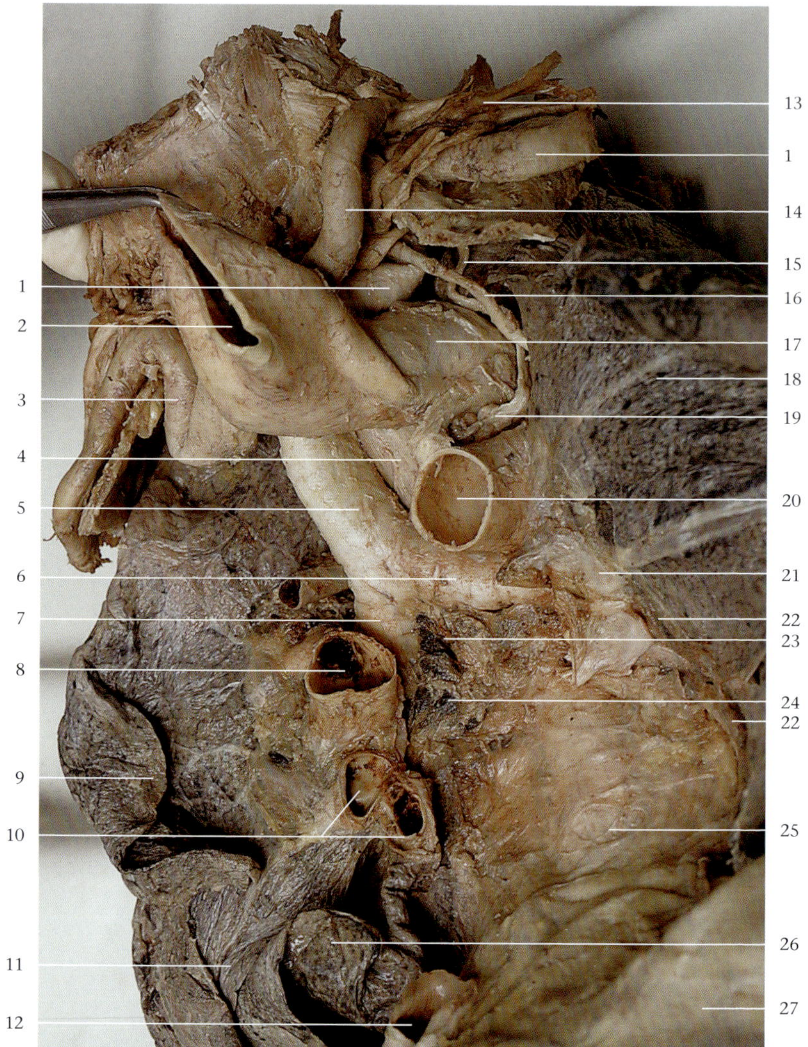

1 Arteria subclavia, links
2 Aorta ascendens, nach kranial verlagert, Anschnitt
3 Arteria subclavia, rechts
4 Arteria pulmonalis, links, nach kranial verlagert
5 Trachea
6 Bronchus principalis, links
7 Bronchus principalis, rechts
8 Arteria pulmonalis, rechts, Anschnitt
9 Pulmo dexter, Lobus superior
10 Venae pulmonales, rechts, Anschnitt
11 Pulmo dexter, Lobus medius
12 Diaphragma, Foramen venae cavae inferioris
13 Plexus brachialis, links
14 Arteria carotis communis, links
15 Nervus phrenicus
16 Nervus vagus [X], links
17 Arcus aortae
18 Pulmo sinister, Lobus superior
19 Nervus laryngeus recurrens [X], links
20 Truncus pulmonalis, Anschnitt
21 Pulmo sinister, Radix pulmonis
22 Ligamentum pulmonale
23 Nodi lymphatici tracheobronchiales inferiores
24 Nodi lymphatici bronchopulmonales
25 Membrana bronchopericardiaca
26 Pulmo dexter, Lobus inferior
27 Diaphragma, Centrum tendineum

5 Eingeweide – Thorax

20:25

5.1 Eröffneter Thorax von lateral links

Pleura parietalis entfernt • linker Lungenflügel nach medial verlagert • Strukturen im hinteren Mediastinum

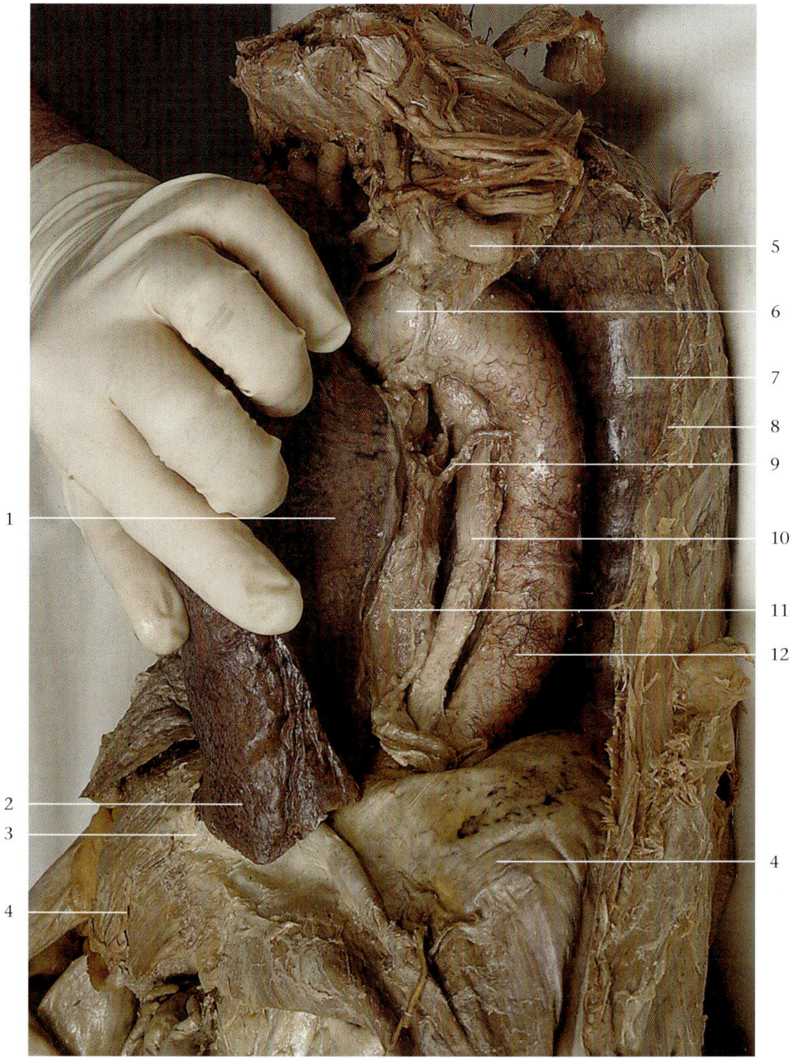

1 Pulmo sinister, Impression hervorgerufen durch den Verlauf der Aorta
2 Pulmo sinister, Lobus inferior, nach ventral verlagert
3 Diaphragma, Centrum tendineum
4 Diaphragma, Pars costalis
5 Arteria subclavia, links
6 Arcus aortae
7 Columna vertebralis, Pars thoracica
8 Thoraxwand, Schnittkante
9 Arteria bronchialis
10 Oesophagus, Pars thoracica
11 Ligamentum pulmonale, nach medial in die Membrana bronchopericardiaca übergehend
12 Aorta descendens

5 Eingeweide – Thorax

21:20

5.1 Lunge von dorsal

Linker und rechter Lungenflügel aus dem Thorax entnommen, dazwischen die Membrana bronchopericardiaca ausgespannt

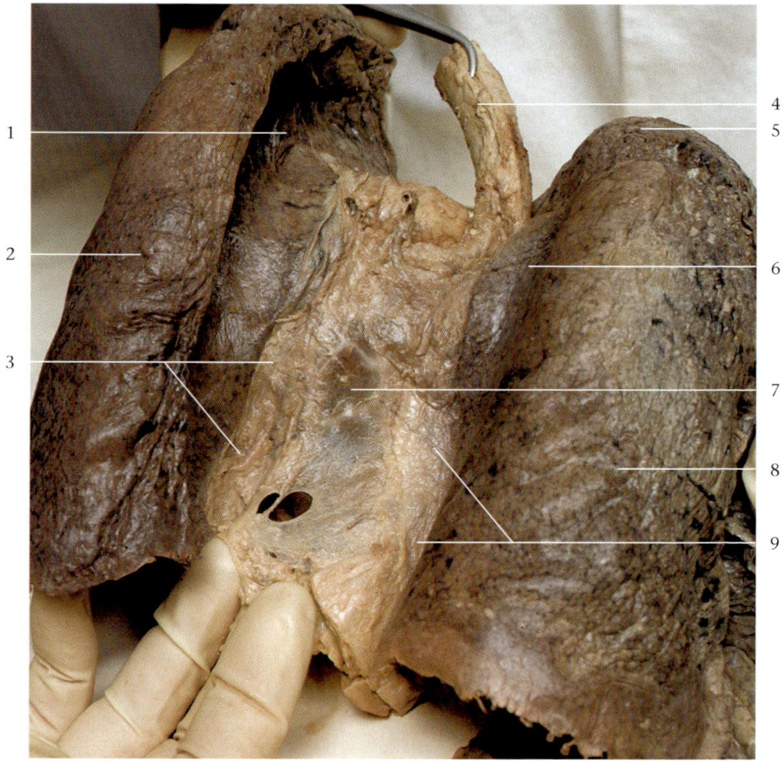

1 Pulmo sinister, Impression durch die Aorta
2 Pulmo sinister, Lobus inferior
3 Ligamentum pulmonale, links
4 Trachea
5 Pulmo dexter, Lobus superior, Apex pulmonis
6 Pulmo dexter, Impression durch die Vena azygos
7 Membrana bronchopericardiaca
8 Pulmo dexter, Lobus inferior
9 Ligamentum pulmonale, rechts

5 Eingeweide – Thorax

21:50

5.1 Eröffneter Thorax von ventral und lateral rechts

Herz und Lungen entfernt • Aorta und Strukturen im hinteren Mediastinum

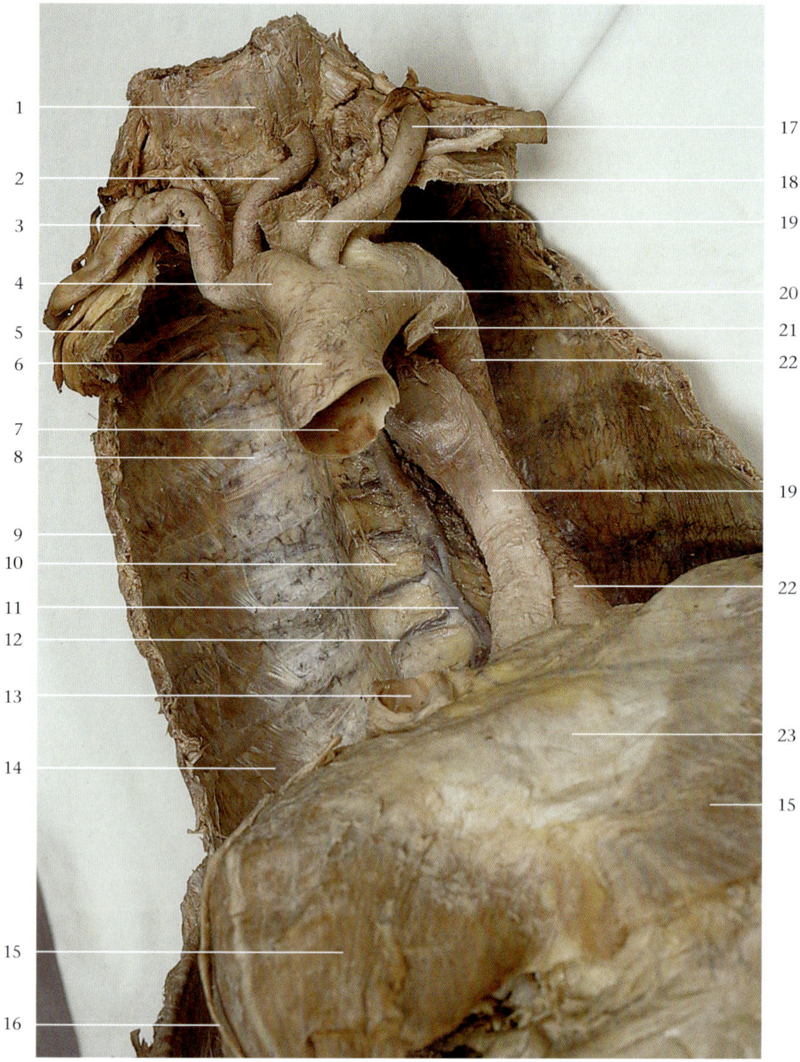

1 Columna vertebralis, Pars cervicalis
2 Arteria carotis communis, rechts
3 Arteria subclavia, rechts
4 Truncus brachiocephalicus
5 Costa I, rechts, Schnittkante
6 Aorta ascendens
7 Aorta, Anschnitt
8 Costa
9 Thoraxwand, Schnittkante
10 Ligamentum longitudinale anterius
11 Vena azygos (Vena hemiazygos ist nicht angelegt)
12 Vena intercostalis posterior
13 Diaphragma, Foramen venae cavae inferioris
14 Musculus intercostalis internus
15 Diaphragma, Pars costalis
16 Nervus phrenicus, rechts, kranial gelöst und nach kaudal gelegt
17 Arteria carotis communis, links
18 Costa I, links, Schnittkante
19 Oesophagus, Pars thoracica
20 Arcus aortae
21 Ligamentum arteriosum, durchtrennt
22 Aorta thoracica
23 Diaphragma, Centrum tendineum

21:50

5.2 Eröffneter Thorax von ventral

Herz und Lungen entfernt • Aorta ascendens nach kranial verlagert • Strukturen im hinteren Mediastinum • Vena azygos

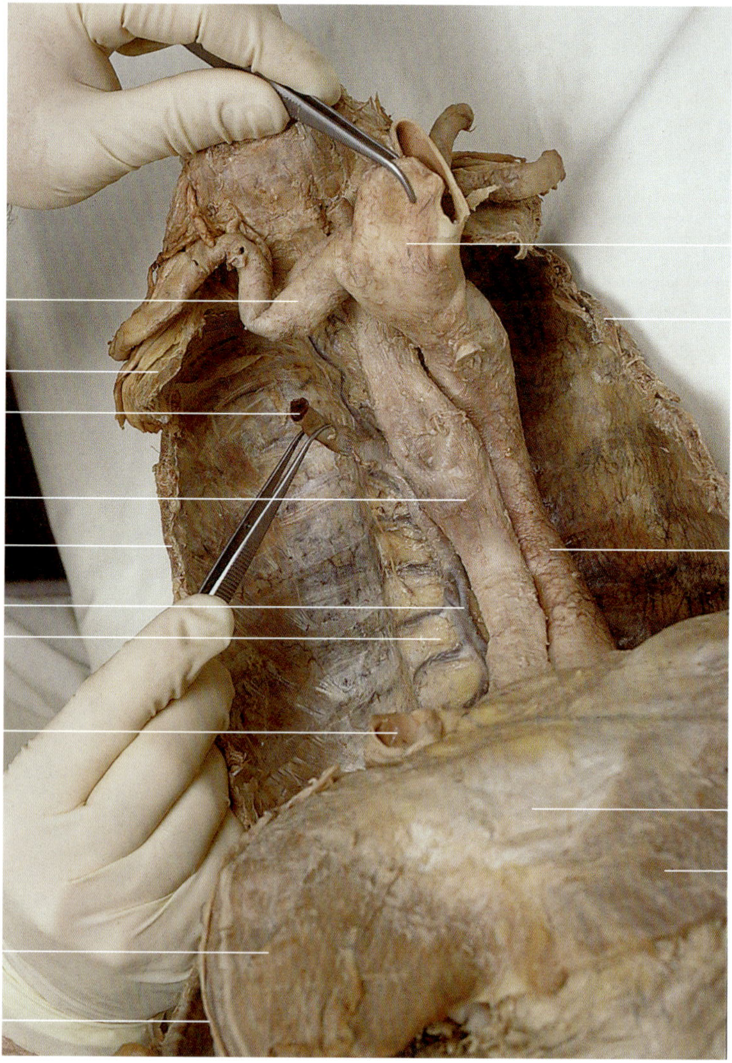

1 Arteria subclavia, rechts
2 Costa I, rechts, Schnittkante
3 Vena azygos, Anschnitt
4 Oesophagus, Pars thoracica
5 Thoraxwand, Schnittkante
6 Vena azygos
7 Columna vertebralis, Pars thoracica, Ligamentum longitudinale anterius
8 Diaphragma, Foramen venae cavae inferioris
9 Diaphragma, Pars costalis
10 Nervus phrenicus, rechts, kranial gelöst und nach kaudal gelegt
11 Aorta ascendens, nach kranial verlagert
12 Aorta thoracica
13 Diaphragma, Centrum tendineum

22:30

5.2 Eröffneter Thorax von ventral, rechte hintere Thoraxwand von innen

Alle Brusteingeweide, die Pleura parietalis, die Fascia thoracica interna und die Membrana intercostalis interna sind entfernt • Grenzstrang, Interkostalgefäße und -nerven

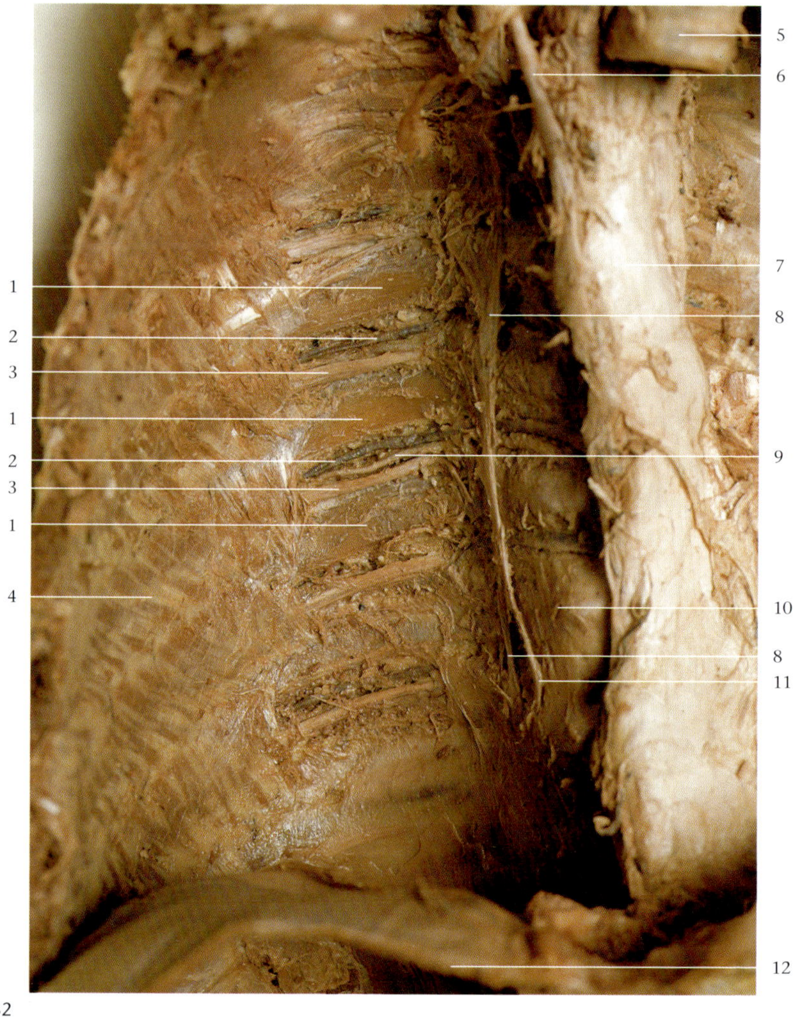

1 Costa
2 Vena intercostalis posterior
3 Nervus intercostalis
4 Musculus intercostalis internus
5 Arcus aortae, nach links gelegt
6 Nervus vagus [X]
7 Oesophagus
8 Truncus sympathicus
9 Arteria intercostalis posterior
10 Corpus vertebrae
11 Nervus splanchnicus major
12 Diaphragma, Schnittkante

23:40

5.3 Eröffneter Thorax von dorsal

Wirbelsäule und knöcherner Thorax entfernt • Eingeweideraum des Halses und des Brustkorbs

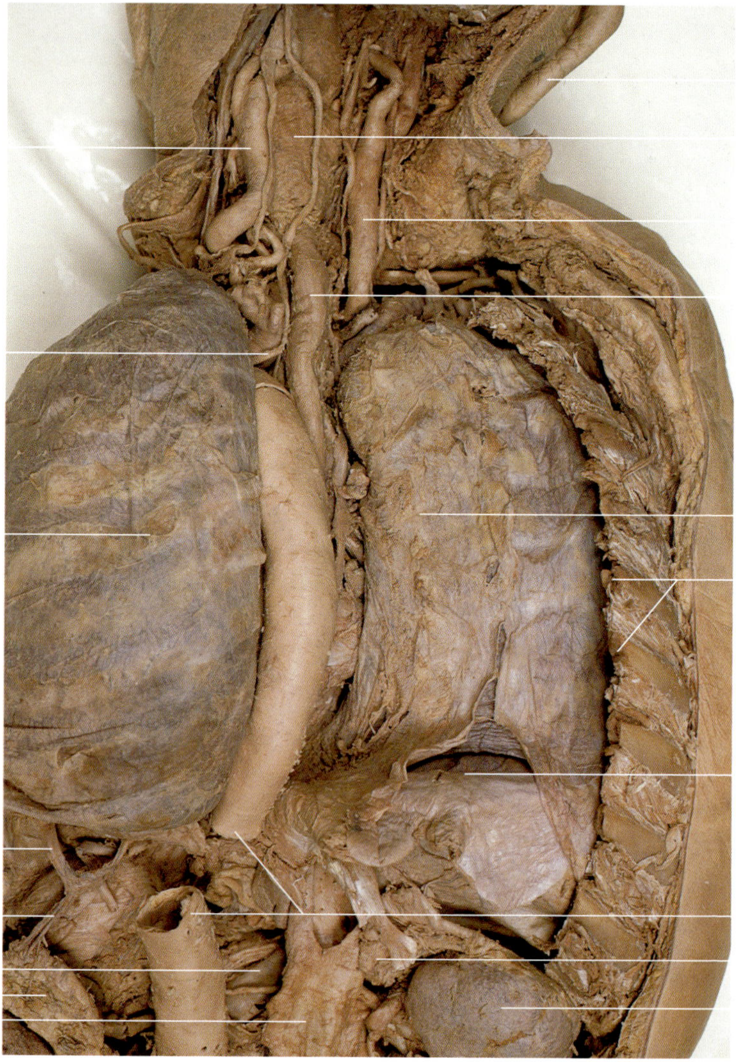

1 Arteria carotis communis, links
2 Nervus vagus [X], links
3 Pleura parietalis, Pars costalis, links, vom Brustkorb gelöst
4 Arteria phrenica inferior, links
5 Arteria suprarenalis superior, links
6 Vena portae
7 Glandula suprarenalis, links
8 Vena cava inferior
9 Auricula, rechts
10 Musculus constrictor pharyngis medius
11 Arteria carotis communis, rechts
12 Oesophagus, Pars thoracica
13 Pleura parietalis, Pars costalis, rechts vom Brustkorb gelöst
14 Costae, Schnittkante
15 Diaphragma, Pars costalis; Pleura parietalis, Pars costalis eingerissen
16 Aorta abdominalis, durchtrennt
17 Glandula suprarenalis, rechts
18 Ren, rechts

6 Eingeweide – Abdomen

02:45

6.1 Eröffnete Bauchhöhle von ventral

Peritoneum parietale über das Schambein nach kaudal gelegt • Leber und Omentum majus in situ

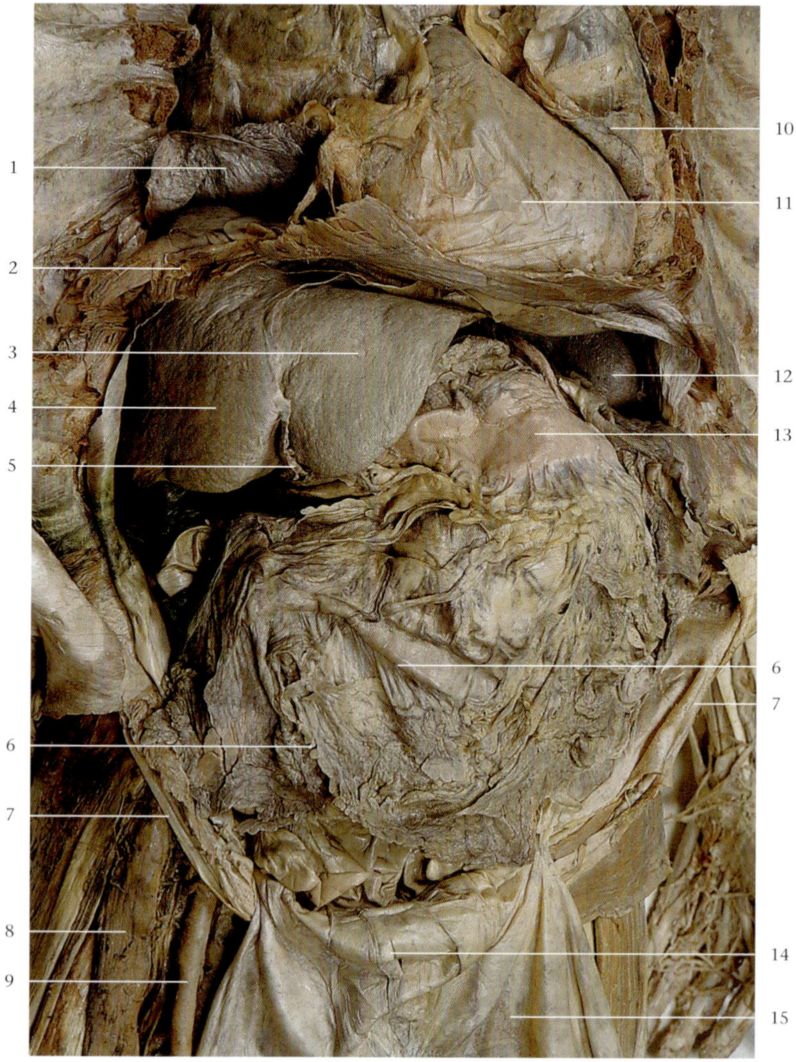

1 Pulmo dexter
2 Diaphragma, Pars costalis
3 Hepar, Lobus sinister
4 Hepar, Lobus dexter
5 Ligamentum teres hepatis
6 Omentum majus
7 Seitliche, flache Bauchmuskeln, Schnittkante
8 Musculus sartorius, rechts
9 Arteria femoralis, rechts
10 Pleura parietalis, Pars costalis
11 Pericardium
12 Splen (Lien)
13 Gaster
14 Plica umbilicalis mediana
15 Peritoneum der vorderen Bauchwand mit einem halbrunden Schnitt über der Bauchhöhle gelöst und nach kaudal gelegt

6 Eingeweide – Abdomen

02:55

6.1 Leber

Ansicht von ventral

1 Lobus dexter
2 Lobus sinsister
3 Appendix fibrosa hepatis
4 Margo inferior
5 Vesica biliaris, Fundus
6 Ligamentum falciforme hepatis

03:30

6.1 Leber von kaudal

Lappengliederung • Strukturen im Bereich der Leberpforte

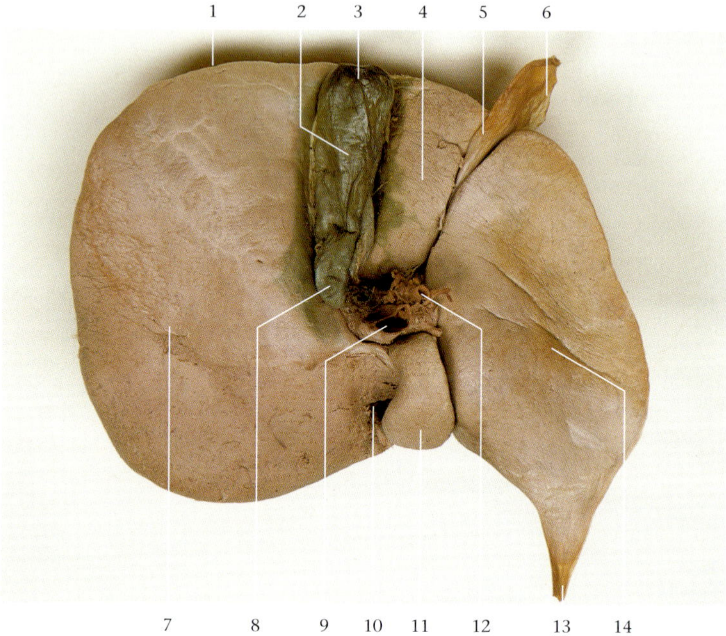

1 Margo inferior
2 Vesica biliaris, Corpus
3 Vesica biliaris, Fundus
4 Lobus quadratus
5 Ligamentum teres hepatis
6 Ligamentum falciforme hepatis
7 Lobus dexter
8 Vesica biliaris, Collum
9 Vena portae, Anschnitt
10 Sulcus venae cavae
11 Lobus caudatus
12 Arteria hepatica propria, Anschnitt
13 Appendix fibrosa hepatis
14 Lobus sinister

6 Eingeweide – Abdomen

03:30

6.1 Leber von dorsal

Linker Leberlappen nach kaudal gehalten • Lappengliederung

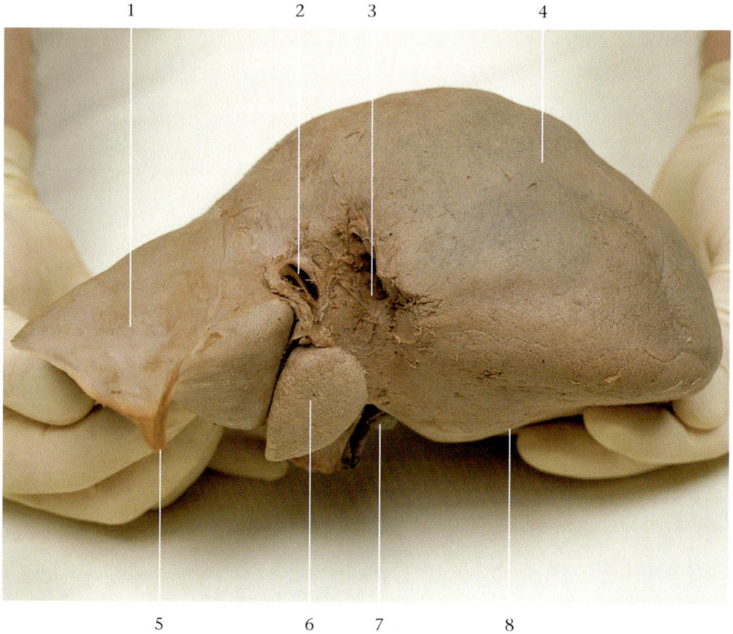

1 Lobus sinister
2 Venae hepaticae, Anschnitte
3 Sulcus venae cavae
4 Lobus dexter
5 Appendix fibrosa hepatis
6 Lobus caudatus
7 Vesica biliaris
8 Facies visceralis

05:10

6.2 Eröffneter Oberbauch von ventral und lateral rechts

Leber angehoben • Foramen omentale

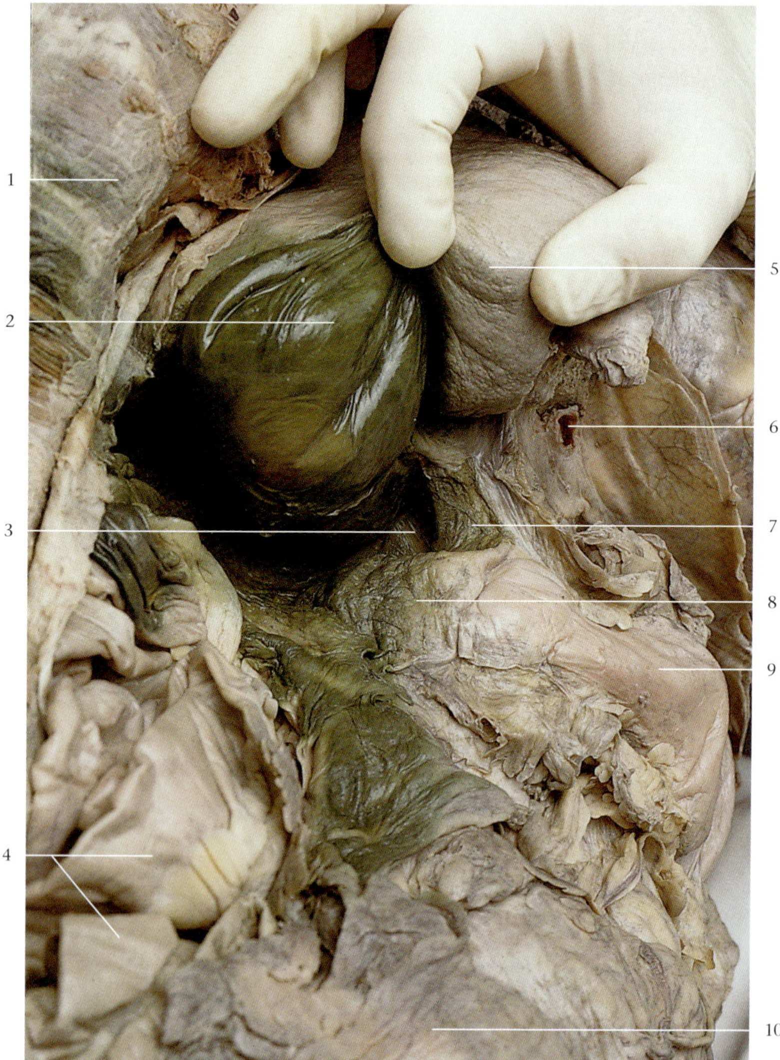

1 Musculus transversus abdominis, rechts
2 Vesica biliaris, Fundus
3 Foramen omentale
4 Intestinum tenue
5 Hepar, Lobus dexter
6 Arteria hepatica propria, Ramus sinister
7 Ligamentum hepatoduodenale
8 Duodenum, Pars superior
9 Gaster, Pars pylorica
10 Omentum majus

05:25

6.2 Eröffnete Bauchhöhle von ventral

Rechter Oberbauch • Leber angehoben • Foramen omentale

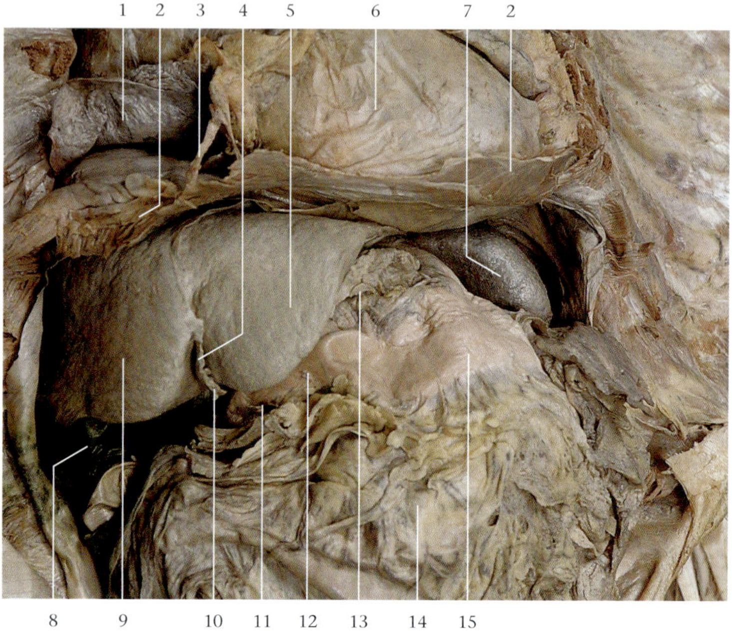

1 Pulmo dexter, Lobus inferior
2 Diaphragma, Pars costalis
3 Nervus phrenicus, rechts
4 Ligamentum falciforme hepatis
5 Hepar, Lobus sinister
6 Pericardium
7 Splen (Lien)
8 Vesica biliaris
9 Hepar, Lobus dexter
10 Ligamentum teres hepatis
11 Duodenum
12 Gaster, Pylorus
13 Omentum minus
14 Omentum majus
15 Gaster, Corpus gastricum

06:10

6.2 Eröffneter Oberbauch von ventral

Linker Leberlappen und Omentum minus entfernt • Holzspatel durch das Foramen omentale in die Bursa omentalis eingeführt

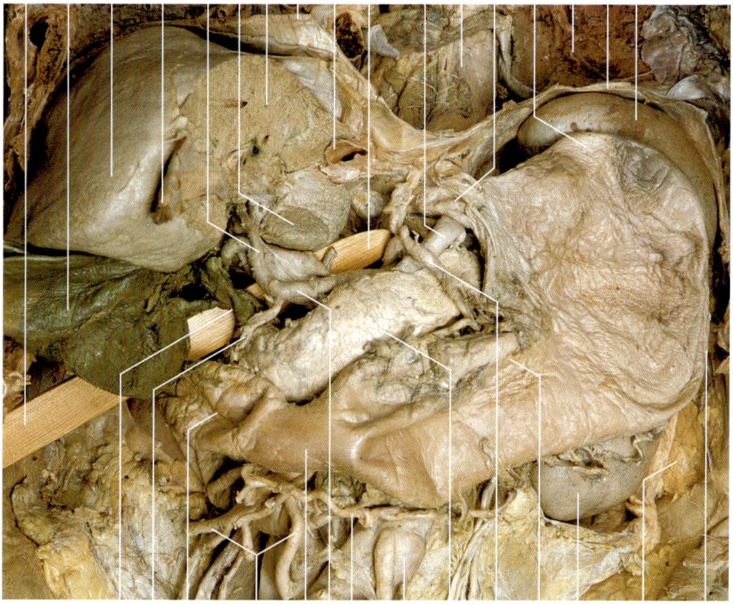

1 Holzspatel durch das Foramen omentale in die Bursa omentalis eingeführt
2 Vesica biliaris
3 Hepar, Lobus dexter
4 Ligamentum teres hepatis
5 Arteria hepatica propria
6 Hepar, Lobus caudatus
7 Hepar, Schnittfläche
8 Diaphragma, Pars costalis, Schnittkante
9 Vena hepatica sinistra, Anschnitt
10 Holzspatel in der Bursa omentalis
11 Vena splenica (Vena lienalis)
12 Oesophagus, Pars thoracica
13 Oesophagus, Pars abdominalis
14 Gaster, Fundus gastricus
15 Pulmo sinister, Anschnitt
16 Splen (Lien)
17 Ductus choledochus
18 Arteria gastroduodenalis
19 Duodenum, Pars superior
20 Arteria gastroomentalis dextra, Rami omentales
21 Gaster, Pylorus
22 Arteria hepatica communis
23 Arteria gastroomentalis dextra
24 Colon transversum, Falte
25 Pancreas, Corpus pancreatis
26 Arteria gastrica sinistra
27 Gaster, Curvatura minor
28 Ren, links
29 Capsula adiposa perirenalis, links
30 Gaster, Curvatura major

07:15

6.2 Eröffneter Oberbauch von ventral und lateral rechts

Linker Leberlappen entfernt • Herz und Zwerchfell angehoben • mittlerer Oberbauch • Magen

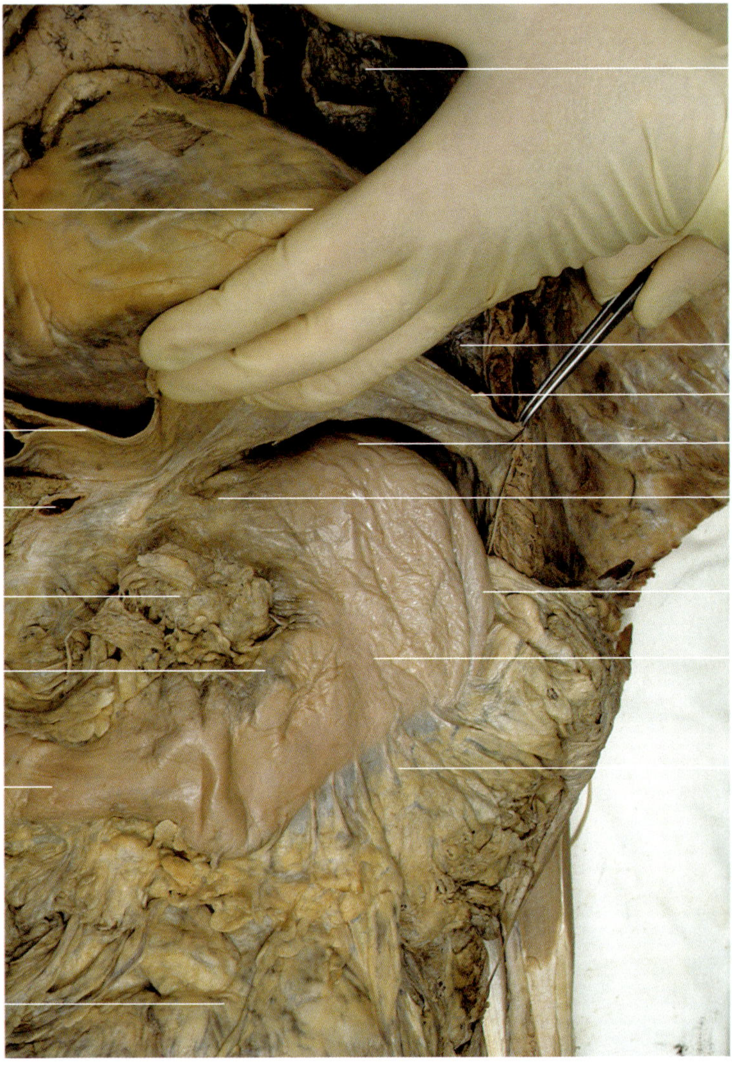

1 Cor, Apex cordis
2 Diaphragma, Centrum tendineum, Schnittkante
3 Arteria hepatica propria, Ramus sinister, Anschnitt
4 Omentum minus
5 Gaster, Curvatura minor
6 Gaster, Pylorus
7 Omentum majus
8 Pulmo sinister
9 Diaphragma, Pars costalis, Schnittkante
10 Gaster, Fundus gastricus
11 Oesophagus, Pars abdominalis
12 Gaster, Curvatura major
13 Gaster, Corpus gastricus
14 Omentum majus, als Ligamentum gastrocolicum bezeichneter Teil

08:50

6.2 Eröffneter Oberbauch von ventral

Omentum majus vom Colon transversum gelöst und eingeschnitten • Magen und anheftendes großes Netz angehoben • Bursa omentalis • Omentum minus

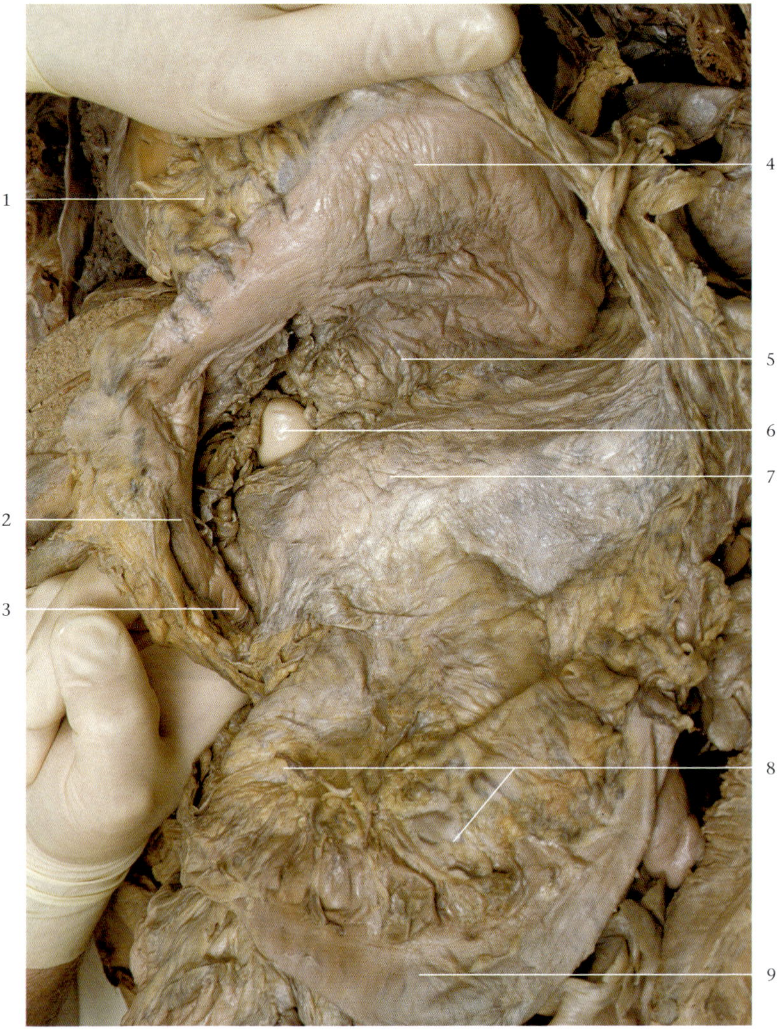

1 Omentum majus
2 Duodenum, Pars superior
3 Duodenum, Eintritt in den Retroperitonealraum
4 Gaster, Corpus gastricum, Dorsalansicht
5 Omentum minus, Dorsalansicht
6 Finger im Foramen omentale
7 Pancreas, Corpus pancreatis durch das Peritoneum parietale der Bursa omentalis sichtbar
8 Mesocolon transversum
9 Colon transversum

09:55

6.2 Eröffneter Oberbauch von ventral und lateral rechts

Zwerchfell nach kranial und Magen nach rechts gehalten • Milz in der Milznische

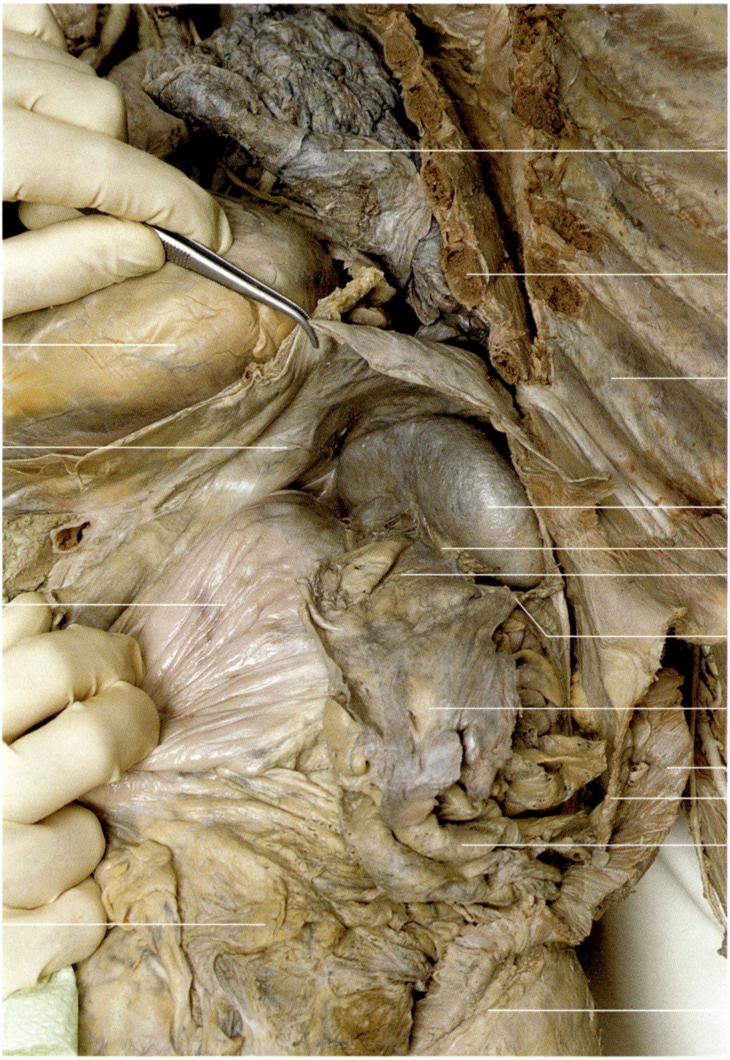

1 Cor
2 Diaphragma, Pars costalis, Falte
3 Gaster, nach rechts verlagert
4 Omentum majus
5 Pulmo sinister
6 Costa, Schnittkante
7 Costa, nach lateral links umgelegt
8 Splen (Lien)
9 Splen, Hilum splenicum (Hilum lienale)
10 Ligamentum gastrosplenicum (Ligamentum gastrolienale)
11 Ligamentum phrenicocolicum
12 Musculus obliquus internus abdominis
13 Musculus transversus abdominis
14 Intestinum tenue
15 Crista iliaca, links

09:55

6.2 Eröffneter Oberbauch von ventral

Magen und Milz nach rechts gehalten • Milznische

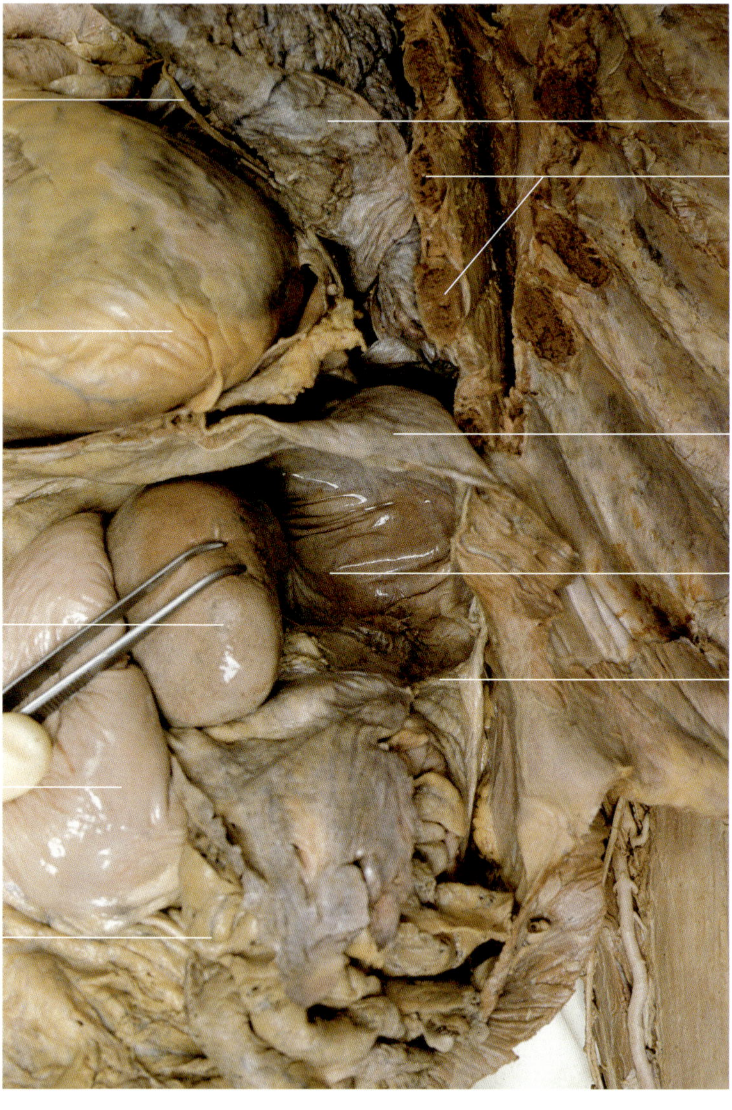

1 Nervus phrenicus, links
2 Cor, Apex cordis
3 Splen (Lien)
4 Gaster
5 Omentum majus
6 Pulmo sinister
7 Costae, Schnittkanten
8 Diaphragma, Pars costalis
9 Ligamentum splenorenale (Ligamentum lienorenale)
10 Ligamentum phrenicocolicum

10:50

6.3 Eröffnete Bauchhöhle von ventral

Omentum majus und Colon transversum nach kranial gelegt • Strukturen im Unterbauch

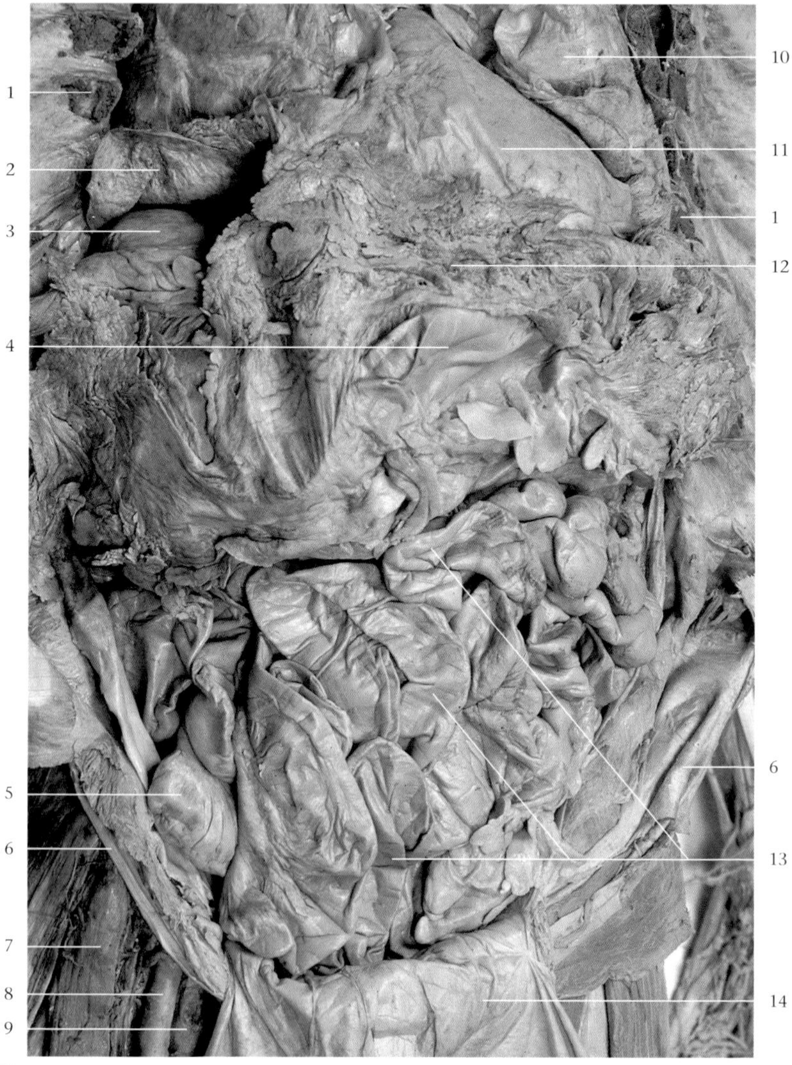

1 Costa, Anschnitt
2 Pulmo dexter
3 Diaphragma, Pars costalis
4 Colon transversum, nach kranial gelegt, Dorsalansicht
5 Caecum
6 Bauchwand, Anschnitt
7 Musculus sartorius, rechts
8 Arteria femoralis, rechts
9 Vena femoralis, rechts
10 Pleura parietalis, Pars costalis
11 Cor
12 Omentum majus, nach kranial gelegt, Dorsalansicht
13 Dünndarmschlingen (Intestinum tenue)
14 Peritoneum parietale, mit einem bogenförmigen Schnitt gelöst und nach kaudal gelegt

10:50

6.3 Eröffnete Bauchhöhle von ventral

Omentum majus und Colon transversum nach kranial gelegt • Eintritt des Duodenum in den Unterbauch

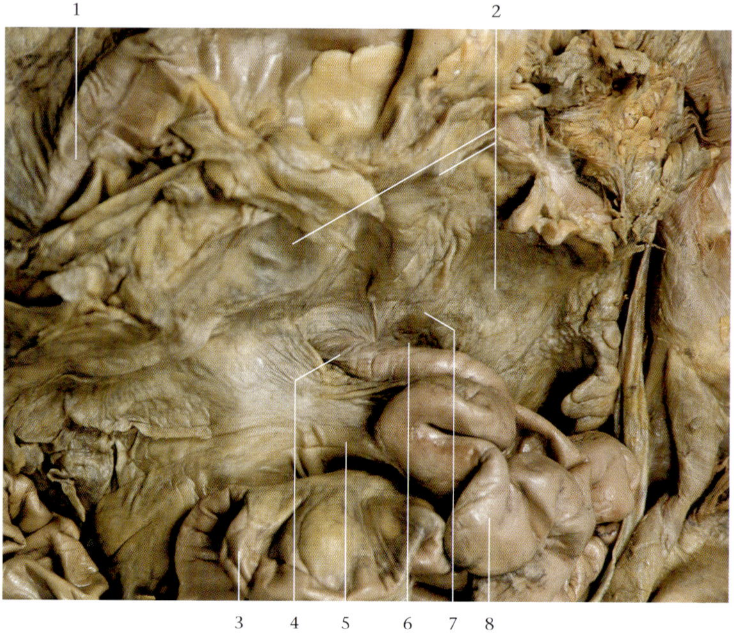

1 Colon transversum
2 Mesocolon transversum
3 Dünndarmschlinge (Intestinum tenue)
4 Flexura duodenojejunalis
5 Mesenterium, Radix mesenterii
6 Recessus duodenalis superior
7 Plica duodenalis superior, aufgeworfen von der Vena mesenterica inferior
8 Jejunum

10:50

6.3 Eröffnete Bauchhöhle von ventral

Omentum majus und Colon transversum nach kranial gelegt • Eintritt des Duodenum in den Unterbauch • einige Blutgefäße des sekundär retroperitonealen Raums freipräpariert

1 Omentum majus, nach kranial gelegt, Dorsalansicht
2 Colon transversum, nach kranial gelegt, Dorsalansicht
3 Mesocolon transversum, nach kranial gelegt, Dorsalansicht
4 Vena mesenterica inferior
5 Arteria colica dextra, zum Colon transversum aufsteigender Ast
6 Vena mesenterica superior
7 Peritoneum parietale, am Übergang auf die Radix mesenterii, Schnittkante
8 Mesenterium, Radix mesenterii
9 Mesenterium des Dünndarms
10 Spina iliaca anterior superior, rechts
11 Caecum
12 Musculus sartorius, rechts
13 Pulmo sinister
14 Arcus costalis, links
15 Ligamentum suspensorium duodeni
16 Dünndarmschlingen (Intestinum tenue)
17 Vesica urinaria

10:50

6.3 Eröffnete Bauchhöhle von ventral

Omentum majus und Colon transversum nach kranial gelegt • Eintritt des Duodenum in den Unterbauch • Gefäße des sekundär retroperitonealen Raums sowie Ligamentum suspensorium duodeni freipräpariert

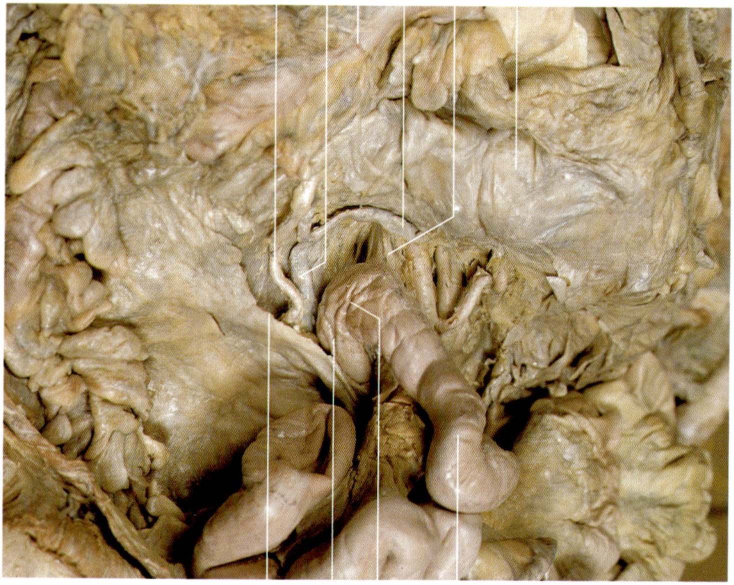

1 Arteria colica dextra, zum Colon transversum aufsteigender Ast
2 Vena mesenterica superior
3 Colon transversum
4 Vena mesenterica inferior in der Plica duodenalis superior
5 Ligamentum suspensorium duodeni
6 Mesocolon transversum
7 Peritoneum parietale der hinteren Bauchwand, Schnittkante
8 Duodenum, Pars ascendens
9 Flexura duodenojejunalis
10 Jejunum

13:15

6.3 Eröffnete Bauchhöhle von ventral

Dünndarm teilweise entnommen, restliche Anteile nach rechts verlagert • Gefäße des Dickdarms und retroperitonealer Raum freipräpariert

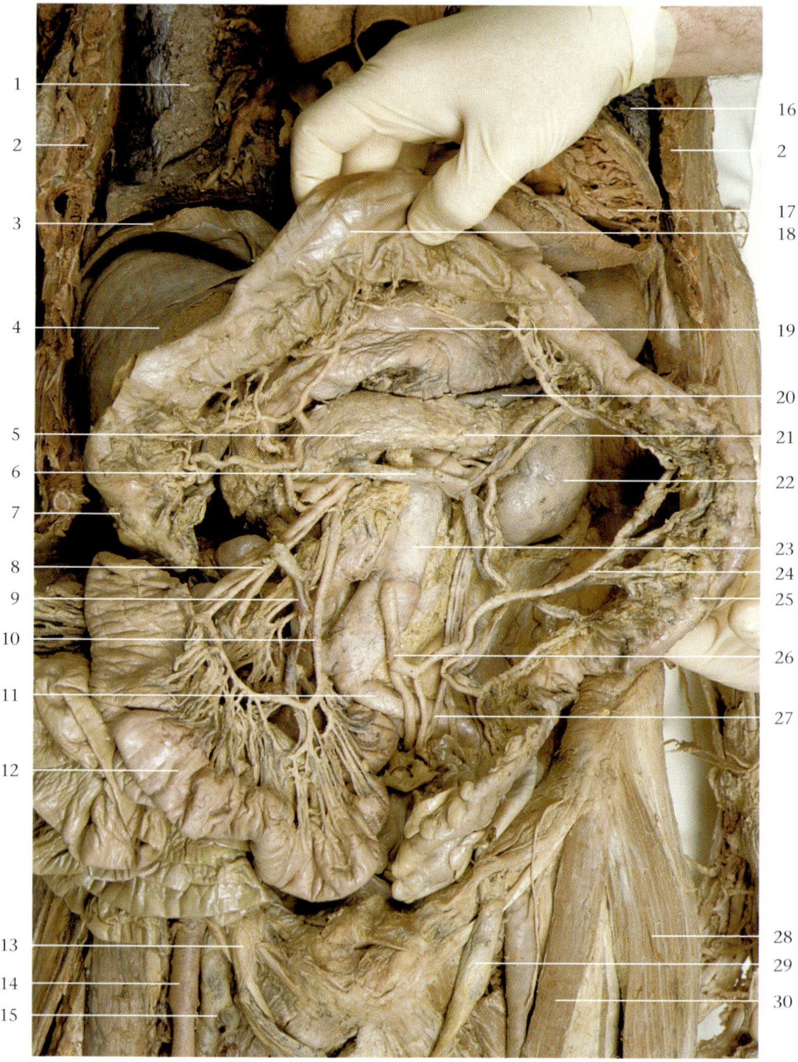

1 Pulmo dexter
2 Thoraxwand, Anschnitt
3 Diaphragma, Pars costalis, Schnittkante
4 Hepar, Lobus dexter
5 Pancreas, Corpus pancreatis
6 Vena mesenterica inferior
7 Colon ascendens
8 Arteriae jejunales und ileales
9 Vena mesenterica superior, durchtrennt
10 Arteriae jejunales
11 Arteria iliaca communis, links
12 Jejunum, nach rechts verlagert
13 Funiculus spermaticus, rechts
14 Arteria femoralis, rechts
15 Vena femoralis, rechts
16 Pulmo sinister
17 Cor, Ventriculus dexter, eröffnet
18 Colon transversum
19 Gaster
20 Vena splenica (Vena lienalis)
21 Pancreas, Cauda pancreatis
22 Ren, links
23 Aorta abdominalis
24 Arteria colica sinistra
25 Colon descendens
26 Arteria mesenterica inferior
27 Ureter, links
28 Musculus tensor fasciae latae, links
29 Funiculus spermaticus, links
30 Musculus sartorius, links

13:15

6.3 Eröffnete Bauchhöhle von ventral

Dünndarm entnommen • Gefäße des Dickdarms und retroperitonealer Raum des Oberbauchs

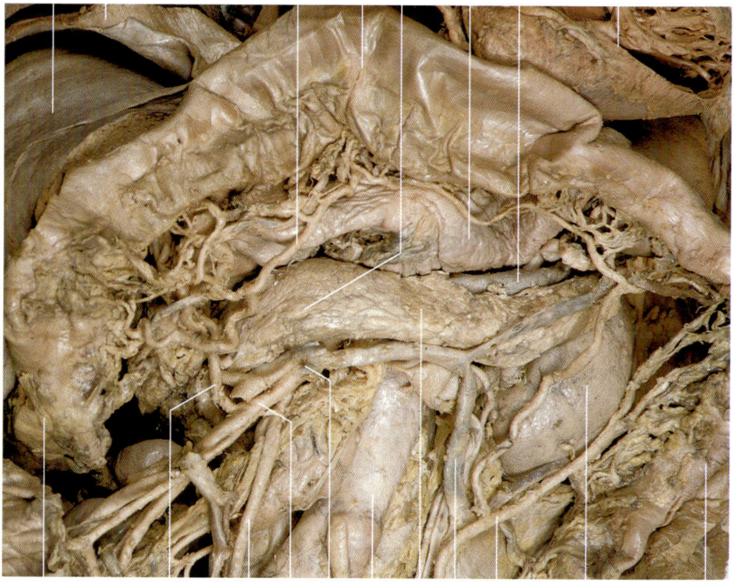

1 Hepar, Lobus dexter
2 Diaphragma, Pars costalis
3 Arteria colica media
4 Colon transversum, Dorsalansicht
5 Pancreas, Corpus pancreatis
6 Gaster
7 Vena splenica (Vena lienalis)
8 Cor, Ventriculus dexter, eröffnet
9 Colon ascendens
10 Arteria ileocolica
11 Arteria colica dextra
12 Vena mesenterica superior, Anschnitt
13 Aorta abdominalis
14 Pancreas, Cauda pancreatis
15 Vena mesenterica inferior
16 Arteria colica sinistra
17 Ren, links
18 Colon descendens

18:35

6.3 Oberbauch von ventral

Linker Leberlappen und überwiegender Teil des Dünndarms entfernt • Duodenum und Pankreas angehoben • retroperitonealer Raum

1 Vesica biliaris
2 Hepar, Lobus dexter
3 Arteria gastroduodenalis
4 Arteria hepatica propria
5 Vena portae
6 Pancreas, Cauda pancreatis, mit der Milz nach kranial verlagert
7 Vena splenica (Vena lienalis)
8 Arteria gastrica sinistra
9 Arteria hepatica communis
10 Truncus coeliacus
11 Arteria splenica (Arteria lienalis)
12 Splen (Lien)
13 Diaphragma, Pars costalis
14 Ren, rechts
15 Pancreas, Caput pancreatis
16 Duodenum, Pars horizontalis
17 Arteria pancreaticoduodenalis inferior
18 Vena mesenterica superior
19 Aorta abdominalis
20 Arteria mesenterica superior, geringfügig nach rechts verlagert
21 Vena mesenterica inferior
22 Vena suprarenalis, links, dorsal der Vena mesenterica inferior zur linken Vena renalis ziehend
23 Ureter, links
24 Arteria renalis, links
25 Glandula suprarenalis, links
26 Ren, links

21:30

6.3 Jejunum

Jejunum aufgeschnitten und ausgespült • innere Oberfläche

1 Villi intestinales, in Büscheln
2 Jejunum, Schnittkante
3 Plica circularis

23:15

6.3 Eröffnete Bauchhöhle von ventral

Colon transversum nach kranial über das Zwerchfell gelegt • Gefäße der Radix mesenterii freipräpariert

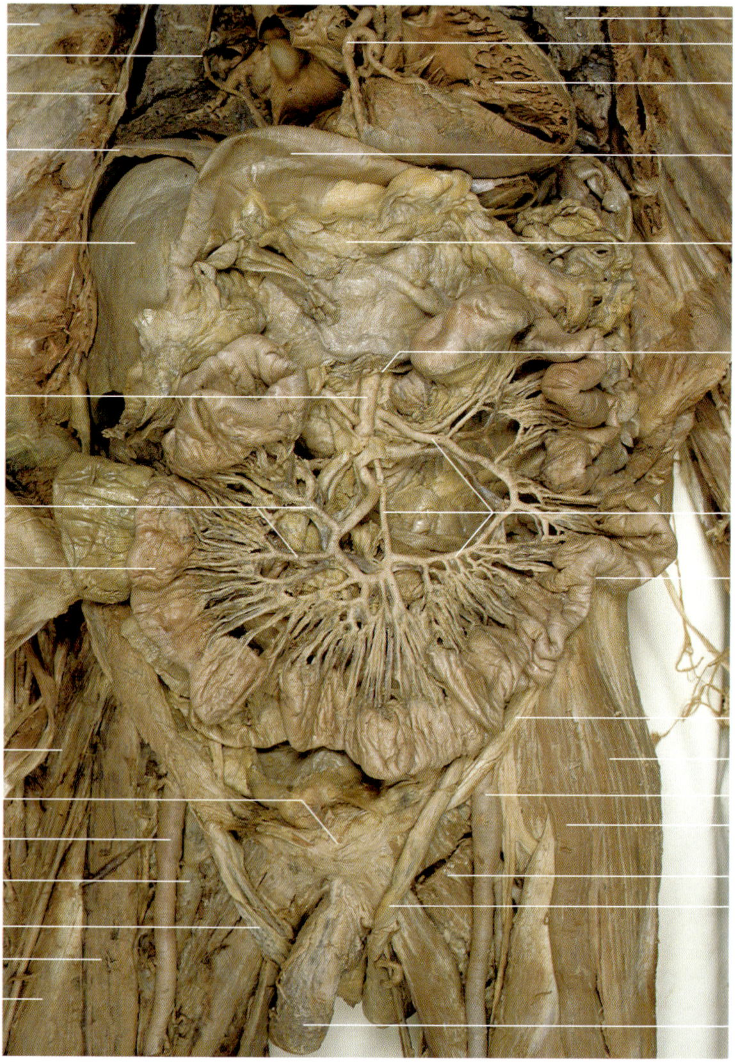

1 Thoraxwand, nach lateral rechts umgelegt
2 Nervus phrenicus, rechts
3 Pleura parietalis, Pars costalis, Schnittkante
4 Diaphragma, Pars costalis, Schnittkante
5 Hepar, Lobus dexter
6 Arteria mesenterica superior
7 Arteriae ileales
8 Intestinum tenue
9 Musculus tensor fasciae latae, rechts
10 Symphysis pubica
11 Arteria femoralis, rechts
12 Vena femoralis, rechts
13 Funiculus spermaticus, rechts
14 Musculus sartorius, rechts
15 Musculus rectus femoris, rechts
16 Pulmo sinister
17 Arteria coronaria dextra
18 Cor, Ventriculus dexter, eröffnet
19 Colon transversum, nach kranial gelegt, Dorsalansicht
20 Mesocolon transversum, nach kranial gelegt, Dorsalansicht
21 Peritoneum parietale auf dem Mesocolon transversum, Schnittkante
22 Arteriae jejunales
23 Ligamentum inguinale, links
24 Musculus tensor fasciae latae, links
25 Arteria femoralis, links
26 Musculus sartorius, links
27 Musculus pectineus, links, eingeschnitten
28 Funiculus spermaticus, links
29 Penis, Corpus penis

23:15

6.3 Dünndarm (Intestinum tenue)

Freipräparierte Gefäßarkaden

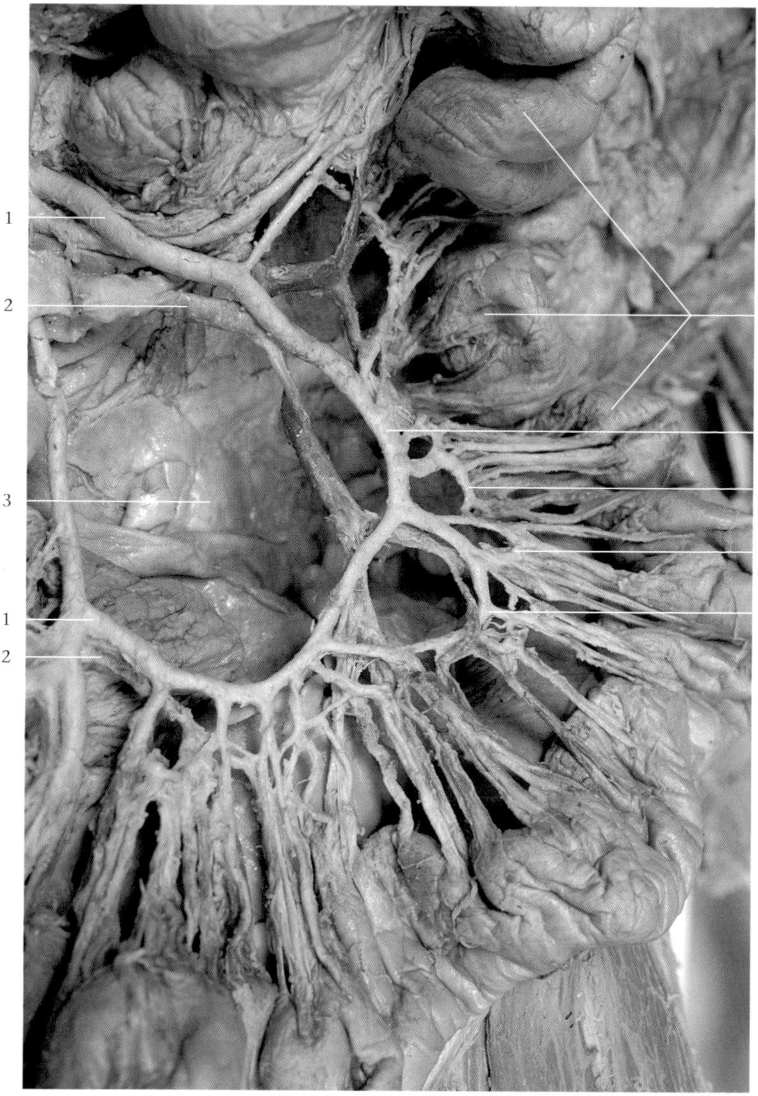

1 Arteria jejunalis, aus der Arteria mesenterica superior
2 Vena jejunalis
3 Peritoneum parietale der hinteren Bauchwand
4 Jejunum
5 Arkade erster Ordnung der Arteriae jejunales
6 Arkade zweiter Ordnung der Arteriae jejunales
7 Arkade dritter Ordnung der Arteriae jejunales

25:35

6.3 Eröffnete Bauchhöhle von ventral

Linker Oberbauch • linke Niere mit einem Schnitt durch das Peritoneum parietale der hinteren Leibeshöhlenwand und der Capsula adiposa dargestellt • Pinzetten fassen die Schnittkante des Peritoneum parietale

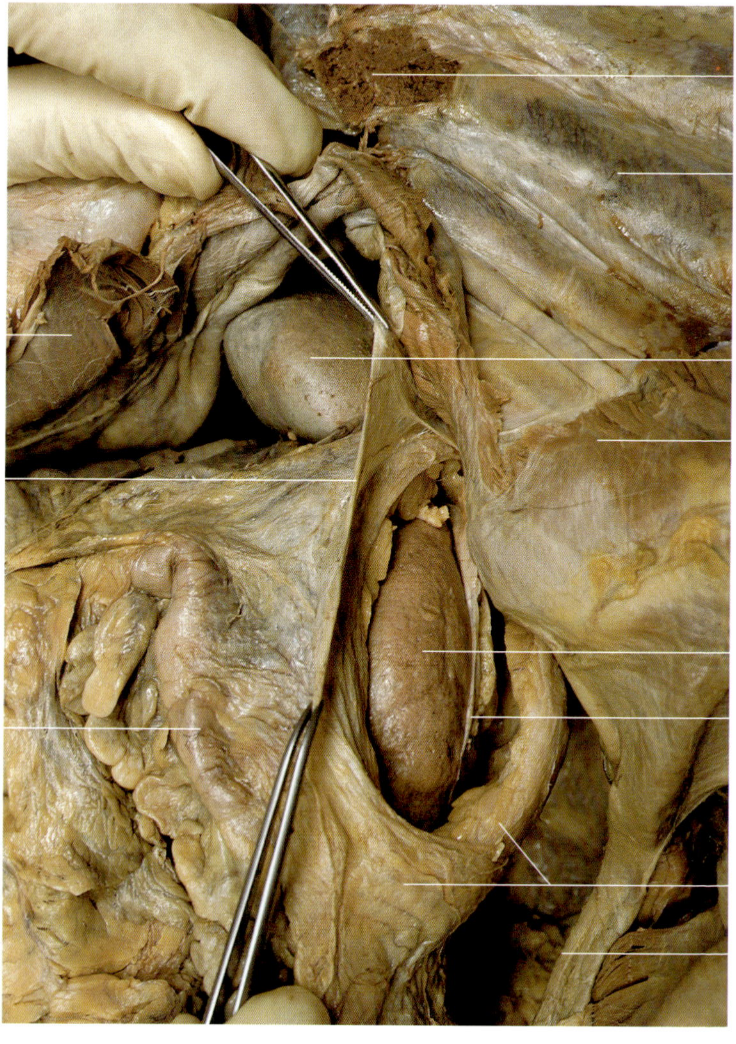

1 Diaphragma, Pars costalis
2 Peritoneum parietale, Schnittkante mit Pinzetten gefasst
3 Colon descendens
4 Costa, Anschnitt
5 Thoraxwand nach lateral links umgelegt
6 Splen (Lien)
7 Ren, links
8 Capsula fibrosa renalis, links, Schnittkante
9 Capsula adiposa perirenalis, links
10 Peritoneum parietale, Schnittkante

26:55

6.4 Rechter Retroperitonealraum von ventral

Leber teilweise reseziert • Darm entnommen • rechte Niere im Fettlager

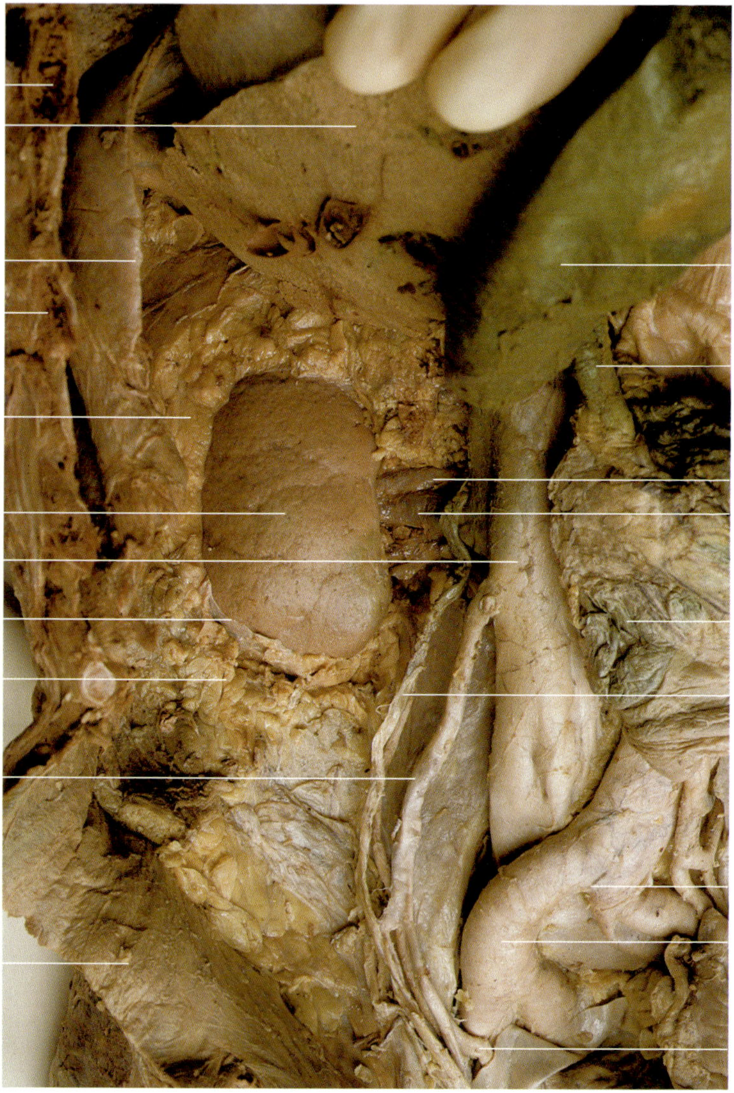

1 Costa, Anschnitt
2 Hepar, Lobus dexter, Anschnitt
3 Diaphragma, Pars costalis
4 Capsula adiposa perirenalis
5 Ren
6 Vena cava inferior
7 Capsula fibrosa renalis, Schnittkante
8 Vena testicularis
9 Musculus transversus abdominis
10 Vesica biliaris
11 Ductus choledochus
12 Arteria renalis
13 Vena renalis
14 Pancreas und Duodenum, nach links verlagert
15 Arteria testicularis
16 Bifurcatio aortae
17 Arteria iliaca communis, rechts
18 Ureter

26:55

6.4 Linker Retroperitonealraum von ventral

Linke Niere aus dem Fettlager gelöst

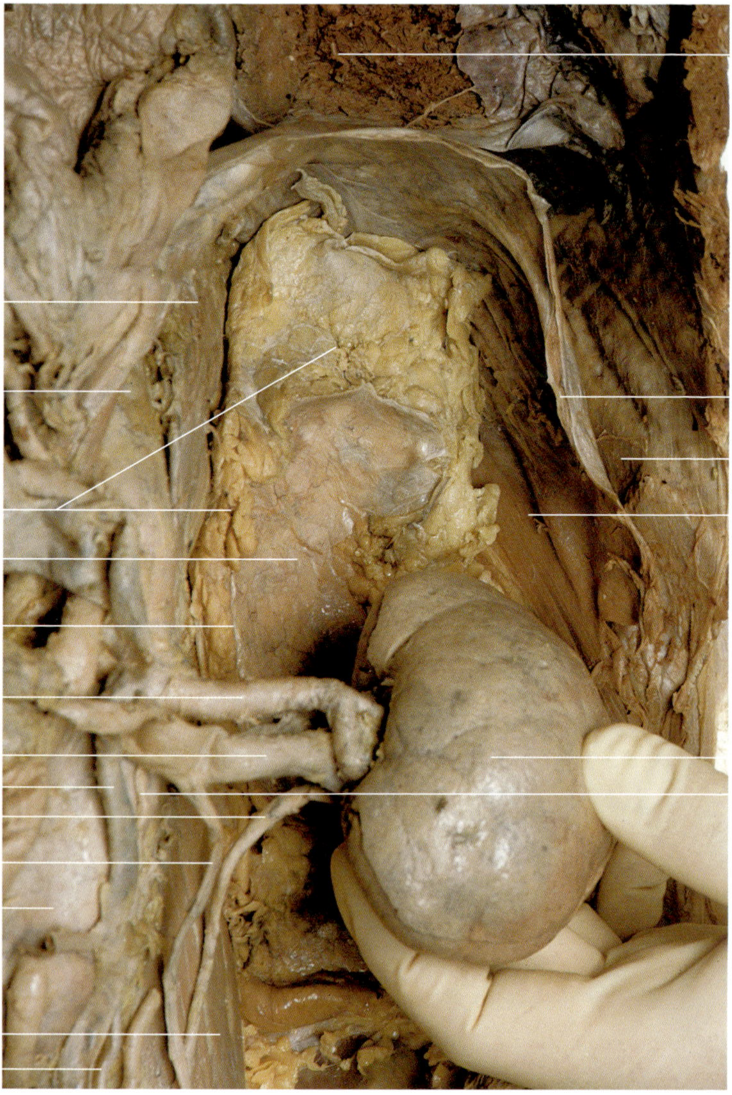

1 Diaphragma, Crus sinistrum
2 Diaphragma, Crus dextrum
3 Capsula adiposa perirenalis
4 Capsula fibrosa renalis
5 Capsula fibrosa renalis, Schnittkante
6 Arteria renalis
7 Vena renalis
8 Vena mesenterica inferior
9 Ureter
10 Vena testicularis
11 Aorta abdominalis
12 Musculus psoas major
13 Arteria testicularis, links
14 Pulmo sinister, Anschnitt
15 Diaphragma, Pars costalis, Schnittkante
16 Recessus costodiaphragmaticus
17 Diaphragma, Pars costalis
18 Ren

28:10

6.4 Linke Niere

Längs aufgeschnitten und auseinander geklappt

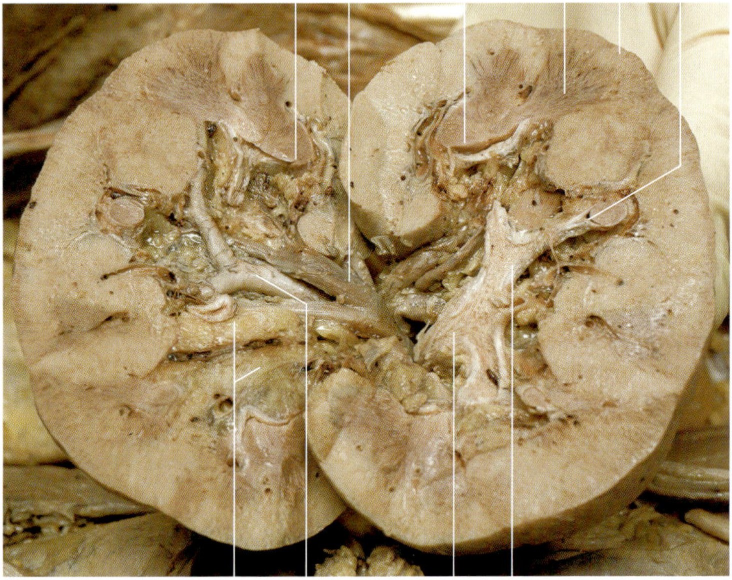

1 Papilla renalis
2 Vena interlobaris zur Vena renalis
3 Medulla renalis mit Pyramis renalis
4 Cortex renalis
5 Calyx renalis minor
6 Corpus adiposum im Sinus renalis
7 Arteria interlobaris aus der Arteria renalis
8 Pelvis renalis
9 Calyx renalis major

29:35

6.4 Oberbauch von ventral

Linker Leberlappen und überwiegender Teil des Dünndarms entfernt • Duodenum und Pankreas angehoben • retroperitonealer Raum • Aorta abdominalis

1 Hepar, Lobus dexter
2 Hepar, Schnittkante
3 Duodenum, Pars ascendens
4 Duodenum, Pars descendens
5 Arteria pancreaticoduodenalis superior posterior
6 Vena hepatica sinistra, Anschnitt
7 Arteria mesenterica superior
8 Pancreas, Cauda pancreatis
9 Truncus coeliacus
10 Vena suprarenalis, links
11 Diaphragma, Crus sinistrum
12 Glandula suprarenalis, links
13 Arteria renalis, links
14 Capsula fibrosa renalis
15 Capsula adiposa perirenalis
16 Vesica biliaris
17 Arteria colica media, Stumpf
18 Vena cava inferior
19 Bifurcatio aortae
20 Vena mesenterica inferior
21 Arteria mesenterica inferior
22 Arteria testicularis, links
23 Ureter, links
24 Vena testicularis, links
25 Vena renalis, links

30:55

6.5 Rumpf von dorsal

Organe im Thorax, im Peritoneal- und Retroperitonealraum sowie im Becken

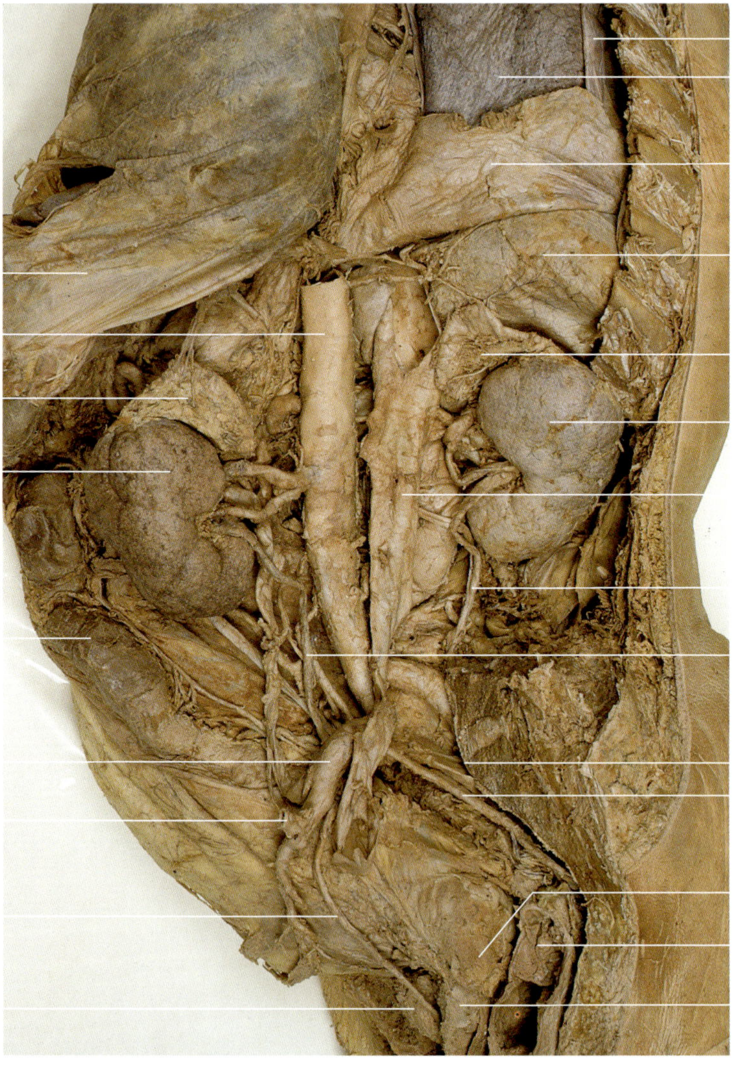

1 Pleura parietalis, Pars costalis, im Bereich des Recessus costodiaphragmaticus, vom Brustkorb gelöst
2 Aorta abdominalis, unterhalb des Diaphragma durchtrennt
3 Glandula suprarenalis, links
4 Ren, links
5 Colon descendens
6 Arteria iliaca communis, links
7 Arteria iliaca externa, links, Stumpf
8 Ureter, links
9 Vesica urinaria
10 Pleura parietalis, Pars costalis, vom Brustkorb gelöst
11 Pulmo dexter, Lobus inferior
12 Diaphragma, Pars costalis und Pars lumbalis, vom Peritoneum parietale gelöst und nach kranial gelegt
13 Hepar, durch das Peritoneum parietale der hinteren Leibeshöhlenwand sichtbar
14 Glandula suprarenalis, rechts
15 Ren, rechts
16 Vena cava inferior
17 Ureter, rechts
18 Ureter, links
19 Promontorium
20 Arteria rectalis superior
21 Uterus, Corpus uteri, Kontur durch das Peritoneum parietale sichtbar
22 Rectum, seitlich eröffnet
23 Uterus, Cervix uteri

30:55

6.5 Retroperitonealraum der linken Seite von dorsal

Retroperitoneale Organe auspräpariert

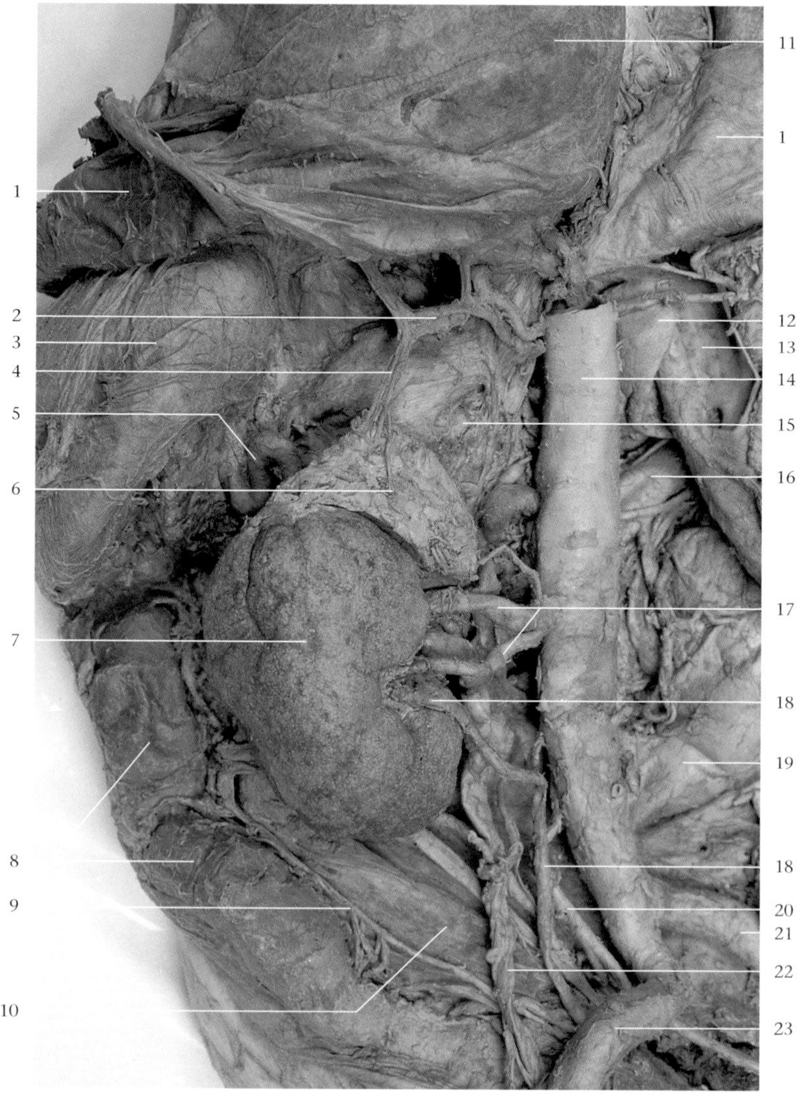

1 Diaphragma, Pars lumbalis, nach kranial verlagert
2 Arteria phrenica inferior
3 Spen (Lien), Kontur durch das Peritoneum parietale der dorsalen Leibeshöhlenwand sichtbar
4 Arteria suprarenalis superior
5 Arteria splenica (auch Arteria lienalis)
6 Glandula suprarenalis
7 Ren
8 Colon descendens
9 Arteria colica sinistra
10 Peritoneum parietale der hinteren Leibeshöhlenwand von dorsal
11 Pleura parietalis, Pars costalis, vom Brustkorb gelöst
12 Hepar, Lobus caudatus
13 Vena cava inferior, von dorsal eröffnet
14 Aorta abdominalis, unterhalb des Diaphragma durchtrennt
15 Pancreas, Cauda pancreatis
16 Vena portae
17 Arteria renalis, doppelt angelegt
18 Ureter
19 Duodenum, Pars horizontalis
20 Arteria mesenterica inferior
21 Arteria iliaca communis, rechts
22 Vena mesenterica inferior
23 Arteria iliaca communis, links

33:55

6.5 Retroperitonealraum von dorsal

Retroperitoneale Organe auspräpariert • Vena cava inferior nach rechts verlagert

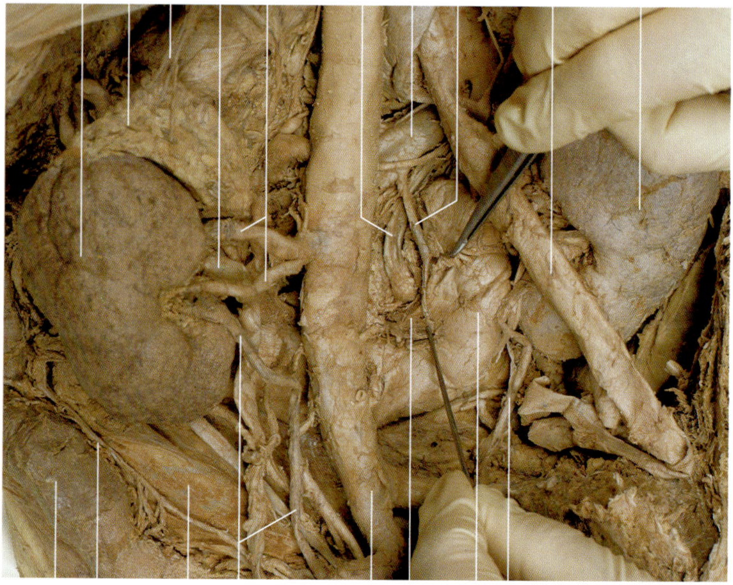

1 Ren, links
2 Glandula suprarenalis, links
3 Arteria suprarenalis superior, links
4 Vena renalis, links
5 Arteria renalis, links, doppelt angelegt
6 Ductus choledochus
7 Vena portae
8 Vena pancreaticoduodenalis superior posterior
9 Vena cava inferior, nach rechts verlagert
10 Ren, rechts
11 Colon descendens
12 Arteria colica sinistra
13 Peritoneum parietale der dorsalen Leibeshöhlenwand von dorsal
14 Ureter, links
15 Bifurcatio aortae
16 Pancreas, Caput pancreatis
17 Duodenum, Pars descendens
18 Ureter, rechts

35:20

6.5 Retroperitonealraum der linken Seite von dorsal

Retroperitoneale Organe auspräpariert • Niere entfernt • Ligamentum suspensorium duodeni

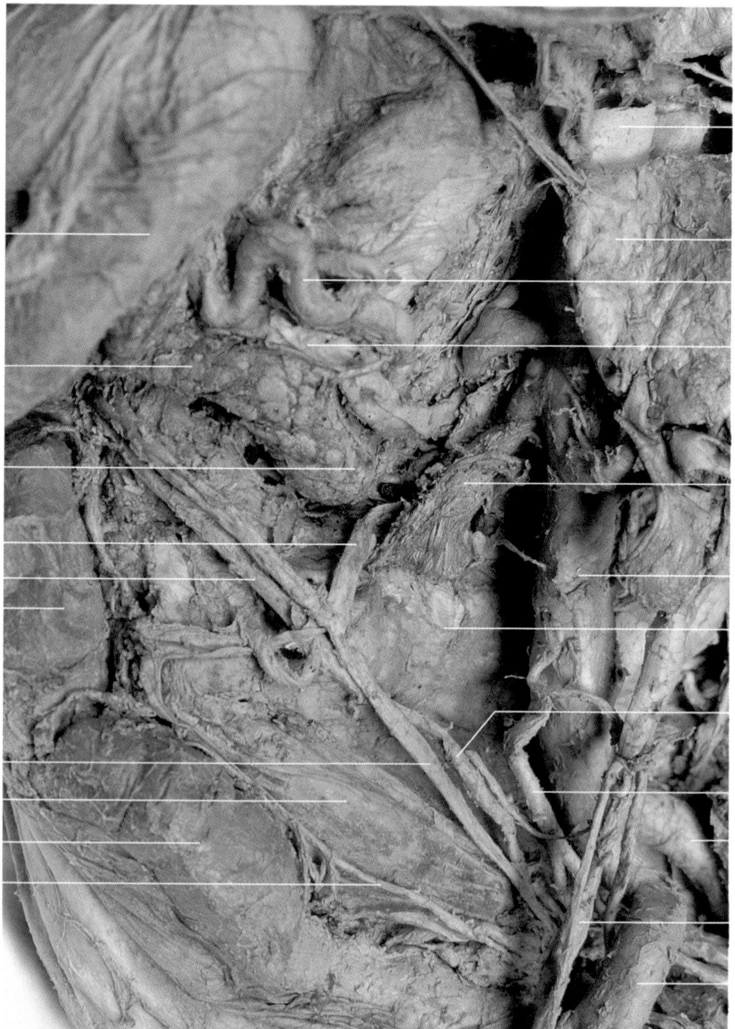

1 Splen (Lien), durch das Peritoneum parietale sichtbar
2 Pancreas, Cauda pancreatis
3 Pancreas, Corpus pancreatis
4 Vena mesenterica inferior
5 Arteria colica sinistra
6 Colon descendens
7 Vena colica sinistra
8 Peritoneum parietale der hinteren Leibeshöhlenwand von dorsal
9 Arteria colica sinistra, Ramus
10 Aorta abdominalis, unterhalb des Diaphragma durchtrennt
11 Glandula suprarenalis, links, nach rechts gelegt
12 Arteria splenica (Arteria lienalis)
13 Vena splenica (Vena lienalis)
14 Ligamentum suspensorium duodeni
15 Aorta abdominalis
16 Flexura duodenojejunalis
17 Arteria ovarica
18 Arteria iliaca communis, rechts
19 Ureter, rechts, nach links verlagert
20 Arteria iliaca communis, links

6 Eingeweide – Abdomen

Vergleiche Kapitel 7; 14:20

6.5 Weibliches Becken von lateral links

Bindegewebe des sub- und retroperitonealen Raums entfernt • Peritoneum parietale geschlossen erhalten

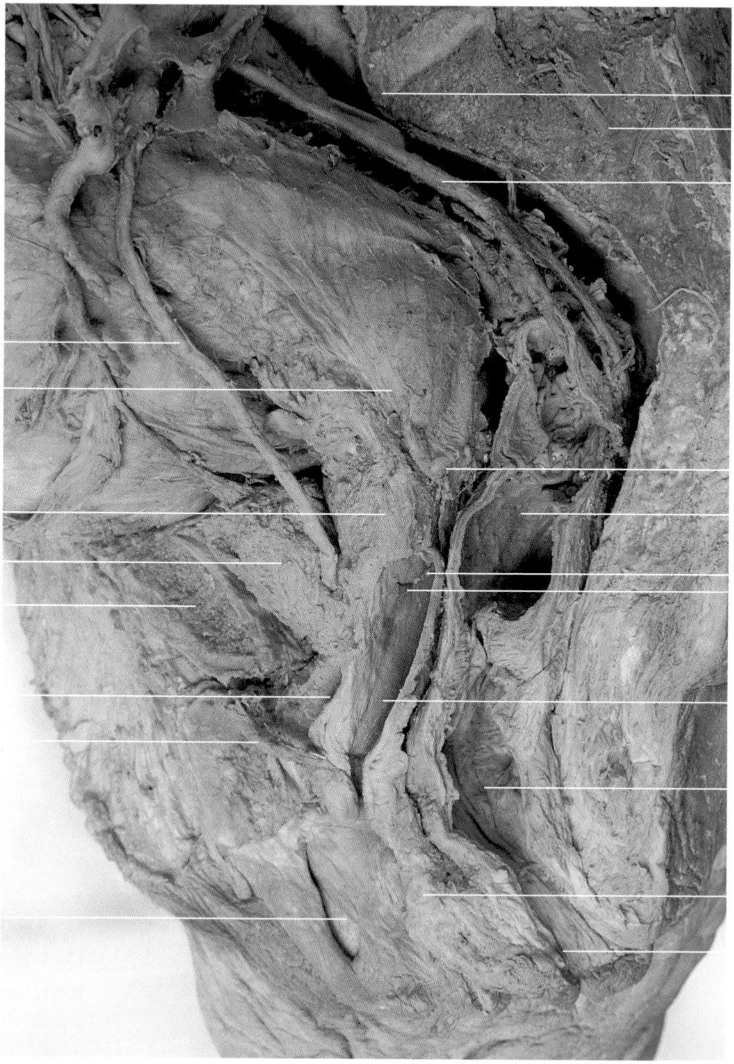

1 Ureter
2 Uterus, Corpus uteri, Kontur durch das seitliche Peritoneum parietale sichtbar
3 Uterus, Cervix uteri
4 Vesica urinaria
5 Symphysis pubica, Schnittfläche
6 Urethra, seitlich eröffnet
7 Musculus ischiocavernosus, darunter Clitoris, Crus clitoridis, links
8 Labium minus pudendi
9 Promontorium
10 Os sacrum, Schnittfläche
11 Arteria rectalis superior
12 Peritoneum parietale am Boden der Excavatio rectouterina (Douglas Raum)
13 Rectum, seitlich eröffnet
14 Vagina, Fornix vaginae, Pars posterior
15 Uterus, Portio vaginalis
16 Vagina, seitlich eröffnet
17 Rectum, Ampulla recti
18 Perineum
19 Anus

36:55

6.6 Hinterwand des rechten abdominalen Eingeweideraums

Musculus psoas major entfernt • Diaphragma und Musculus quadratus lumborum • Ligamentum arcuatum laterale

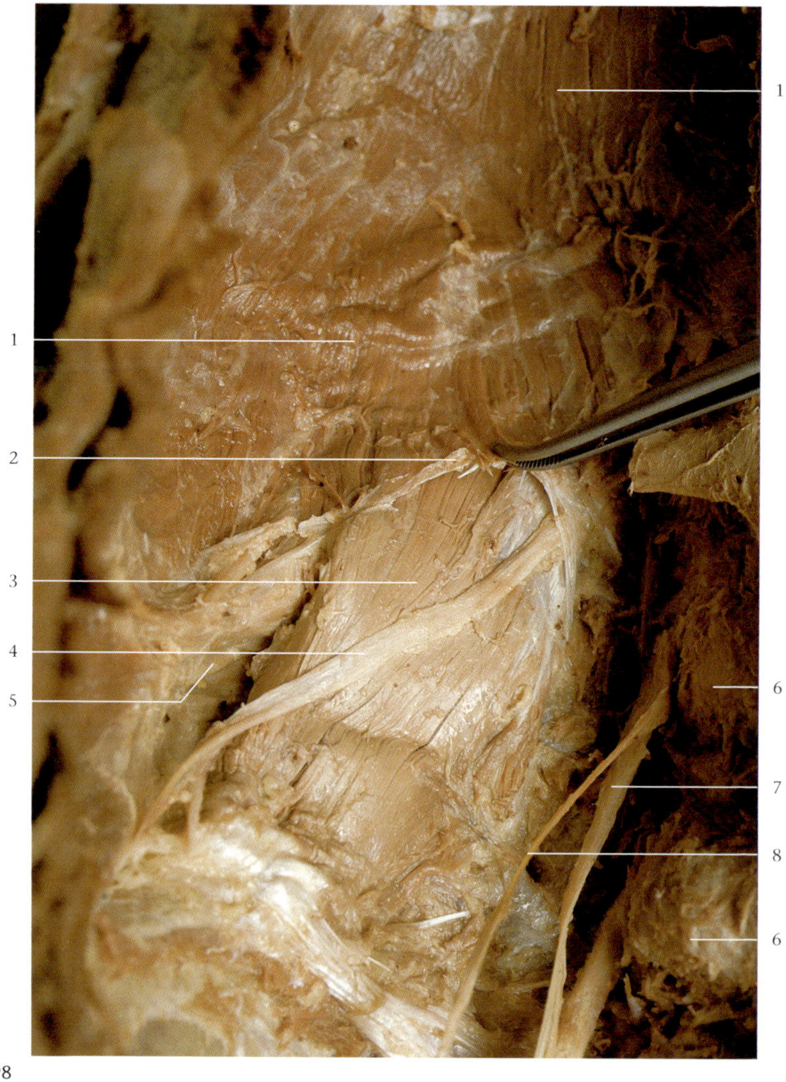

1 Diaphragma, Pars lumbalis
2 Ligamentum arcuatum laterale
3 Musculus quadratus lumborum
4 Nervus iliohypogastricus
5 Nervus subcostalis
6 Vertebra lumbalis, Corpus vertebrae
7 Plexus lumbalis
8 Nervus ilioinguinalis

7 Eingeweide – Becken

00:30

7.1 Äußeres männliches Genitale von ventral

Oberflächliche Strukturen

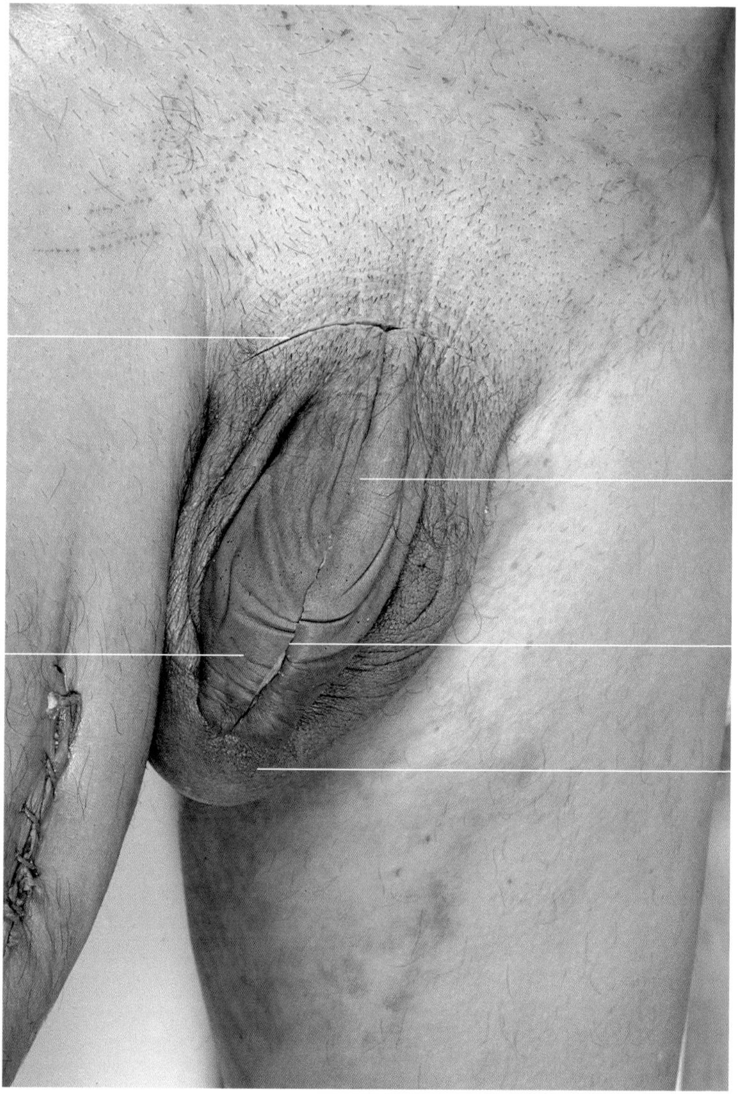

1 Hautschnitt
2 Preputium penis über der Glans penis
3 Dorsum penis
4 Scrotum

00:30

7.1 Äußeres männliches Genitale von ventral

Präparation der Haut auf dem Penisrücken und des Preputium • Schichten des Preputium

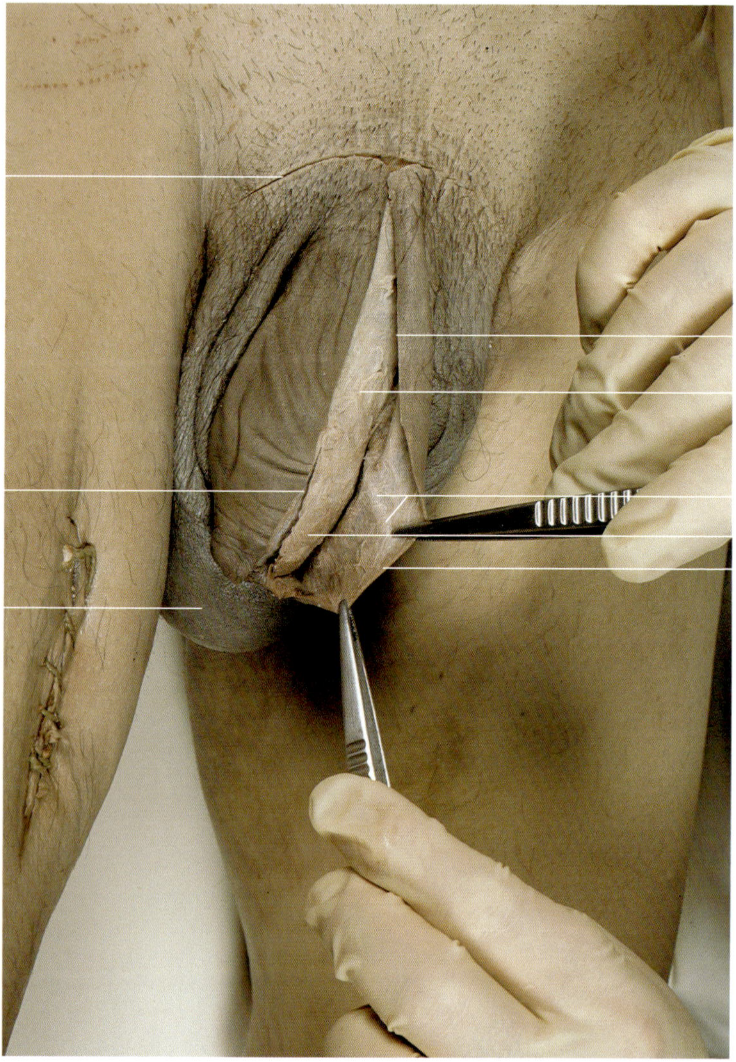

1 Hautschnitt
2 Preputium penis, inneres Blatt, Schnittkante
3 Scrotum
4 Dorsum penis, Schnittkante der Haut
5 Dorsum penis, verschiebliches Bindegewebe über den Corpora cavernosa
6 Preputium penis, Übergang des äußeren Blattes in die Haut des Dorsum penis
7 Preputium penis, inneres Blatt
8 Preputium penis, äußeres Blatt, Schnittkante

01:20

7.1 Äußeres männliches Genitale von lateral links

Scrotum eröffnet • Cutis und Subcutis abgetragen

1 Symphysis pubica
2 Ligamentum suspensorium penis
3 Funiculus spermaticus, rechts
4 Penis, Corpus penis
5 Vena saphena magna, rechts
6 Penis, Glans penis
7 Funiculus spermaticus, links
8 Fascia lata, links
9 Nervus femoralis, links, Ramus cutaneus anterior
10 Vena saphena magna, links
11 Testis (Orchis), links, Kontur durch die Hodenhüllen sichtbar
12 Testis (Orchis), rechts, Kontur durch die Hodenhüllen sichtbar
13 Scrotum, Septum scroti
14 Scrotum, Schnittkante

7 Eingeweide – Becken

01:40

7.1 Hoden und Nebenhoden der linken Seite mit Hüllen

Scrotum und Cavum testis eröffnet

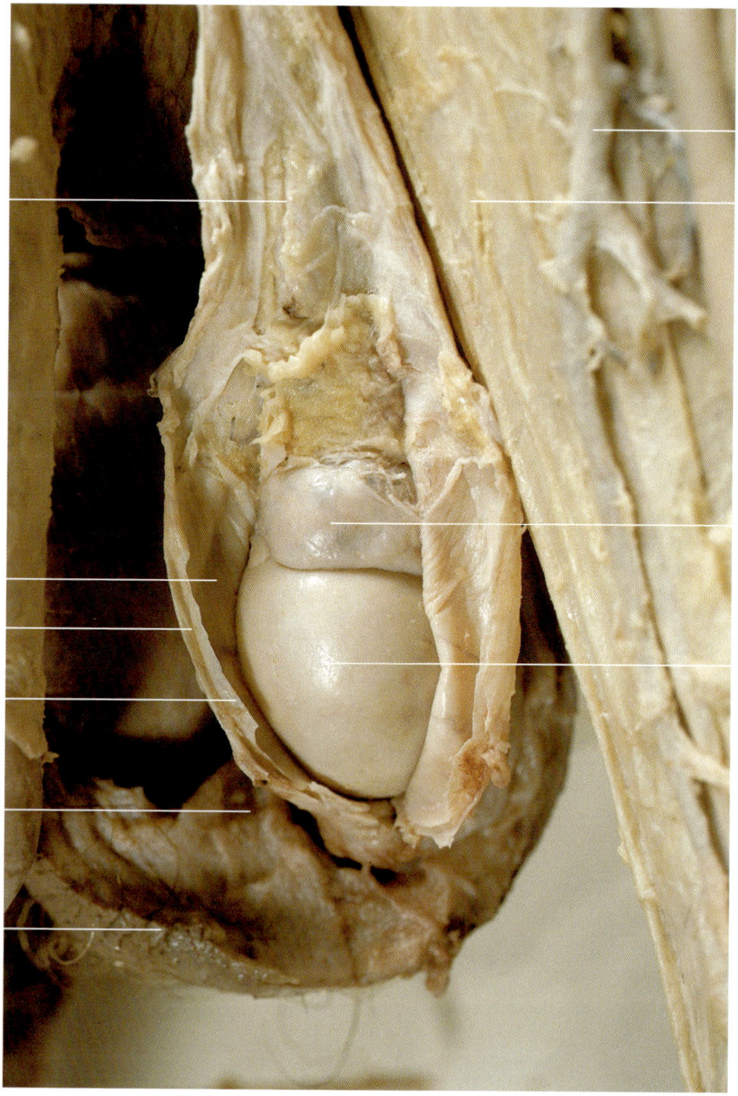

1 Funiculus spermaticus, eröffnet
2 Cavum testis
3 Fascia spermatica externa und interna, Musculus cremaster
4 Periorchium
5 Scrotum, Septum scroti
6 Scrotum, Cutis
7 Vena saphena magna
8 Fascia lata
9 Epididymis
10 Testis (Orchis), Epiorchium

02:20

7.1 Männliches Becken von lateral rechts

Rechtes Os coxae entfernt • retro- und subperitonealer Raum von Bindegewebe freipräpariert • Genitalorgane und Beckenboden

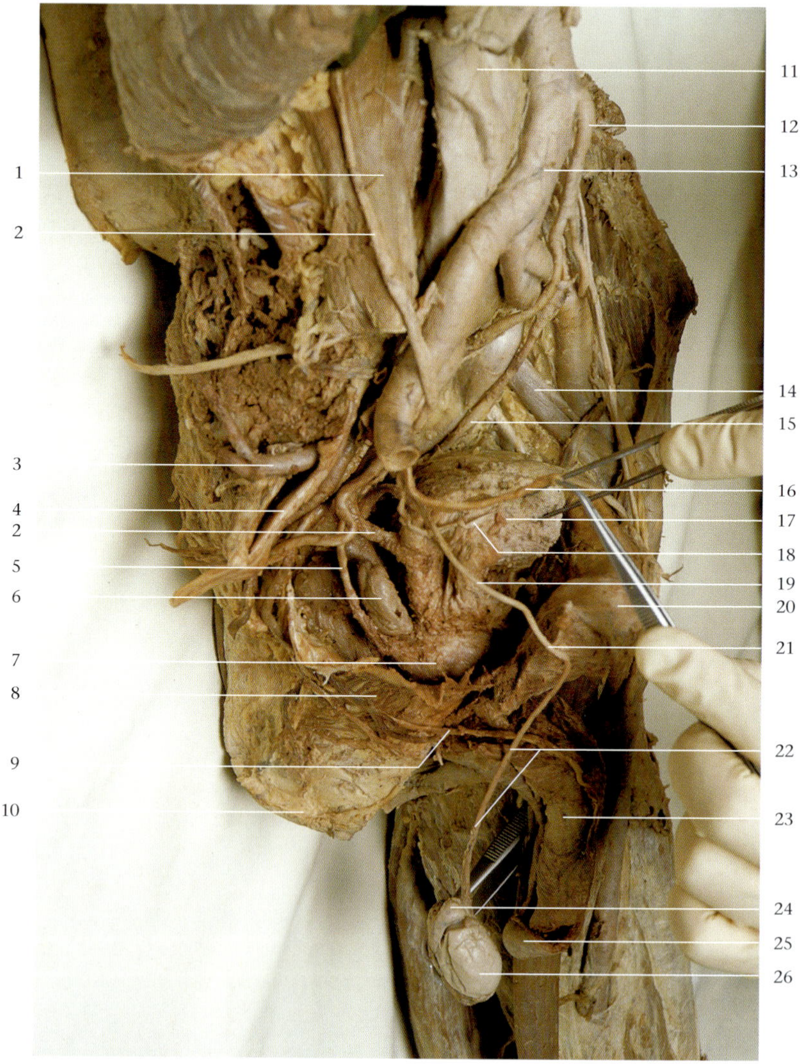

1 Musculus psoas major, rechts
2 Ureter, rechts
3 Arteria glutea superior, rechts
4 Plexus sacralis, rechts
5 Ductus deferens, rechts
6 Glandula vesiculosa (Vesicula seminalis), rechts
7 Prostata
8 Diaphragma pelvis, Musculus levator ani, rechts
9 Nervus dorsalis penis, rechts, aus dem Nervus pudendus
10 Anus
11 Vena cava inferior
12 Arteria mesenterica inferior
13 Aorta abdominalis
14 Vena iliaca communis, links
15 Arteria rectalis superior
16 Arteria umbilicalis, obliteriert, aus der Plica umbilicalis medialis freipräpariert
17 Vesica urinaria
18 Arteria vesicalis superior, rechts
19 Ductus deferens, rechts, subperitonealer Abschnitt
20 Symphysis pubica
21 Ductus deferens, rechts, Abschnitt im Canalis inguinalis
22 Ductus deferens, rechts, skrotaler Abschnitt
23 Penis, Corpus penis, Corpus cavernosum
24 Epididymis, rechts
25 Penis, Glans penis
26 Testis (Orchis), rechts

05:20

7.1 Männliches Becken von lateral rechts

Rechtes Os coxae entfernt • retro- und subperitonealer Raum von Bindegewebe freipräpariert • Genitalorgane und Beckenboden • Blutgefäße und Nerven der rechten Seite

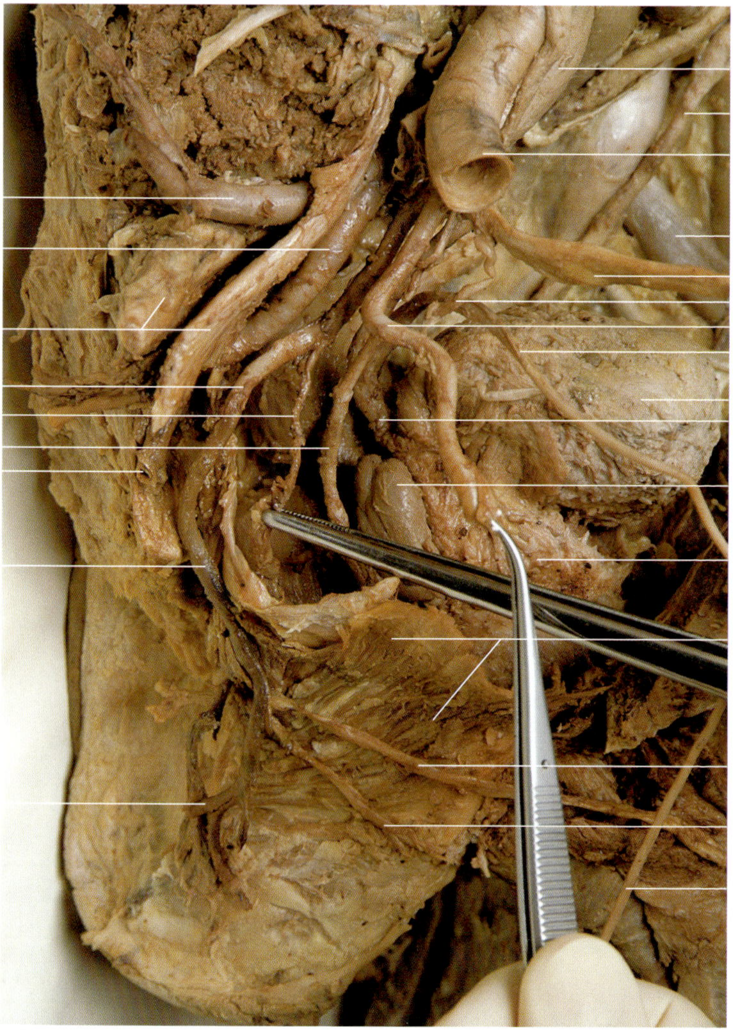

1 Arteria glutea superior
2 Arteria glutea inferior
3 Plexus sacralis
4 Arteria pudenda interna
5 Arteria rectalis media
6 Ductus deferens
7 Arteria glutea inferior, Anschnitt
8 Arteria pudenda interna im Canalis pudendalis
9 Arteria rectalis inferior
10 Ureter, rechts
11 Ureter, links
12 Arteria iliaca externa, Anschnitt
13 Vena iliaca externa, links
14 Arteria umbilicalis, obliteriert, aus der Plica umbilicalis medialis freipräpariert
15 Arteria vesicalis superior
16 Arteria obturatoria
17 Vesica urinaria
18 Glandula vesiculosa (Vesica seminalis)
19 Prostata
20 Diaphragma pelvis, Musculus levator ani
21 Nervus pudendus

07:20

7.1 Männliches Becken, linke Hälfte von kranial

Retro- und subperitonealer Raum von Bindegewebe freipräpariert • Harnblase eröffnet

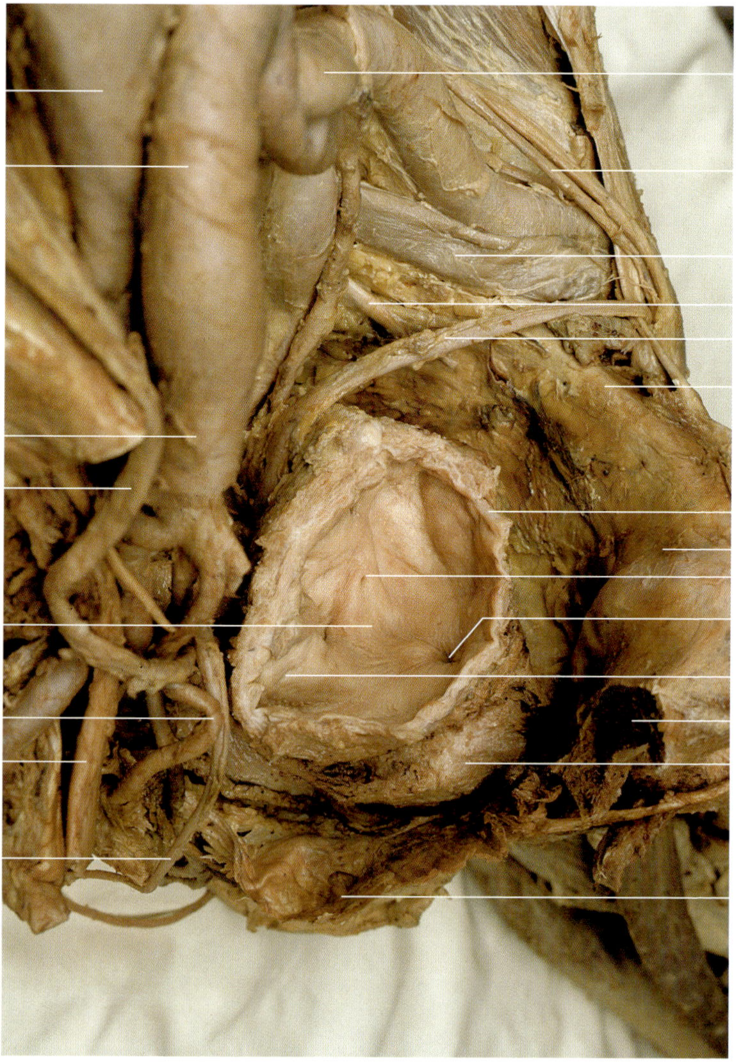

1. Vena cava inferior
2. Arteria iliaca communis, rechts
3. Arteria iliaca externa, rechts, Stumpf
4. Ureter, rechts
5. Vesica urinaria, Trigonum vesicae
6. Arteria pudenda interna, rechts
7. Plexus sacralis
8. Ductus deferens, rechts
9. Arteria iliaca externa, links
10. Nervus genitofemoralis, Ramus genitalis
11. Vena iliaca externa, links
12. Nervus obturatorius, links
13. Ductus deferens, links
14. Os pubis, links, Ramus superior
15. Vesica urinaria, Wand
16. Symphysis pubica
17. Vesica urinaria, Ostium ureteris, links
18. Vesica urinaria, Ostium urethrae internum
19. Vesica urinaria, Ostium ureteris, rechts
20. Os pubis, rechts, Ramus superior, Anschnitt
21. Prostata
22. Diaphragma pelvis, Musculus levator ani

08:00

7.2 Äußeres weibliches Genitale

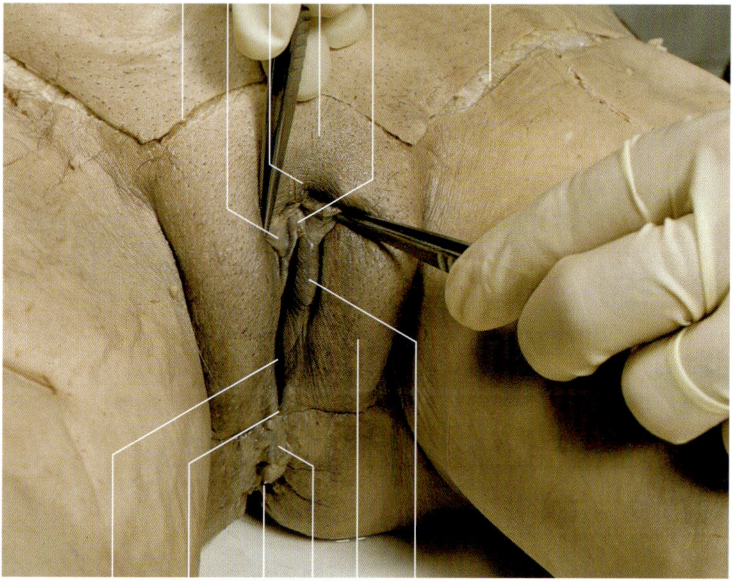

1 Hautschnitt
2 Preputium clitoridis, eingeschnitten und mit den Pinzetten gespreizt
3 Commissura labiorum anterior
4 Mons pubis
5 Clitoris
6 Introitus vaginae
7 Commissura labiorum posterior
8 Anus
9 Perineum
10 Labium majus pudendi
11 Labium minus pudendi

14:20

7.2 Weibliches Becken, rechte Hälfte von medial

Organe der rechten Beckenhälfte

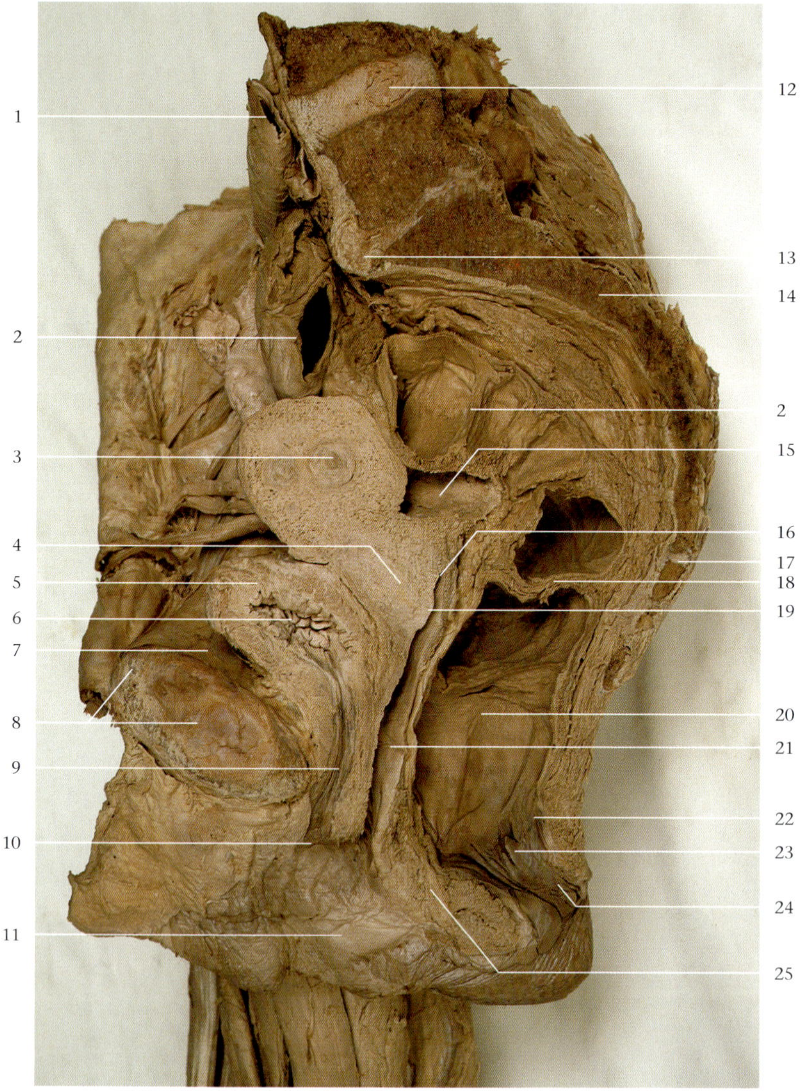

1 Arteria iliaca communis, Anschnitt
2 Rectum, Anschnitt
3 Uterus, Corpus uteri (mit Myom)
4 Uterus, Cervix uteri
5 Vesica urinaria, Wand
6 Vesica urinaria, Lumen
7 Spatium retropubicum, präparationsbedingt erweitert, Bindegewebe entfernt
8 Symphysis pubica, Schnittfläche
9 Urethra, seitlich eröffnet
10 Urethra, Ostium urethrae externum
11 Labium majus pudendi
12 Discus intervertebralis, Nucleus pulposus, Schnittfläche
13 Promontorium, Protrusion des letzten Discus intervertebralis nach ventral
14 Os sacrum, Schnittfläche
15 Excavatio rectouterina (Douglas Raum)
16 Vagina, Fornix vaginae, Pars posterior
17 Os coccygis, Schnittfläche
18 Rectum, Plica transversa recti
19 Uterus, Portio vaginalis
20 Rectum, Ampulla recti
21 Vagina, seitlich eröffnet
22 Linea anorectalis
23 Columnae anales, dazwischen Sinus anales
24 Linea anocutanea
25 Perineum

Vergleiche 14:20

7.2 Weibliches Becken, rechte Hälfte von ventral und kranial

Bindegewebe des retro- und subperitonealen Raums entfernt

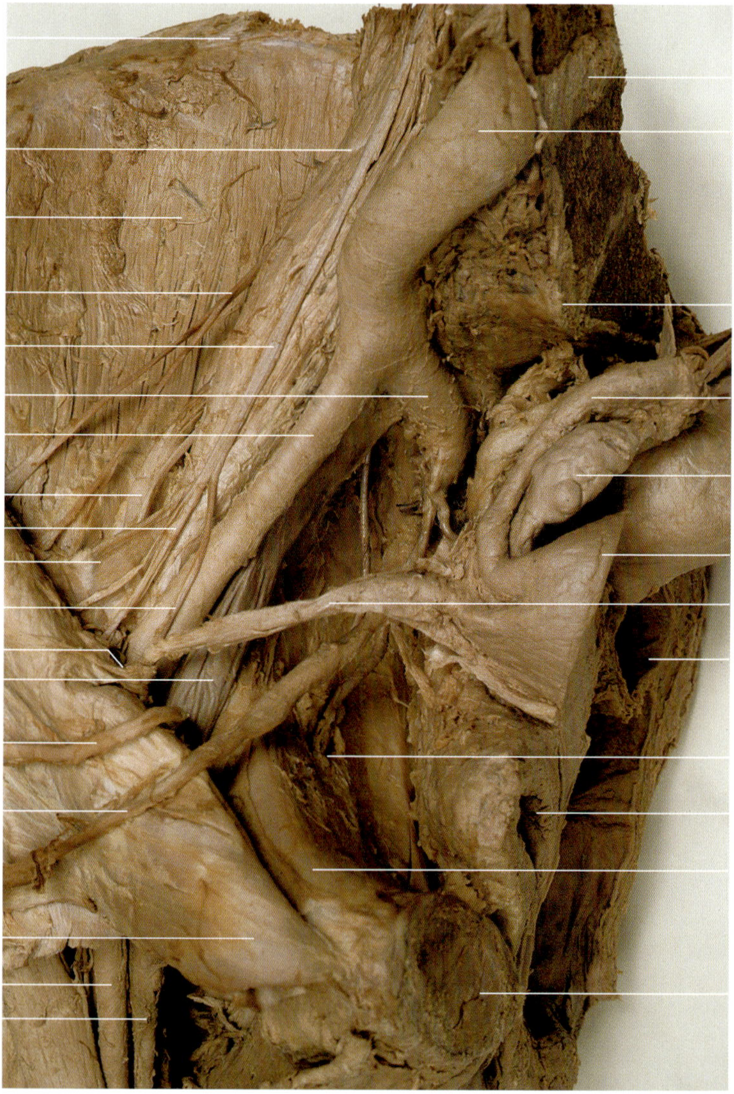

1 Crista iliaca
2 Musculus psoas major
3 Musculus iliacus
4 Nervus ilioinguinalis
5 Nervus genitofemoralis
6 Arteria iliaca interna
7 Arteria iliaca externa
8 Nervus femoralis
9 Nervus genitofemoralis, Ramus femoralis
10 Arcus iliopectineus
11 Nervus genitofemoralis, Ramus genitalis
12 Anulus inguinalis profundus
13 Vena iliaca externa
14 Arteria epigastrica inferior
15 Arteria umbilicalis, obliteriert, aus der Plica umbilicalis medialis freipräpariert
16 Musculus rectus abdominis, nach lateral gelegt, Dorsalansicht
17 Arteria femoralis
18 Vena femoralis
19 Discus intervertebralis, Schnittfläche
20 Arteria iliaca communis
21 Promontorium
22 Tuba uterina, nach medial verlagert
23 Ovar, nach medial verlagert
24 Uterus, Corpus uteri
25 Ligamentum teres uteri
26 Rectum, Anschnitt
27 Arteria obturatoria
28 Vesica urinaria, Lumen
29 Os pubis, Ramus superior
30 Symphysis pubica, Schnittfläche

18:20

7.2 Weibliches Becken von lateral rechts

Beckenraum von der Seite eröffnet • Bindegewebe des retro- und subperitonealen Raums entfernt • Uterus dorsal mit einem Holzspatel abgestützt

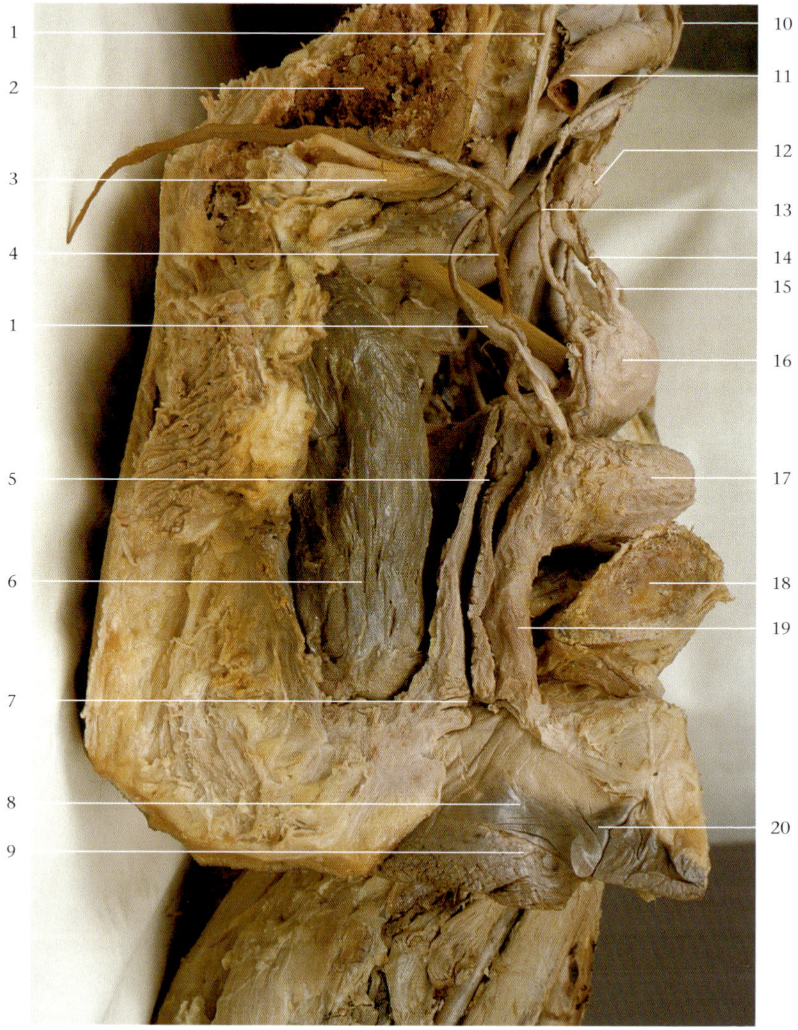

1	Ureter, rechts
2	Os sacrum, Schnittfläche
3	Plexus sacralis, rechts
4	Arteria uterina, rechts
5	Vagina, seitlich geöffnet
6	Rectum, Ampulla recti
7	Ostium vaginae
8	Labium minus pudendi, links
9	Labium majus pudendi, links
10	Arteria ovarica, rechts
11	Arteria iliaca externa, rechts, Anschnitt
12	Ovar, rechts
13	Arteria uterina, rechts, Ramus ovaricus
14	Arteria uterina, rechts, Ramus tubarius
15	Tuba uterina, rechts
16	Uterus, Corpus uteri
17	Vesica urinaria
18	Symphysis pubica, Schnittfläche
19	Urethra
20	Clitoris

18:20

7.2 Weibliches Becken von lateral rechts

Beckenraum von der Seite eröffnet • Bindegewebe des retro- und subperitonealen Raums entfernt

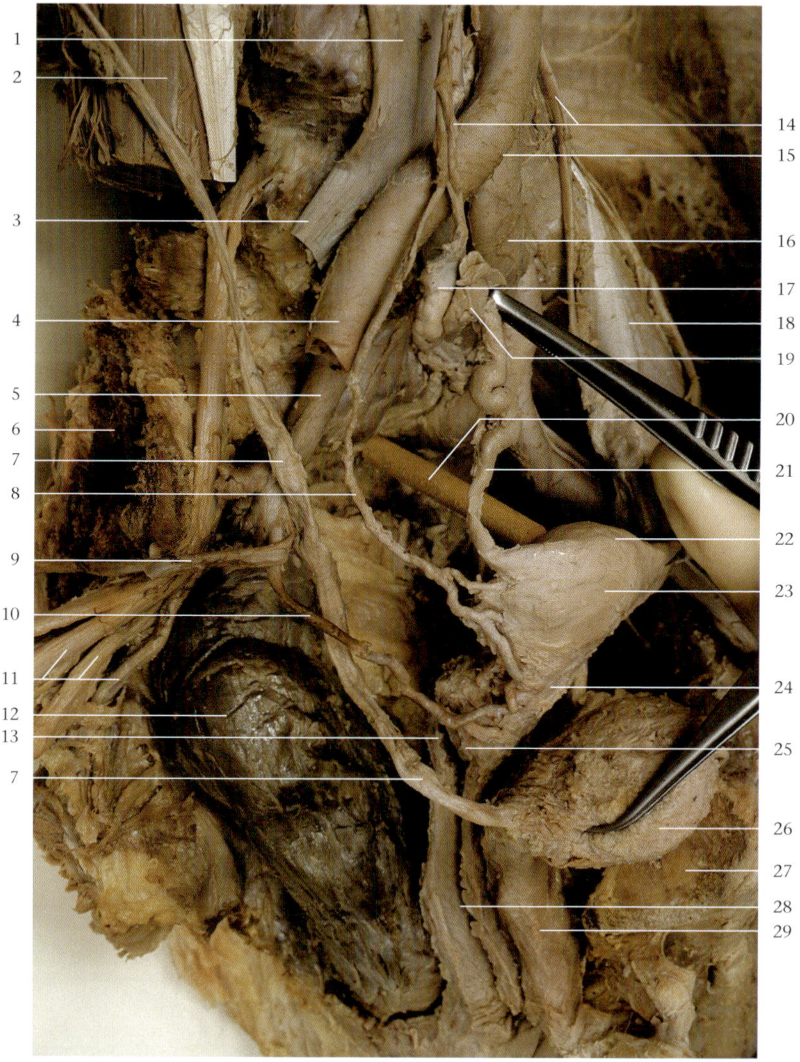

1 Vena cava inferior
2 Musculus psoas major, rechts
3 Vena iliaca communis, rechts
4 Arteria iliaca externa, rechts, Stumpf
5 Arteria iliaca interna, rechts
6 Os sacrum, Schnittfläche
7 Ureter, rechts, leicht gestaut
8 Arteria uterina, rechts, Ramus ovaricus
9 Arteria umbilicalis, rechts, obliteriert, nach dorsal verlagert
10 Arteria uterina, rechts
11 Plexus sacralis
12 Rectum
13 Vagina, Fornix vaginae, Pars posterior
14 Arteriae ovaricae beider Seiten
15 Bifurcatio aortae
16 Arteria iliaca communis, links
17 Ovar, rechts
18 Musculus psoas major, links
19 Tuba uterina, rechts, Ostium abdominale und Fimbriae
20 Holzspatel
21 Tuba uterina, rechts
22 Uterus, Fundus uteri
23 Uterus, Corpus uteri
24 Uterus, Cervix uteri
25 Uterus, Portio vaginalis
26 Vesica urinaria
27 Symphysis pubica, Schnittfläche
28 Vagina, seitlich geöffnet
29 Urethra, mit umgebendem Bindegewebe

Register

Notizen

Notizen

Notizen